高等职业教育机械类专业系列教材

CAD/CAM/CAE 技术

张文健　编

机 械 工 业 出 版 社

本书详细介绍了 UG NX10.0 中 CAD/CAM/CAE 模块的基础知识、操作方法、应用技巧与思路。全书共包含 8 个项目，由 21 个任务组成，项目中的案例由简单到复杂，难度逐步提高。除项目中的案例外，本书还附有大量的功能实例，每个实例均有详细的操作步骤。

针对教学的需要，本书由杭州浙大旭日科技开发有限公司配套提供教学资源，由杭州学呗科技有限公司提供信息化教学工具（学呗课堂），使教学内容更丰富，形式更多样，学习过程更简单，可以更好地提高教学的效率和强化教学效果。

本书适合作为高等职业院校机械类相关专业教学用书，还可作为技能培训用教材，也可供相关工程技术人员参考。

图书在版编目（CIP）数据

CAD/CAM/CAE 技术/张文健编. —北京：机械工业出版社，2020.9
高等职业教育机械类专业系列教材
ISBN 978-7-111-66515-1

Ⅰ.①C… Ⅱ.①张… Ⅲ.①计算机辅助设计-应用软件-高等职业教育-教材②计算机辅助制造-应用软件-高等职业教育-教材 Ⅳ.①TP391.7

中国版本图书馆 CIP 数据核字（2020）第 173260 号

机械工业出版社（北京市百万庄大街 22 号 邮政编码 100037）
策划编辑：于奇慧 责任编辑：于奇慧
责任校对：王 延 封面设计：张 静
责任印制：常天培
北京虎彩文化传播有限公司印刷
2021 年 1 月第 1 版第 1 次印刷
184mm×260mm · 12.75 印张 · 310 千字
0001—1500 册
标准书号：ISBN 978-7-111-66515-1
定价：39.00 元

电话服务
客服电话：010-88361066
010-88379833
010-68326294

网络服务
机 工 官 网：www.cmpbook.com
机 工 官 博：weibo.com/cmp1952
金 书 网：www.golden-book.com
机工教育服务网：www.cmpedu.com

前 言

CAD/CAM/CAE 技术是现代产品设计中广泛采用的设计与制造方法和手段，其中 CAD 技术是现代设计技术的核心，是实施 CAM/CAE 技术的前提。CAM 是现代制造技术的核心，CAE 技术则能够在 CAD 基础上预测产品可能的缺陷，从而优化产品设计。

UG NX 软件是一套集 CAD/CAM/CAE 于一体的软件集成系统，广泛应用于航空、航天、汽车、通用机械和电子等工业领域。

本书编者从事 CAD/CAM/CAE 教学和研究多年，具有丰富的 UG NX 软件使用经验和教学经验。本书借鉴“项目驱动，任务引领”的教学模式，根据实际生产应用实例，综合介绍了基于 UG NX 进行 CAD/CAM/CAE 的方法和流程。全书共包含 8 个项目。项目 1 为 UG NX 软件的概述；项目 2、3 主要介绍基于 UG NX 的曲面建模方法及实例；项目 4 主要介绍了基于 UG NX 的结构分析与运动分析；项目 5~8 主要介绍多轴加工相关知识及运用 UG NX 进行五轴加工的实例。书中包含大量的操作技巧、提示及典型实例，便于读者学习和掌握。

本书由天津机电职业技术学院张文健编写，在编写过程中得到了杭州浙大旭日科技开发有限公司单岩教授和吴聪工程师的帮助。本书配套有教学资源（由杭州浙大旭日科技开发有限公司制作）及信息化教学工具（学呗课堂）。

本书可作为高等职业院校机械类相关专业教学与实训教材，也可用作相关企业培训教材，还可供相关技术人员参考。

由于编者水平有限，书中难免存在疏漏之处，期望读者及专业人士提出宝贵意见与建议，以便今后不断完善。

编 者

目　录

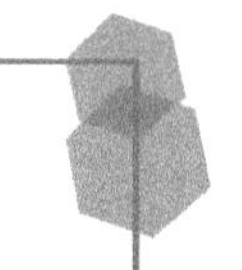

项目 1　UG NX 软件概述

UG NX 软件起源于美国麦道航空公司，目前属于德国西门子公司。它是集 CAD/CAE/CAM 于一体的三维参数化设计软件，是面向制造行业的高端软件，是目前较流行的工业设计软件之一。它集合了概念设计、工程设计、分析与加工制造的功能，实现了优化设计与产品生产过程的组合。用户在使用 UG NX 软件强大的实体造型、曲面造型、虚拟装配及创建工程图等功能时，可以使用 CAE 模块进行有限元分析、运动学分析和仿真模拟，以提高设计的可靠性；根据创建的三维模型，还可由 CAM 模块直接生成数控代码，用于产品加工。UG NX 软件广泛应用于机械、汽车、航空、航天、家电及化工等行业。

任务1　UG NX 的 CAD 模块

CAD 即计算机辅助设计，指利用计算机及其图形设备帮助设计人员进行设计工作。UG NX 的 CAD 模块拥有很强的三维建模能力。该模块又由许多独立功能的子模块构成，常用的有以下几个。

1. 建模模块

建模模块提供了构建三维模型的工具，包括：曲线工具、草图工具、成形特征、特征操作、曲面工具等。曲线工具、草图工具通常用来构建线框图；特征工具则完成整合基于约束的特征建模和显示几何建模的特性，因此可以自由使用各种特征实体、线框架构等功能；曲面工具是融合了实体建模及曲面建模技术的超强设计工具，能设计出工业造型设计产品的复杂曲面外形。

2. 制图模块

通过制图模块可以针对已经建立的三维模型自动地生成工程图，如图 1-1 所示，也可以利用曲线功能绘制平面工程图。三维模型的任何改变都会在工程图中自动同步更新，从而使工程图与三维模型完全对应，减少了因三维模型改变而手动更新工程图的时间。

UG NX 软件的制图模块提供了自动视图布置、剖视图、向视图、局部放大图、局部剖视图、自动和手工尺寸标注、形位公差标注、粗糙度标注、视图手工编辑、装配图剖视、爆炸图和明细表自动生成等工具。

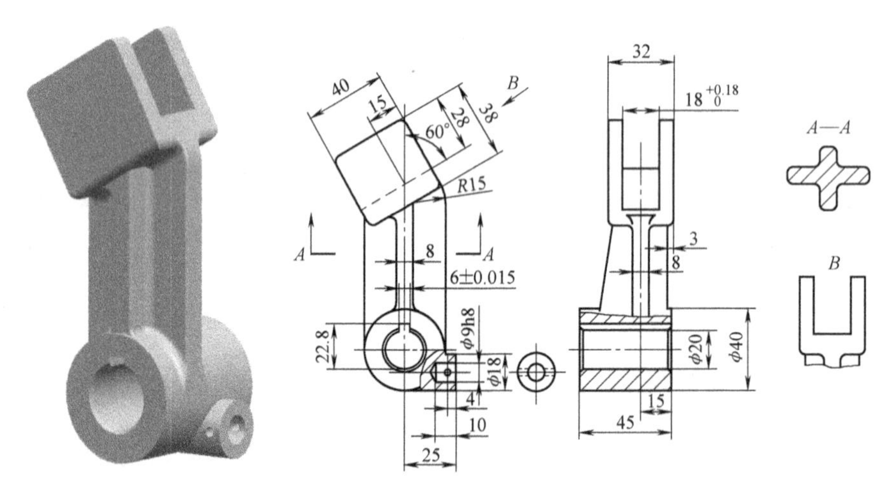

图 1-1　三维模型及其工程图

3. 装配模块

装配模块提供了并行的自上而下或自下而上的产品开发模式，在装配过程中可以进行零部件的设计、编辑、配对和定位，同时还可进行干涉检查；能够直接快速访问任何已有的组件或者子装配体的设计模型，实现虚拟装配。图 1-2 所示为装配件及其爆炸图。

4. 钣金模块

钣金模块可以实现以下功能：生成复杂钣金零件；参数化编辑；定义和仿真钣金零件的制造过程；展开和折叠的模拟操作；生成精确的二维展开图样数据；展开功能可根据曲面的

展开情况和材料中性层特性进行补偿。图 1-3 所示为钣金零件模型。

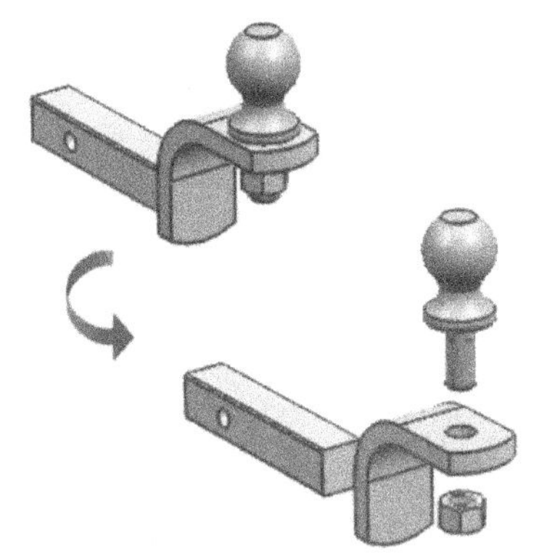

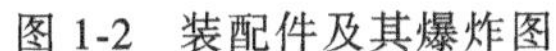

图 1-2　装配件及其爆炸图

图 1-3　钣金零件模型

任务 2　UG NX 的 CAE 模块

CAE 即计算机辅助工程，是用计算机辅助求解复杂工程和产品结构强度、刚度、屈曲稳定性、动力响应、热传导、三维多体接触、弹塑性等力学性能的分析计算以及结构性能的优化设计等问题的一种近似数值分析工具。CAE 从 20 世纪 60 年代初在工程上开始被应用到现在，已经历了 50 多年的发展历史，其理论和算法都经历了从蓬勃发展到日趋成熟的过程，现已成为工程和产品结构分析中（如航空、航天、机械、土木结构等领域）必不可少的数值计算工具，同时也是分析连续力学各类问题的一种重要手段。

UG NX 的 CAE 模块包含以下 3 个常用子模块。

1. 运动仿真模块

运动仿真模块可对三维或二维机构进行运动学分析、动力学分析及运动仿真，可以完成大量的装配分析，如干涉检查、轨迹包络等。交互的运动学模式允许用户同时控制 5 个运动副，可以分析反作用力，并用图表示各构件间位移、速度、加速度的相互关系，同时反作用力可输出到有限元分析模块中。图 1-4 所示为铲车铲球的运动仿真模拟。

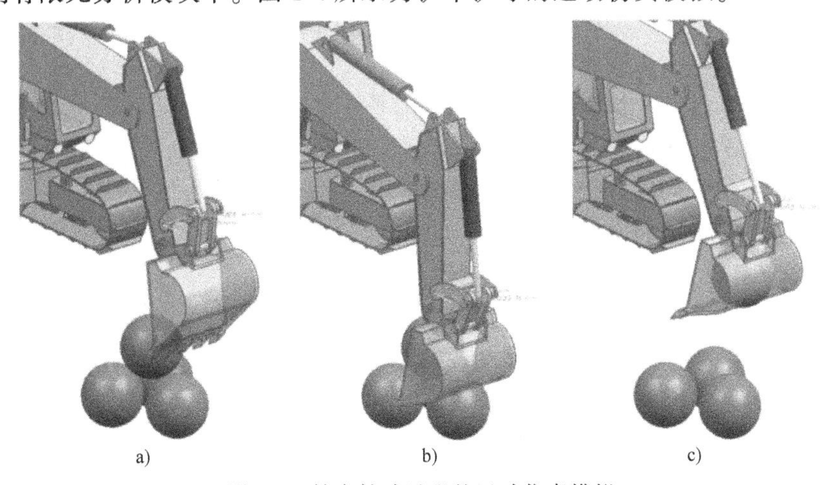

a)　b)　c)

图 1-4　铲车铲球过程的运动仿真模拟

2. 设计仿真模块

设计仿真模块可对设计执行初始验证和研究。它可以对实体组件或装配体执行仅限于几何体的基本分析。这种基本分析可使设计者在设计过程的早期了解模型中可能存在结构应力或热应力的区域。图 1-5 所示为创建了有限元网格并施加了载荷的杯体，可对该模型求解，从而计算出其应力和挠曲结果。

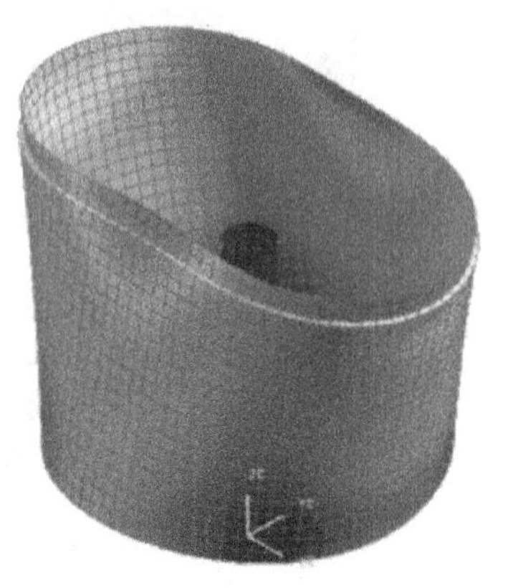

图 1-5　杯体的设计仿真

3. 高级仿真模块

高级仿真模块具有综合性有限元建模和结果可视化功能。它包括一整套预处理和后处理工具，并支持多种产品性能评估解算方案。

高级仿真模块对许多标准求解器提供无缝、透明的支持，此类求解器包括 NX Nastran、MSC Nastran、Samcef、ANSYS 和 Abaqus。在高级仿真模块中创建网格或解算方案，先要指定用于解算模型的求解器和要执行的分析类型，然后使用指定求解器的术语或“语言”及分析类型来展示所有网格划分、边界条件和解算方案选项。另外，解算的模型可直接在高级仿真模块中查看结果。

高级仿真模块提供了设计仿真模块中可用的所有功能，还包含高级分析流程的众多其他功能。

任务 3　UG NX 的 CAM 模块

CAM 即计算机辅助制造，是指应用软件来创建数控加工程序，俗称自动编程。CAM 最终输出的即为数控加工程序。CAM 模块是顺应现代制造业和数控加工技术的发展而产生和发展的。

UG NX 提供了多种加工复杂零件的工艺过程，用户可以根据零件的结构、加工表面的形状和加工精度来选择合适的加工类型。在每种加工类型中包含了多个加工模板，应用各加工模板可快速建立加工操作模型。

在交互式的操作过程中，用户可在图形方式下编辑刀具路径，观察刀具的运动过程，生成刀具位置源文件。同时，应用可视化功能，可以在屏幕上显示刀具轨迹，模拟刀具的真实切削过程，并通过过切检查和残留材料检查检测相关参数设置的正确性。图 1-6 所示为加工仿真示例。

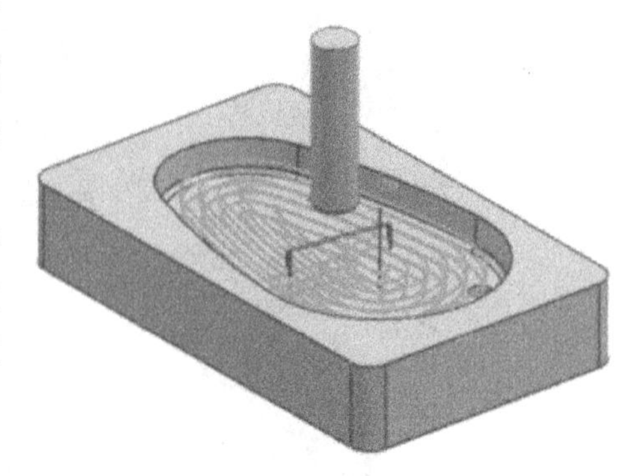

图 1-6　加工仿真示例

UG NX 提供了强大的默认加工环境，并允许用户自定义加工环境。用户在创建加工操作的过程中，可默认加工环境中已定义的参数，不必在每次创建新操作时重新定义，从而提高工作效率，避免重复劳动。

UG NX 的加工基础模块中包含了以下加工类型：

（1）点位加工　点位加工可产生钻、扩、镗、铰和攻螺纹等操作的刀具路径。

（2）平面铣　用于平面轮廓或平面区域的粗、精加工，刀具平行于工件表面进行多层铣削。

（3）型腔铣　型腔铣用于粗加工型腔轮廓或区域。它根据型腔的形状，将要切除的部位在深度方向上分成多个切削层进行多层切削，每个切削层可指定不同的切削深度。切削时，刀轴与切削层平面垂直。

（4）固定轴曲面轮廓铣　固定轴曲面轮廓铣将空间的驱动几何体投射到零件表面上，驱动刀具以固定轴形式加工曲面轮廓。主要用于曲面的半精加工与精加工。

（5）可变轴曲面轮廓铣　可变轴曲面轮廓铣与固定轴轮廓铣相似，只是在加工过程中可变轴曲面轮廓铣的刀轴可以摆动，可满足一些特殊部位的加工需要。

（6）顺序铣　顺序铣用于连续加工一系列相接表面，并对面与面之间的交线进行清根加工。

（7）车削加工　车削加工模块提供了加工回转类零件所需的全部功能，包括粗车、精车、切槽、车螺纹和钻中心孔。

（8）线切割加工　线切割加工模块支持线框模型加工程序的编制，提供了多种走刀方式，可进行2~4轴线切割加工。

后置处理模块包括图形后置处理器和 UG NX 通用后置处理器，可格式化刀具路径文件，并生成指定机床可以识别的数控加工程序，支持2~5轴铣削加工、2~4轴车削加工和2~4轴线切割加工。UG NX 通用后置处理器可以直接提取内部刀具路径进行后置处理，并支持用户定义的后置处理命令。

项目 2　曲面建模介绍

使用曲面建模功能可以完成实体建模所无法完成的三维设计项目，因此掌握曲面建模能力十分重要。

UG NX 提供了多种建构曲面的方法，使用方便且功能强大。在该软件中编辑曲面是非常方便的，因为大多数曲面是以特征的形式存在的。曲面工具较实体工具要少得多，但曲面工具使用更为灵活。

任务 1　曲面建模概述

创建曲面时，可以通过点创建曲线，再由曲线创建曲面；也可以通过抽取或使用视图区已有的特征边缘线等方法创建曲面。所以，一般曲面建模的过程如下：

1）首先创建曲线。可以用测量得到的点创建曲线，也可以根据尺寸等参考依据绘制所需的曲线。

2）根据创建的曲线，通过【直纹】、【通过曲线网格】、【扫掠】等命令，创建曲面。

3）利用【桥接】、【N 边曲面】等命令，对已创建的曲面进行过渡接连、编辑或光顺处理，最终得到所需的产品模型。

2.1.1　曲面建模基本概念

1. 片体

片体是指一个或多个没有厚度概念的面的集合，通常所说的曲面也就是片体。使用曲面建模工具中的【直纹】、【通过曲线组】、【通过曲线网格】、【扫掠】、【剖切曲面】等命令，在某些特定条件下也可生成实体。此时可通过【建模首选项】对话框中的【体类型】选项来控制，若选择【实体】，则所生成的是实体；若选择【片体】，则所生成的是片体。

2. U、V 方向

曲面的参数表达式一般使用 U、V 参数，因此曲面的行与列分别用 U 和 V 来表示。通常曲面横截面线串的方向为 V 方向，扫掠方向或引导线方向为 U 方向，如图 2-1 所示。

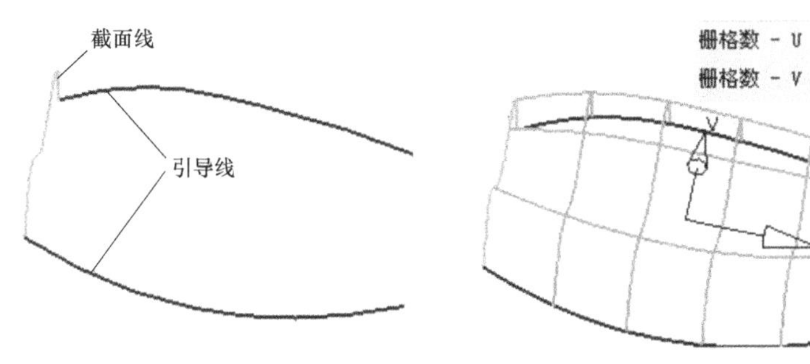

图 2-1　U、V 方向

3. 阶次

在计算机中，曲面是用一个（或多个）方程来表示的。曲面参数方程的最高次数就是该曲面的阶次，且阶次为 2~24。构建曲面时，需要定义 U、V 两个方向的阶次，通常使用 3~5 阶来创建曲面，可以通过【编辑参数】命令来改变 V 方向的阶次。

4. 补片

曲面可以由单一补片构成，也可以由多个补片构成。图 2-2a 所示曲面由单一补

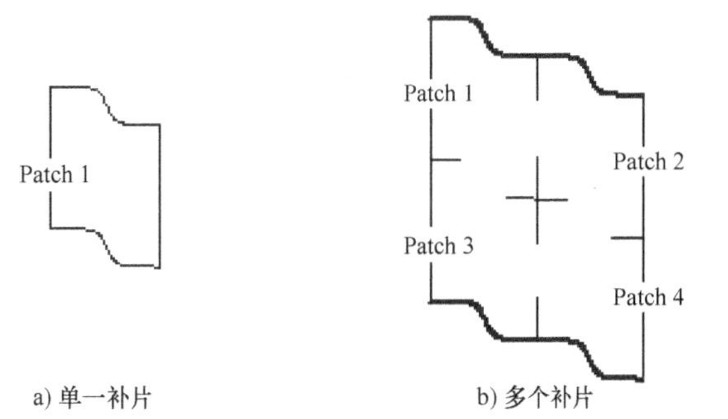

a) 单一补片　　b) 多个补片

图 2-2　补片

片构成，即该曲面只有一个曲面参数方程，而图 2-2b 所示曲面是由多个补片构成的，即该曲面有多个参数方程。

提示：补片类似于样条的段数。多个补片并不意味着是多个面。

5. 栅格线

在线框显示模式下，为便于观察曲面的形状，常采用栅格线来显示曲面。栅格线对曲面特征没有影响。可以通过以下两种方式设置栅格线的显示数量。

1）单击【编辑】→【对象显示】，或按快捷键<Ctrl+J>，弹出【类选择】对话框；选择需要编辑的曲面对象后，单击鼠标中键（滚轮），弹出【编辑对象显示】对话框，如图 2-3a 所示。在【线框显示】选项组中即可设置 U、V 栅格数。

2）单击【首选项】→【建模】，弹出【建模首选项】对话框，如图 2-3b 所示，也可进行 U、V 栅格数设置。

a)　　　　　　　　b)

图 2-3　设置 U、V 栅格数

提示：方式 1）只对所选对象有效，而方式 2）只对该操作之后创建的对象有效。

2.1.2　曲面构建方法

按曲面构成原理，可将构建曲面的方法分成三类。

1. 基于点构成曲面

根据输入的点数据生成曲面，相关的操作命令有【通过点】、【从极点】、【拟合曲面】等。这类曲面的特点是曲面精度较高，但光顺性较差，而且与原始点之间也不关联，是非参数化的曲面。编辑非参数化的几何体比较困难，一般在逆向造型中用来构建母面。

2. 基于曲线构成曲面

根据已有曲线构建曲面，相关的操作命令有【直纹】、【通过曲线组】、【通过曲线网格】、【扫掠】、【剖切曲面】等。这类曲面的特点是曲面与构成曲面的曲线是完全关联的，是全参数化的。即编辑曲线后，曲面会自动更新。通过这些命令构建曲面时，关键在于曲线的构造，因而在构造曲线时应尽可能仔细、精确，避免重叠、交叉、断点等缺陷。

3. 基于曲面构成新的曲面

根据已有曲面构建新的曲面，相关的操作命令有【桥接】、【延伸】、【扩大曲面补片】、【偏置面】、【修剪】、【圆角】等。这类曲面也是全参数化的。事实上“实体”工具栏中的【面倒圆】也属于这一类曲面创建命令。

2.1.3　基本原则与技巧

曲面建模所遵循的基本原则与技巧如下：

1）用于构成曲面的构造线应尽可能简单且保持光滑连续。

2）曲面阶次尽可能采用 3~5 阶，避免使用高阶次曲面。

3）使用多个补片类型时，在满足曲面创建功能的前提下，补片数越少越好。

4）尽量使用全参数化命令构造曲面。

5）面之间的圆角过渡尽可能在实体上进行。

6）尽可能先采用修剪实体，再用“抽壳”的方法建立薄壳零件。

7）对于简单的曲面，可一次完成建模。但实际产品往往比较复杂，一般难以一次完成。因此，对于复杂曲面，应先完成主要面或大面，然后光顺连接曲面，最后进行编辑修改，完成整体建模。

任务 2　曲面建模常用命令介绍

2.2.1　由点构建曲面

在“曲面”工具栏中，以点数据来构建曲面的命令包括【通过点】、【从极点】、【拟合曲面】。下面详细介绍这三个命令。

提示：基于点方式创建的曲面是非参数化的，即生成的曲面与原始构造点不关联。当构造点重新编辑后，曲面不会更新变化。

1. 通过点

（1）功能介绍　通过矩形阵列点来创建曲面，其主要特点是创建的曲面总是通过所指定的点。单击【插入】→【曲面】→【通过点】命令，弹出如图 2-4 所示对话框。

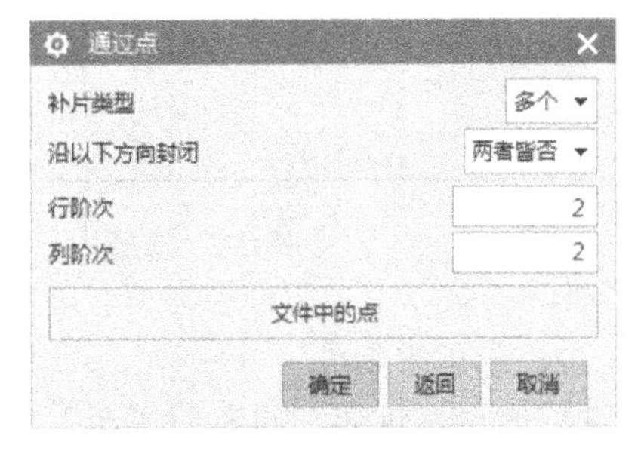

图 2-4　【通过点】对话框

【通过点】对话框中各选项的含义如下。

1）补片类型：可以创建包含单个补片或多个补片的体。

① 单个：表示曲面将由一个补片构成。

② 多个：表示曲面由多个补片构成。

2）沿以下方向封闭：当【补片类型】为【多个】时，激活此选项。

① 两者皆否：曲面沿行与列方向都不封闭。

② 行：曲面沿行方向封闭。

③ 列：曲面沿列方向封闭。

④ 两者皆是：曲面沿行和列方向都封闭。

3）行阶次/列阶次：指定曲面在 U 向和 V 向的阶次。

4）文件中的点：通过选择包含点的文件来定义用于构建曲面的点。

（2）功能演示

1）打开包含点的文件“Surface_Through_Points. prt”，然后单击【插入】→【曲面】→【通过点】命令，弹出【通过点】对话框，如图 2-5 所示。

2）默认选项设置，单击【确定】按钮，弹出【过点】对话框 1，如图 2-6 所示。

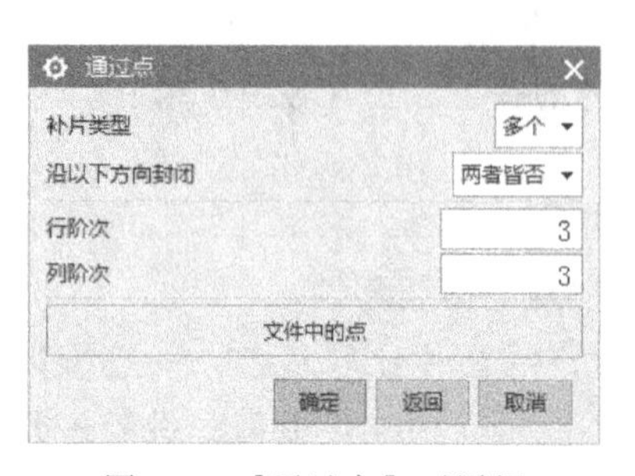

图 2-5 【通过点】对话框

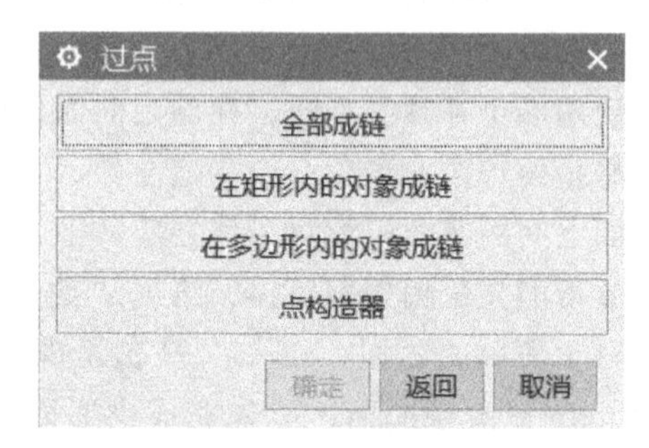

图 2-6 【过点】对话框 1

3）单击【在矩形内的对象成链】按钮后，指定两个对角点以框选第一列点，如图 2-7 所示。

4）在框选的点中，指定最上面的点为起点，最下面的点为终点，如图 2-7 所示。

5）重复步骤 3）和 4），指定第二列点及其他列点；当弹出图 2-8 所示的对话框时，单击【指定另一行】按钮。

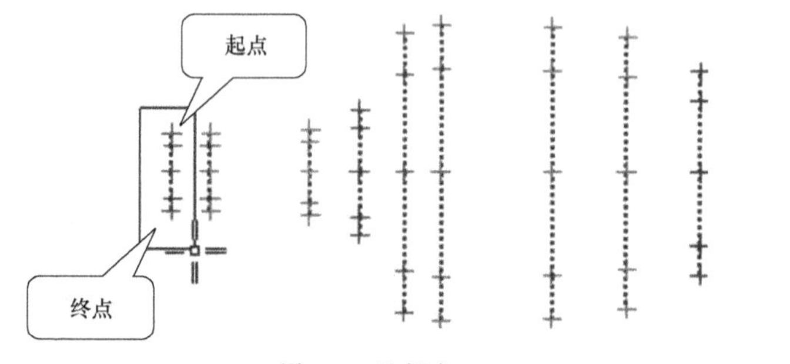

图 2-7 选择点

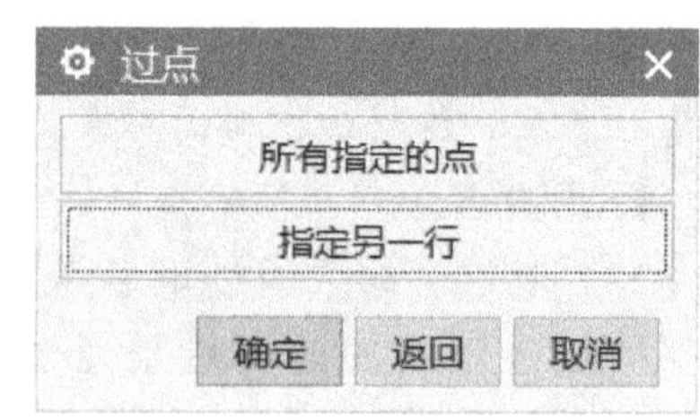

图 2-8 【过点】对话框 2

6）重复步骤 3）、4）、5），直至所有点指定完成，然后单击图 2-8 所示对话框中的【所有指定的点】按钮，曲面创建完毕，结果如图 2-9 所示。

2. 从极点

通过若干组点来创建曲面，这些点作为曲面的极点。利用【从极点】命令创建曲面，弹出的对话框内容及曲面创建过程与【通过点】命令相同。差别在于定义点作为控制曲面形状的极点，创建的曲面不会通过这些点，如图 2-10 所示。

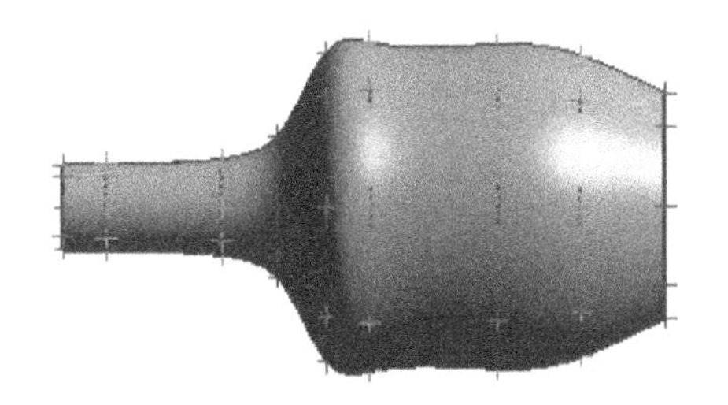

图 2-9　曲面创建结果

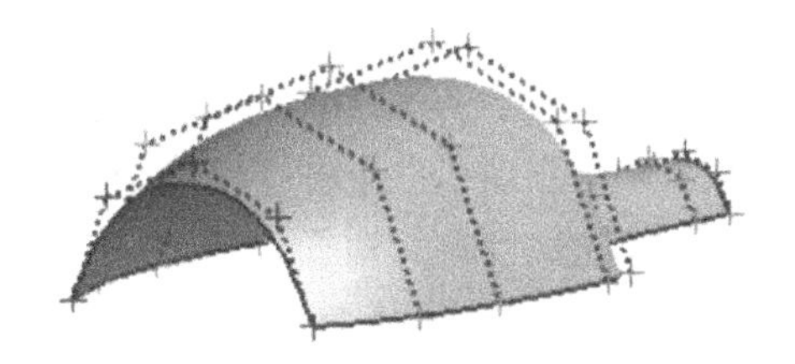

图 2-10　【从极点】创建曲面

提示：当指定创建点或极点时，应按有近似相同顺序的行进行选择。否则，可能会得到不需要的结果，如图 2-11 所示。

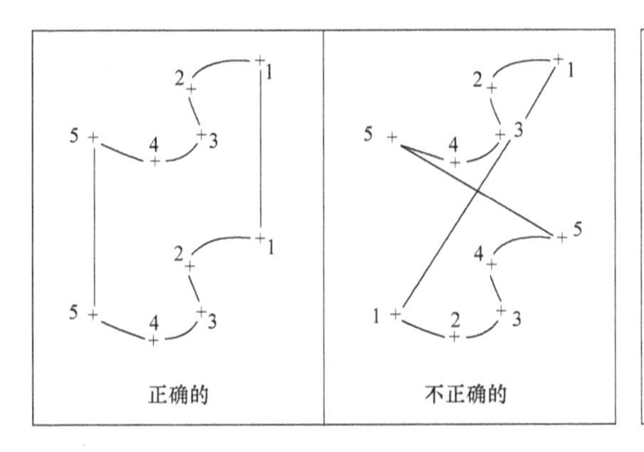

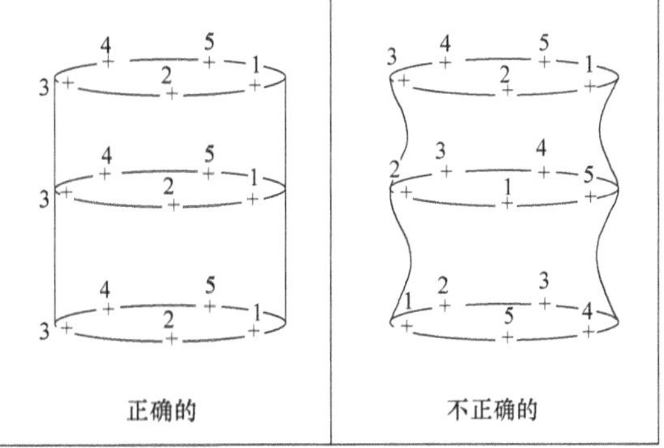

图 2-11　选择点的顺序示意图

3. 拟合曲面

（1）功能介绍　使用【拟合曲面】命令可以创建逼近于大量数据点“云”的片体。单击【插入】→【曲面】→【拟合曲面】命令，弹出图 2-12 所示对话框。

提示：阶次和补片数越大，精度越高，但曲面的光顺性越差。

（2）功能演示

1）打开文件“Surface_From_Clouds. prt”，然后单击【格式】→【组】→【新建组】命令；选中文件中所有的点，设置名称，再单击【确定】按钮。

2）单击【插入】→【曲面】→【拟合曲面】命令，弹出【拟合曲面】对话框（图 2-12），设置 U 向、V 向的阶次为 3，设置 U 向、V 向补片数为 1，其余参数采用默认值。

3）【对象】选择步骤 1）中新建的组，若不新建组，则此步中无法选择点云。

4）单击【确定】按钮，即可根据所选点创建相应的曲面，结果如图 2-13 所示。

图 2-12　【拟合曲面】对话框

2.2.2 由线构建曲面

在“曲面”工具栏中，以定义的曲线来创建曲面的命令有【直纹】、【通过曲线组】、【通过曲线网格】、【扫掠】、【剖切曲面】等。

提示：构建的曲面是全参数化的，当构造曲面的曲线被编辑修改后，曲面会自动更新。

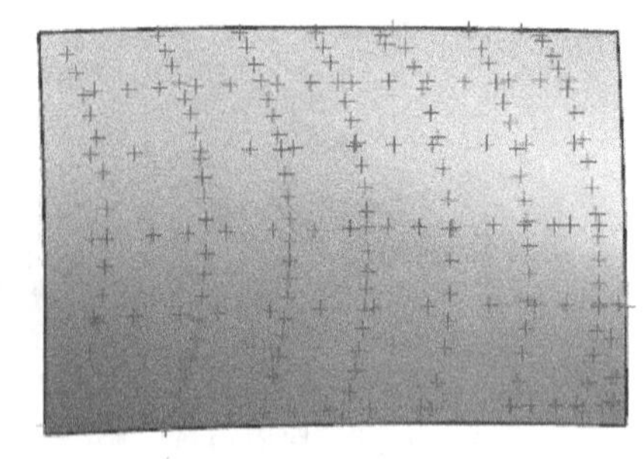

图 2-13 创建曲面

1. 直纹

（1）功能介绍 直纹面又称为规则面，可看作由一系列直线连接两组线串上的对应点而编织成的一个曲面。每组线串可以是单一的曲线，也可以由多条连续的曲线、体（实体或曲面）边界组成。因此，创建直纹面时应首先在两组线串上确定对应的点，然后用直线将对应点连接起来。对齐方式决定了两组线串上对应点的分布情况，因而直接影响直纹面的形状。

【直纹】命令提供了七种对齐方式。

1）参数对齐方式：按等参数间隔沿截面对齐等参数曲线。

2）弧长对齐方式：按等弧长间隔沿截面对齐等参数曲线。

3）根据点对齐方式：按截面间的指定点对齐等参数曲线。可以添加、删除和移动点来优化曲面形状。

4）距离对齐方式：按指定方向的相等距离沿每个截面对齐等参数曲线。

5）角度对齐方式：按相等角度绕指定的轴线对齐等参数曲线。

6）脊线对齐方式：按选定截面与垂直于选定脊线的平面的交线对齐等参数曲线。

7）可扩展对齐方式：沿可扩展曲面的划线对齐等参数曲线。

（2）功能演示 以参数对齐方式创建直纹面的步骤如下：

1）打开文件“Surface_Ruled.prt”，然后单击【插入】→【网格曲面】→【直纹】命令，弹出图 2-14a 所示对话框。

2）指定两条线串。每条线串选择完毕都要单击鼠标中键确认，相应的线串上则会显示一个箭头，如图 2-14b 所示。

3）指定对齐方式及其他参数。在【对齐】下拉列表中选择【参数】，其余参数采用默认值，如图 2-14a 所示。

4）单击【确定】按钮，结果如图 2-14c 所示。

5）将【参数】对齐方式改为【脊线】对齐方式。双击步骤 4）中所创建的直纹面，窗口弹出【直纹】对话框，将对齐方式改为【脊线】，并选择图 2-14d 所示的直线作为脊线，单击【确定】按钮即可创建脊线对齐方式下的直纹面，结果如图 2-14d 所示。

提示：对于大多数直纹面，应该选择每条截面线串相同方向的端点，即线串的箭头方向一致，否则会得到一个形状扭曲的曲面，如图 2-15 所示。

2. 通过曲线组

（1）功能介绍 使用【通过曲线组】命令可以通过多个截面来创建片体或实体。图 2-16a 所示为【通过曲线组】对话框，该对话框中各选项的含义如下所述。

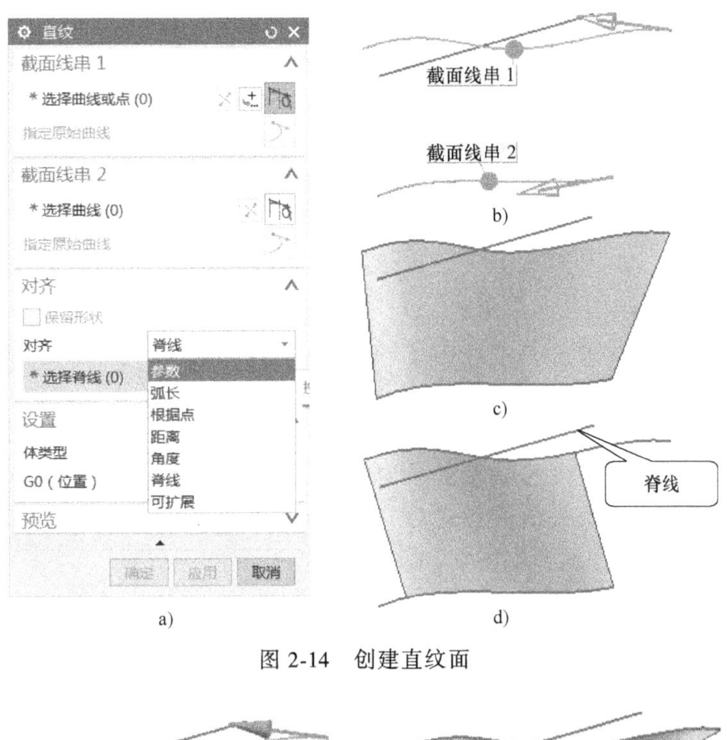

a)　b)　c)　d)

图 2-14　创建直纹面

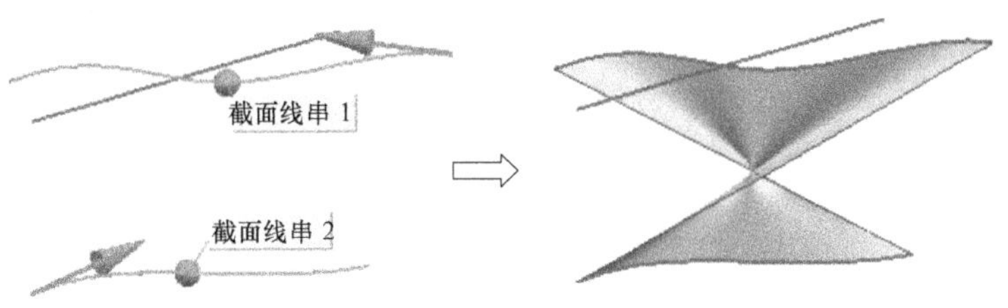

图 2-15　注意所选曲线的方向

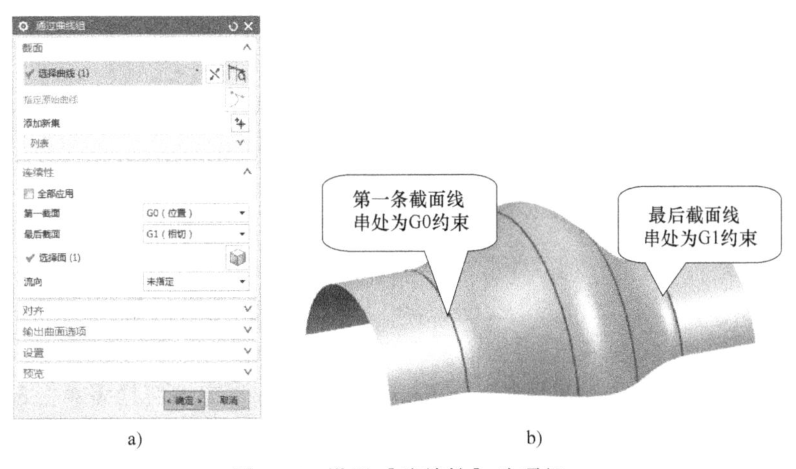

a)　b)

图 2-16　设置【连续性】选项组

1）【截面】选项组的主要作用是选择曲线组，所选择的曲线将自动显示在曲线列表框中。当用户选择第一组曲线后，需单击【添加新集】按钮，或者单击鼠标中键，然后才能进行第二组、第三组截面曲线的选择。

2）在【连续性】选项组中可选择【第一截面】和【最后截面】的约束面，然后指定连续性。图 2-16b 所示为第一条截面线串处为 G0 约束，最后截面线串处与其相邻曲面为 G1 约束。

【全部应用】选项可将相同的连续性应用于第一个和最后一个截面线串。

3）【对齐】选项组的作用是控制相邻截面线串之间的曲面对齐方式。

4）【输出曲面选项】选项组的选项设置如图 2-17 所示。

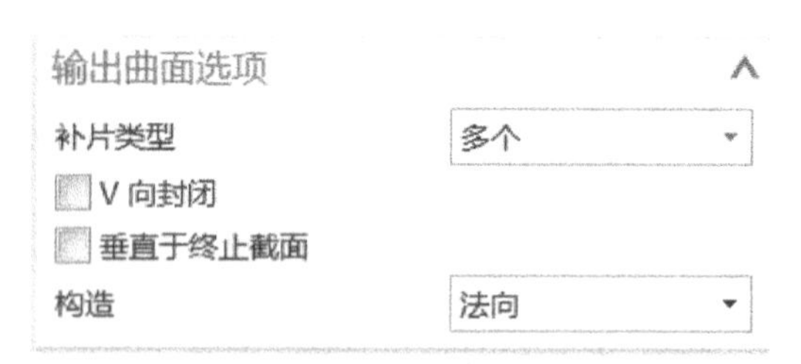

图 2-17 【输出曲面选项】选项组

该选项组中常用选项的含义如下。

① 补片类型：可以选择【单个】或【多个】。补片类似于样条的段数。多个补片并不意味着是多个面。

② V 向封闭：可控制生成的曲面在 V 向是否封闭，即曲面在第一组截面线和最后一组截面线之间是否也创建曲面，如图 2-18a、b 所示。

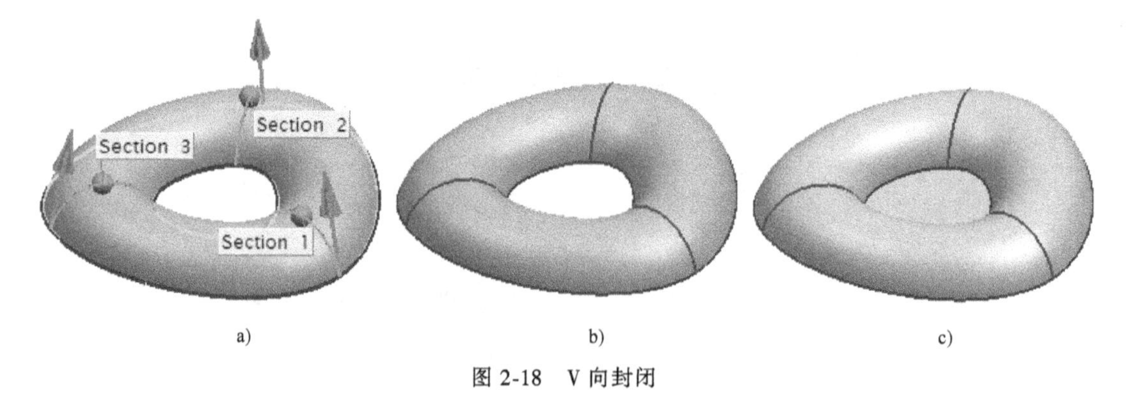

a) b) c)

图 2-18 V 向封闭

提示：在【建模首选项】对话框中设置【体类型】为【片体】，否则所创建的模型可能是一个实体，如图 2-18c 所示。

5）【设置】选项组主要控制体类型、曲面的阶次及公差。

在 U 方向（沿线串）中建立的片体阶次将默认为 3。在 V 方向（正交于线串）中建立的片体阶次与曲面补片类型相关，只能指定多个补片曲面的阶次。

（2）功能演示 用【通过曲线组】命令创建曲面的步骤如下：

1）打开文件“Surface_Through_Curves. prt”，然后单击【插入】→【网格曲面】→【通过曲线组】命令，弹出图 2-19a 所示对话框。

2）选择截面线串，如图 2-19b 所示。每条截面线串选择完毕后均需单击鼠标中键确定，或单击“添加新集”按钮，相应的截面线串上会生成一个方向箭头和相应的数字编号，并且会自动添加到【通过曲线组】对话框的列表框中，如图 2-19a 所示。

3）设置参数。【对齐】设置为【参数】，在【最后截面】的下拉列表中选择【G1（相切）】，并选择图 2-19b 所示的相切面。

4）单击【确定】按钮，结果如图 2-19c 所示。

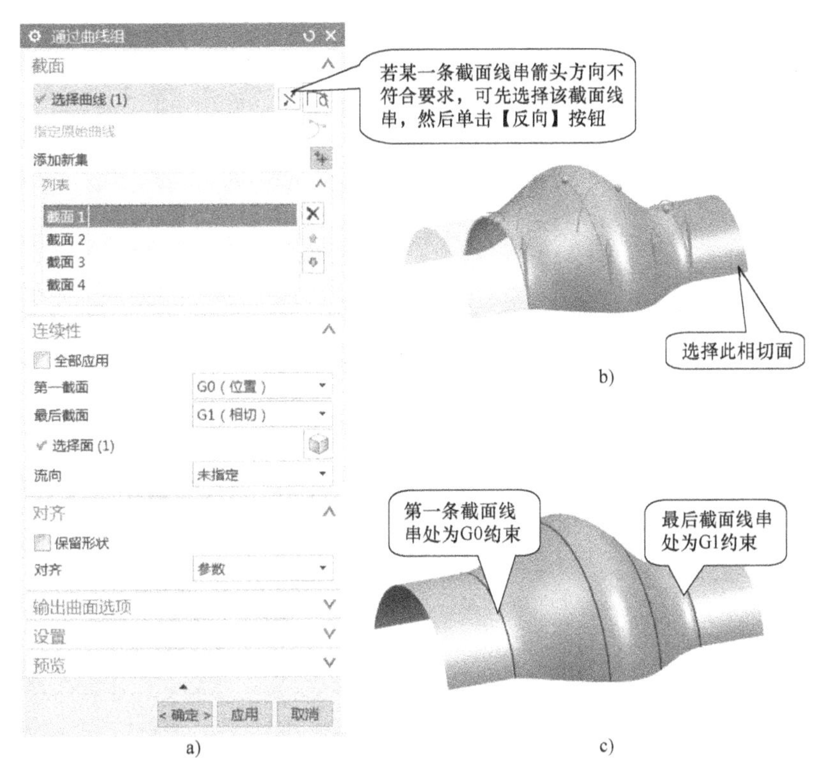

a)　　b)　　c)

图 2-19　通过曲线组

3. 通过曲线网格

（1）功能介绍　【通过曲线网格】命令的功能是根据所指定的两组截面线串来创建曲面。第一组截面线串称为主线串，是构建曲面的 U 向；第二组截面线串称为交叉线串，是构建曲面的 V 向。由于定义了曲面 U、V 方向的控制曲线，所以可更好地控制曲面的形状。

主线串和交叉线串需要在设定的公差范围内相交，且应大致互相垂直。每条主线串和交叉线串都可由多段连续曲线、体（实体或曲面）边界组成，主线串的第一条和最后一条曲线还可以是点。

（2）功能演示　以点作为主线串，用【通过曲线网格】命令创建曲面的步骤如下：

1）打开文件“Surface_Through_Curve_Mesh. prt”，然后单击【插入】→【网格曲面】→【通过曲线网格】命令，弹出图 2-20a 所示的对话框。

2）指定主曲线，如图 2-20b 所示。选择点 1 为第一条主曲线，单击鼠标中键；选择曲线 4 作为第二条主曲线，单击鼠标中键；选择点 2 作为第三条主曲线，单击鼠标中键；最后单击鼠标中键，完成主曲线选择。选择点作为主线串时，可先将【点】对话框中的【类型】设置为【端点】。

3）指定交叉曲线，如图 2-20b 所示。选择曲线 1、2、3 作为交叉曲线，每条交叉曲线选择完毕后，均需单击一次鼠标中键，在对应的交叉线串上会生成一个方向箭头和相应的数字编号。

4）设置参数。在【输出曲面选项】选项组中，【着重】通过下拉列表选择【两者皆是】；在【设置】选项组中，将【交点】公差设置为【0. 5】。

5）单击【确定】按钮，结果如图 2-20c 所示。

图 2-20　用【通过曲线网格】命令创建曲面

4. 扫掠

（1）功能介绍　【扫掠】命令的功能是将轮廓曲线沿空间路径曲线扫描，从而形成一个曲面。扫描路径称为引导线串，轮廓曲线称为截面线串。

单击【插入】→【扫掠】→【扫掠】命令，弹出图 2-21 所示对话框。

图 2-21　【扫掠】对话框

1）引导线。引导线可以由单段或多段曲线（各段曲线间必须相切连续）组成，引导线控制了扫掠特征沿着 V 方向（扫掠方向）的方位和尺寸变化。在【扫掠】对话框中，【引导线】可以选择 1~3 条。

若只使用一条引导线，则在扫掠过程中，无法确定截面线在沿引导线方向扫掠时的方位（如可以平移截面线，也可以在平移的同时旋转截面线）和尺寸变化，如图 2-22 所示。因此只使用一条引导线进行扫掠时，需要指定扫掠的方位与放大比例两个参数。

若使用两条引导线，截面线沿引导线方向扫掠时的方位由两条引导线上各对应点之间的

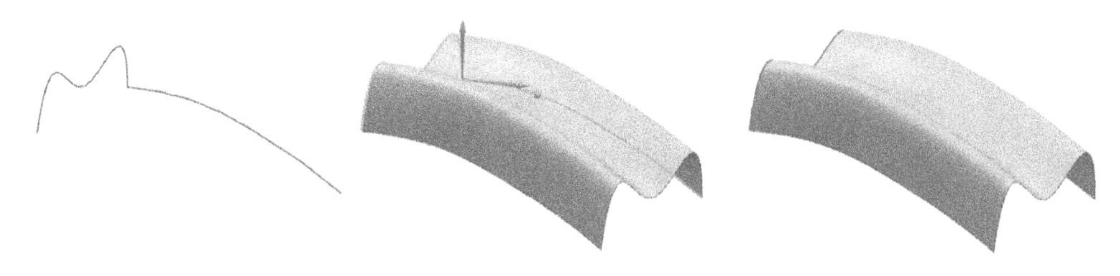

图 2-22　一条引导线扫掠

连线来控制，因此其方位是确定的，如图 2-23 所示。由于截面线沿引导线扫掠时，截面线与引导线始终接触，因此位于两引导线之间的横向尺寸的变化也得到了确定，但高度方向（垂直于引导线的方向）的尺寸变化未得到确定，因此需要指定高度方向尺寸的缩放方式。

① 横向缩放方式：仅缩放横向尺寸，高度方向不进行缩放。

② 均匀缩放方式：截面线沿引导线扫掠时，各个方向都被缩放。

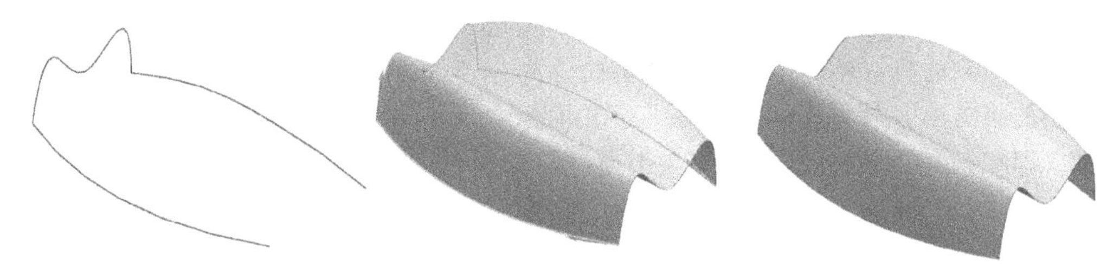

图 2-23　两条引导线扫掠

使用三条引导线时，截面线在沿引导线方向扫掠时的方位和尺寸变化得到了完全确定，无须指定方向和缩放比例，如图 2-24 所示。

图 2-24　三条引导线扫掠

2）截面。截面也可以由单段或者多段曲线（各段曲线间不一定是相切连续，但必须连续）所组成，截面线串可以有 1～150 条。如果所有引导线都是封闭的，则可以重复选择第一组截面线串，并将它作为最后一组截面线串，如图 2-25 所示。

如果选择两条以上截面线串，扫掠时需要指定【插值】方式，【插值】方式用于确定两组截面线串之间扫描体的过渡形状。两种【插值】方式的差别如图 2-26 所示。

① 线性：在两组截面线串之间线性过渡。

② 三次：在两组截面线串之间以三次函数形式过渡。

3）定位方法。在两条引导线或三条引导线的扫掠方式中，方位已完全确定，因此，定位方法只存在于一条引导线的扫掠方式。【扫掠】对话框中提供了七种定位方法，如图 2-21

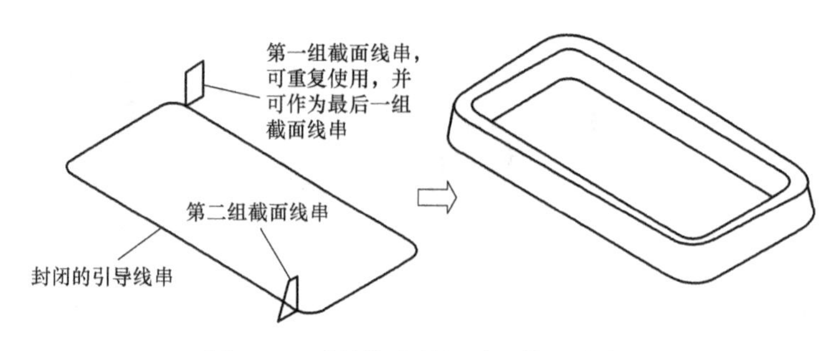

图 2-25　引导线串封闭时的截面线串

所示。

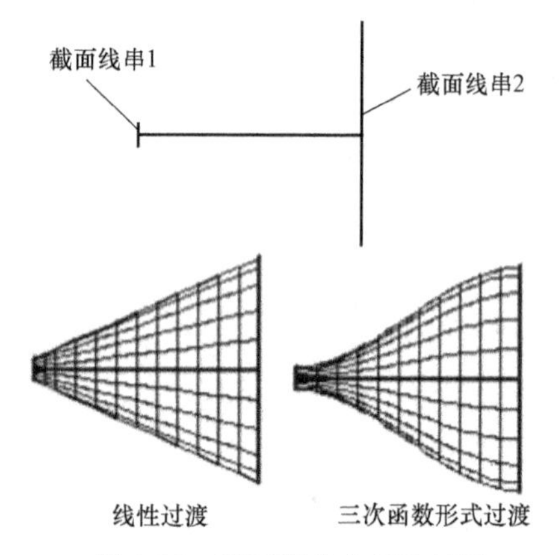

图 2-26　截面线串之间的过渡

① 固定：扫掠过程中，局部坐标系各个坐标轴始终保持固定的方向，轮廓线在扫掠过程中也将始终保持固定的姿态。

② 面的法向：局部坐标系的 Z 轴与引导线相切，局部坐标系的另一轴的方向与面的法向方向一致，当面的法向与 Z 轴方向不垂直时，以 Z 轴为主要参数，即在扫掠过程中 Z 轴始终与引导线相切。采用“面的法向”方式定位本质上与采用“矢量方向”方式定位是相同的。

③ 矢量方向：局部坐标系的 Z 轴与引导线相切，局部坐标系的另一轴指向所指定的矢量的方向。需注意的是，此矢量不能与引导线相切，而且若所指定的方向与 Z 轴方向不垂直，则以 Z 轴方向为主，即 Z 轴始终与引导线相切。

④ 另一曲线：相当于两条引导线的退化形式，只是第二条引导线不起控制比例的作用，而只起方位控制的作用。引导线与所指定的另一曲线对应点之间的连线控制截面线的方位。

⑤ 一个点：与“另一曲线”相似，只是将点代替曲线。在这种定位方式下，局部坐标系的某一轴始终指向指定点。

⑥角度规律：只适合于一条截面线的情况，截面线可以开口或封闭。

⑦ 强制方向：局部坐标系的 Z 轴与引导线相切，局部坐标系的另一轴始终指向所指定的矢量的方向。需注意的是，此矢量不能与引导线相切，而且若所指定的方向与 Z 轴方向不垂直，则以所指定的方向为主，即 Z 轴与引导线并不始终相切。

4）缩放方法。在三条引导线扫掠方式中，方向与比例均已经确定；在两条引导线扫掠方式中，方向与横向缩放比例已确定，所以比例控制只有两个选择，即横向缩放方式及均匀缩放方式。这里所说的缩放方法只适用于一条引导线的扫掠方式。一条引导线的缩放方法有六种，如图 2-21 所示。

① 恒定：扫掠过程中，沿着引导线以同一个比例进行放大或缩小。

② 倒圆功能：此方式下，需先定义起始与终止位置处的缩放比例，中间的缩放比例按线性或三次函数关系来确定。

③ 另一曲线：设引导线起始点与选定的另一条曲线起始点处的距离为 a，引导线上任意

一点与另一条曲线对应点的连线长度为 b，则引导线上任意一点处的缩放比例为 b/a。

④ 一个点：与“另一曲线”类似，只是以点替代曲线。

⑤ 面积规律：指定截面（必须是封闭的）面积变化的规律。

⑥ 周长规律：指定截面周长变化的规律。

5）脊线。使用脊线可控制截面线串的方位，并避免导线参数分布不均匀导致的曲面变形。当脊线串处于截面线串的法向时，该线串状态最佳。

扫掠时，在脊线的每个点上，系统构造垂直于脊线并与引导线串相交的剖切平面，并自动将扫掠所依据的等参数曲线与这些平面对齐，如图 2-27 所示。

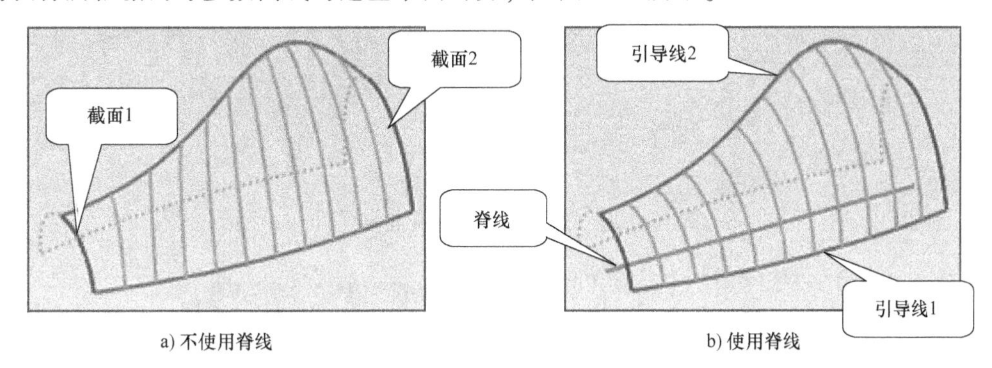

a) 不使用脊线　　b) 使用脊线

图 2-27　使用脊线扫掠

提示：脊线需与两条或三条引导线串一起使用，或与一条引导线串和一方向线串一起使用。

（2）功能演示　以单截面线、双引导线方式使用【扫掠】命令创建曲面的步骤如下：

1）打开文件“Surface_Swept. prt”，然后单击【插入】→【扫掠】→【扫掠】命令，弹出图 2-21 所示对话框。

2）选择图 2-28a 所示的截面线，选择完毕后，单击鼠标中键，将其添加到【截面】列表中。截面线选择完毕后，再次单击鼠标中键。

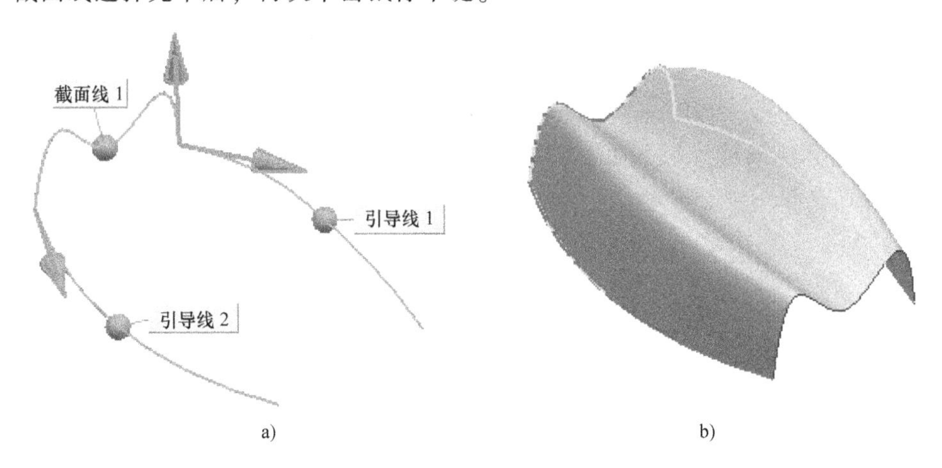

a)　　b)

图 2-28　创建扫掠曲面

3）选择图 2-28a 所示的引导线，每条引导线选择完毕后，单击鼠标中键，将其添加到【引导线】列表中。

4）设置【对齐】为【参数】,【缩放方法】为【均匀】。

5）单击【确定】按钮，结果如图 2-28b 所示。

5. 剖切曲面

（1）功能介绍　使用【剖切曲面】命令可用二次曲线构造方法创建曲面，即先由一系列选定的截面曲线和面计算得到二次曲线，然后以二次曲线扫掠建立曲面，如图 2-29 所示。

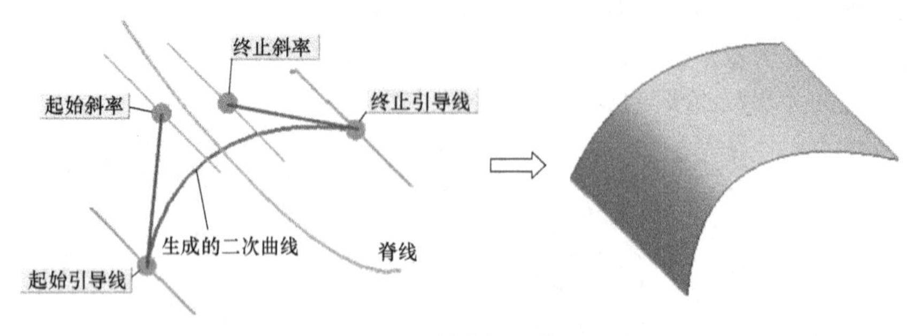

图 2-29　创建剖切曲面

单击【插入】→【扫掠】→【截面】命令，弹出图 2-30 所示对话框。

（2）功能演示

1）用【圆形】及【三点】方式创建剖切曲面：

① 打开文件“Surface _ Sections _ 1. prt”，图 2-31a 所示为模型文件。然后单击【插入】→【扫掠】→【截面】命令，弹出图 2-30 所示对话框。

② 在【类型】下拉列表中选择【圆形】，在【模式】下拉列表中选择【三点】。

③ 依次选择起始引导线、内部引导线、终止引导线和脊线，如图 2-31b 所示，起始引导线同时作为脊线。每条曲线选择完毕后，均需单击鼠标中键确定。

图 2-30　【剖切曲面】对话框

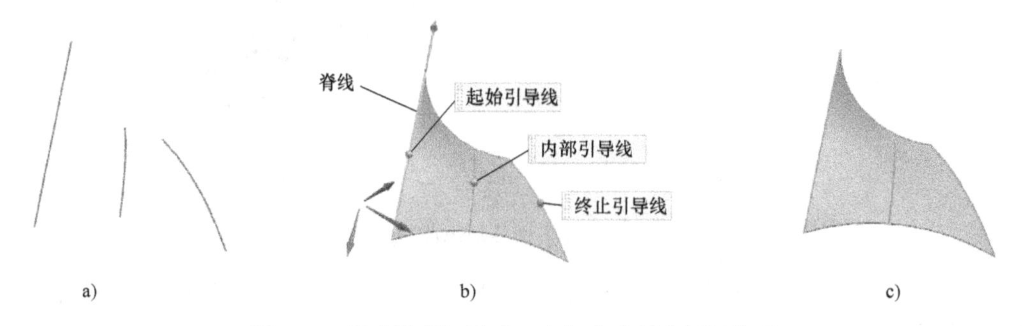

a)　b)　c)

图 2-31　用【圆形】及【三点】方式创建剖切曲面

④ 单击【确定】按钮，结果如图 2-31c 所示。

2）以【圆形】及【两点-半径】方式创建剖切曲面：

① 打开文件“Surface_Sections_2. prt”，然后单击【插入】→【扫掠】→【截面】命令，弹出图 2-30 所示对话框。

② 在【类型】下拉列表中选择【圆形】，然后在【模式】下拉列表中选择【两点-半径】。

③ 依次选择起始引导线、终止引导线及脊线，如图 2-32a 所示。

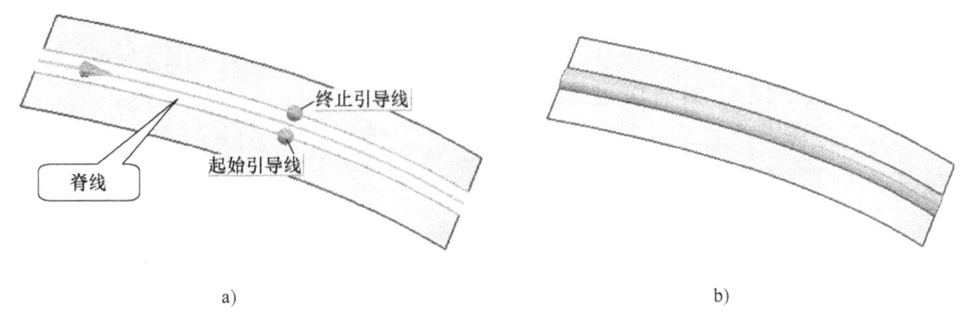

a)　　　　b)

图 2-32　以【圆形】及【两点-半径】方式创建剖切曲面

④ 在【截面控制】选项组中，设置【规律类型】为【线性】、【起点】为【3in】、【终点】为【5in】，如图 2-33 所示。

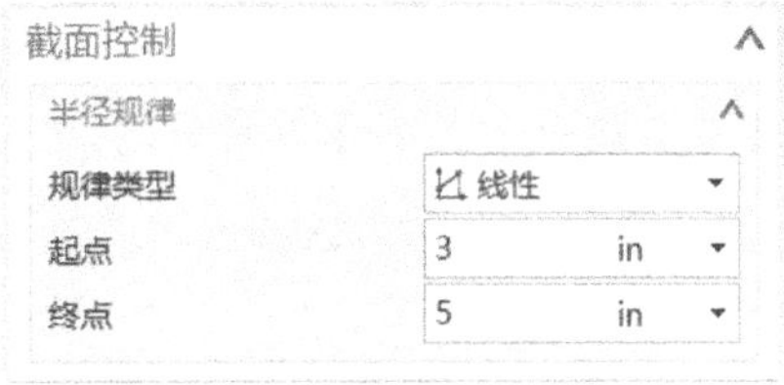

⑤ 单击【确定】按钮，结果如图 2-32b 所示。

提示：半径必须大于弦长距离的一半。

截面控制
半径规律
规律类型　线性
起点　3　in
终点　5　in

图 2-33　【截面控制】选项组

注：1in=25. 4mm。

3）以【线性】方式创建剖切曲面：

① 打开文件“Surface_Sections_3. prt”，然后单击【插入】→【扫掠】→【截面】命令，弹出图 2-30 所示对话框。

② 在【类型】下拉列表中选择【线性】。

③ 依次选择起始引导线和起始面，如图 2-34a 所示。

④ 选择起始引导线作为脊线。

⑤ 在【截面控制】选项组中设置【规律类型】为【恒定】，【值】为【0】。

⑥ 在本例中共有两种创建曲面的结果，分别如图 2-34b、c 所示。单击“显示备选解”按钮，可在这两种结果之间进行切换。

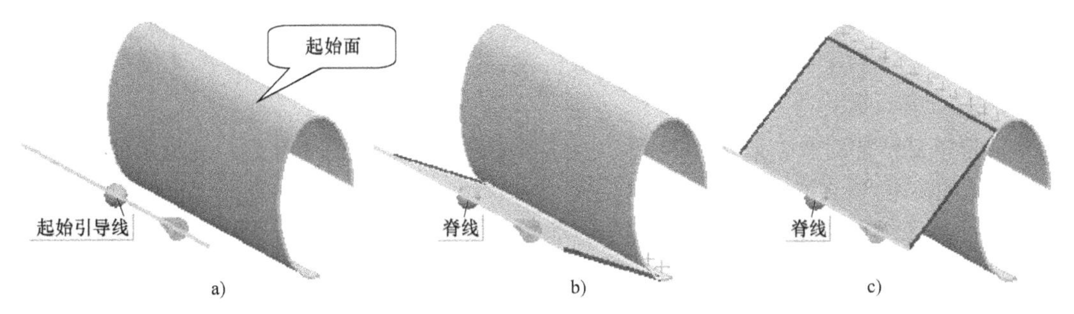

a)　　　　b)　　　　c)

图 2-34　以【线性】方式创建剖切曲面

⑦ 选择需要的一种结果，单击【确定】按钮，剖切曲面创建完毕。

2.2.3 基于已有曲面构建新曲面

1. 延伸曲面

（1）功能介绍　使用【延伸曲面】命令能在已有曲面的基础上，将曲面的边界或曲面上的曲线进行延伸，从而生成新的曲面。

单击“曲面”工具栏中的【延伸曲面】命令，弹出图 2-35 所示对话框。共有两种延伸方法，如图 2-36 所示。

1）相切延伸。从指定的曲面边缘，沿着曲面的切线方向延伸，生成一个与该曲面相切的延伸面。相切延伸面在延伸方向的横截面上是一条直线。

2）圆弧延伸。从指定的曲面边缘，沿着曲面的切线方向延伸，生成一个与该曲面相切的延伸面。圆弧延伸面的横截面是一段圆弧，圆弧的半径与曲面边界处的曲率半径相等。需注意的是，圆弧延伸的曲面边界必须是等参数边，且不能被修剪过。

图 2-35　【延伸曲面】对话框

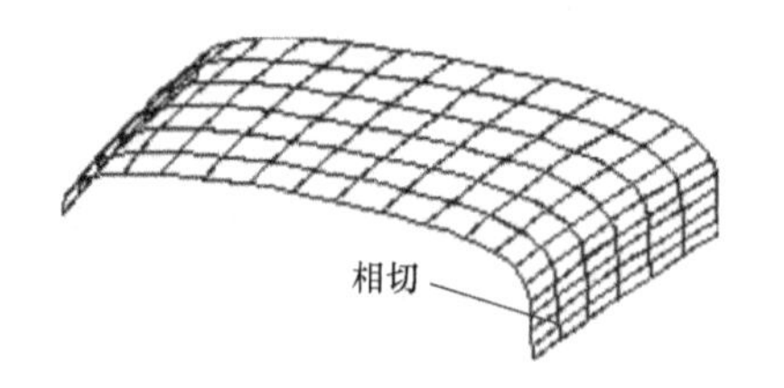

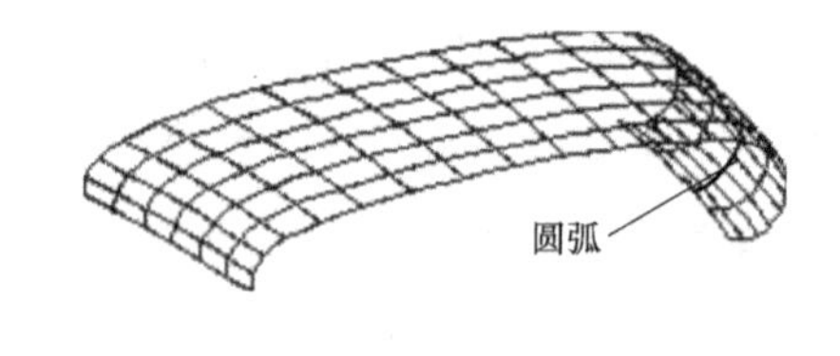

图 2-36　两种延伸方法

提示：延伸生成的是新曲面，而不是原有曲面的伸长。

（2）功能演示　创建相切延伸曲面的步骤如下：

1）打开文件“Surface_Extension_1.prt”，然后单击【插入】→【弯曲曲面】→【延伸】命令，弹出图 2-35 所示对话框。

2）在【类型】下拉列表中选择【边】，如图 2-35 所示。

3）在【方法】下拉列表中选择【相切】，在【距离】下拉列表中选择【按长度】。

4）选择基本曲面。

5）选择要延伸的边，如图 2-37 所示，窗口中会临时显示一个箭头，表示延伸方向。

6）在【长度】文本框中输入【20】。

7）单击【确定】按钮，结果如图 2-38 所示。

提示：选取要延伸的边时，需要注意光标应位于面内靠近这条边处。如果该操作不成功，再重新操作或者转换一个视角进行选择即可。

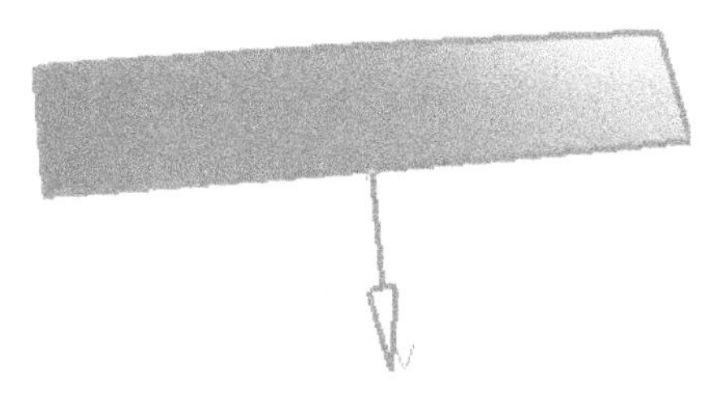

图 2-37　箭头表示延伸方向

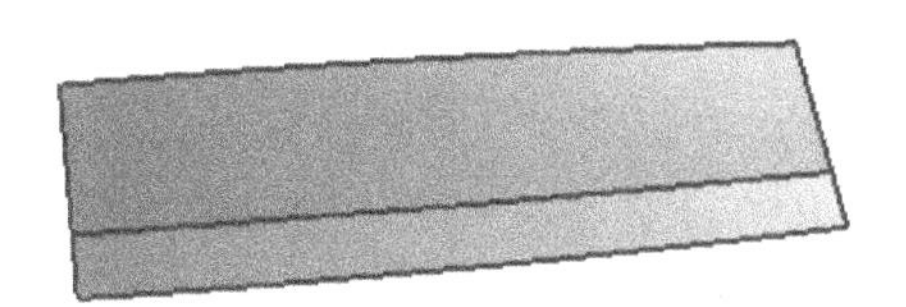

图 2-38　延伸曲面创建完成

2. N 边曲面

（1）功能介绍　使用【N 边曲面】命令可以用闭环的任意数目曲线构建一曲面，并且可以指定与外侧面的连续性。

单击【插入】→【网格曲面】→【N 边曲面】命令，弹出图 2-39 所示对话框。

图 2-39　【N 边曲面】对话框

对话框中主要选项的含义如下：

1）类型：下拉列表中有两种类型的 N 边曲面，如图 2-40 所示。

① 已修剪：根据选择的封闭曲线建立单一曲面。

② 三角形：根据选择的封闭曲线创建的曲面，由多个单独的三角曲面片组成。这些三角曲面片相交于一点，该点称为 N 边曲面的公共中心点。

2）外环：选择定义 N 边曲面的边界曲线。

3）约束面：选取约束面的目的是，通过选择的一组边界曲面，创建位置约束、相切约束或曲率连续约束。

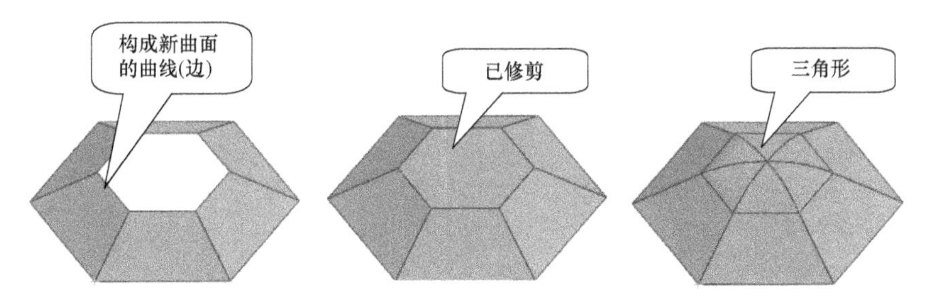

图 2-40　创建两种类型的 N 边曲面

4）形状控制：选取【约束面】后，该选项才可以使用。在【形状控制】下拉列表中，可以选择的选项有 G0、G1 和 G2 三种。

5）设置：主要控制 N 边曲面的边界。

① 修剪到边界：仅当设置【类型】为【已修剪】时才显示。如果新的曲面是修剪到指定边界曲线（边），则选择此选项。

② 尽可能合并面：仅当设置【类型】为【三角形】时才显示。选择此选项时，把环上相切连续的部分视为一条曲线，并为每个相切连续的截面建立一个面。如果未选择此选项，

则为环中的每条曲线（边）建立一个曲面。

③ G0（位置）：通过仅基于位置的连续性（忽略外部边界约束）连接轮廓曲线和曲面。

④ G1（相切）：通过基于相切于边界曲面的连续性连接曲面的轮廓曲线。

（2）功能演示　以已修剪方式创建 N 边曲面的步骤如下：

1）打开文件“Surface_Nside. prt”，然后单击【插入】→【网格曲面】→【N 边曲面】命令，弹出图 2-39 所示对话框。

2）在【类型】下拉列表中选择【已修剪】，分别选择图 2-41 所示的外环、约束面和内部曲线。

3）设置【UV 方位】为【面积】，在【设置】选项组中选择【修剪到边界】选项。

4）单击【确定】按钮，结果如图 2-42 所示。

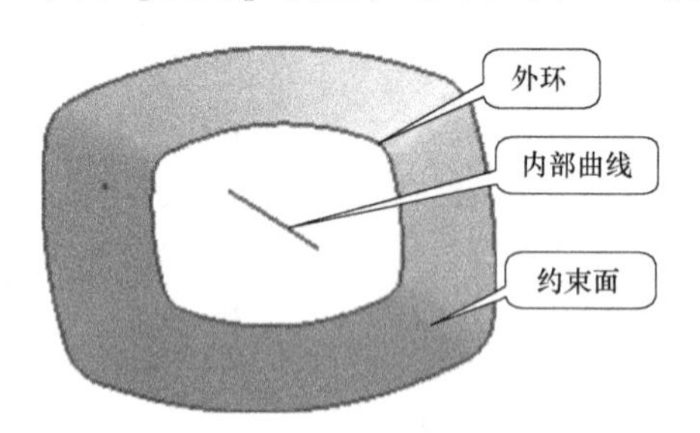

图 2-41　选择几何元素

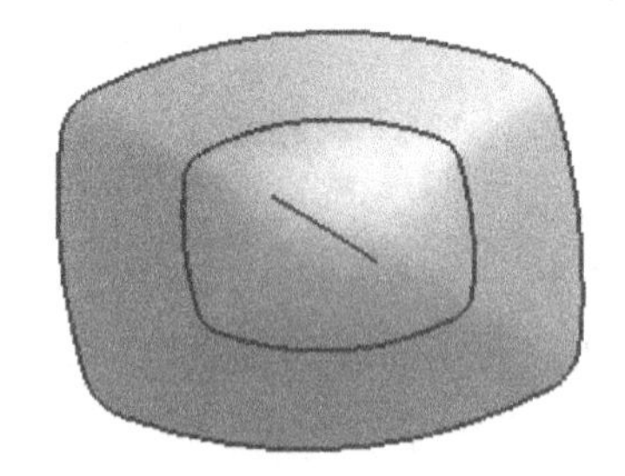

图 2-42　N 边曲面创建完成

提示：创建的 N 边曲面会通过内部曲线。

3. 偏置曲面

（1）功能介绍　使用【偏置曲面】命令可将指定的面沿法线方向偏置一定的距离，生成一个新的曲面。

在偏置操作过程中，窗口会临时显示一个代表基面法向的箭头，双击该箭头可以沿着相反的方向偏置。若要反向偏置，也可以在【偏置】文本框中直接输入一个负值。

（2）功能演示　将曲面向外偏置 25mm 的步骤如下：

1）打开文件“Surface_Offset. prt”，然后单击【插入】→【偏置/缩放】→【偏置曲面】命令，弹出图 2-43a 所示对话框。

a)

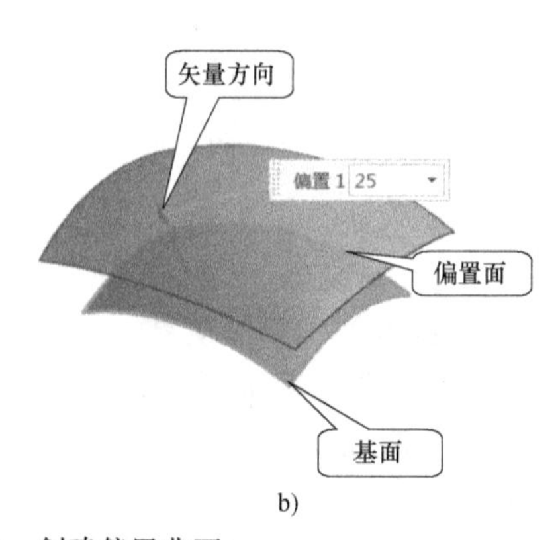

b)

图 2-43　创建偏置曲面

2）选择要偏置的面。

3）在【偏置 1】文本框中输入【25】。

4）单击【确定】按钮，即可完成偏置曲面的创建，结果如图 2-43b 所示。

提示：向曲面内凹方向偏置时，过大的偏置距离可能会产生自交，导致不能生成偏置曲面。偏置曲面与基面之间具有关联性，因此修改基面后，偏置曲面跟着改变；但修剪基面时，不能修剪偏置曲面；删除基面时，偏置曲面也不会被删除。

4. 修剪片体

（1）功能介绍　使用【修剪的片体】命令可利用曲线、曲面边缘、曲面或基准平面去修剪片体的一部分。

单击【插入】→【修剪】→【修剪片体】命令，弹出如图 2-44a 所示对话框。该对话框中各选项含义如下：

1）目标：即要修剪的片体对象。

2）边界：即修剪目标片体的工具，如曲线、曲面边缘、曲面或基准平面等。

3）投影方向：当边界对象远离目标片体时，可将边界对象（主要是曲线或曲面边缘）投影在目标片体上。投影方向有垂直于面、垂直于曲线平面和沿矢量 3 种。

4）区域：即要保留或是要移除的那部分片体。

① 保留：点选此选项，保留光标选择片体的部分。

② 放弃：点选此选项，移除光标选择片体的部分。

5）保存目标：修剪片体后仍保留原片体。

6）输出精确的几何体：选择此复选选项，最终修剪后的片体精度最高。

7）公差：修剪结果与理论结果之间的误差。

（2）功能演示　用基准平面和曲线修剪片体的步骤如下：

1）打开文件“Surface_Trimmed_Sheet. prt”，然后单击【插入】→【修剪】→【修剪片体】命令，弹出如图 2-44a 所示对话框。

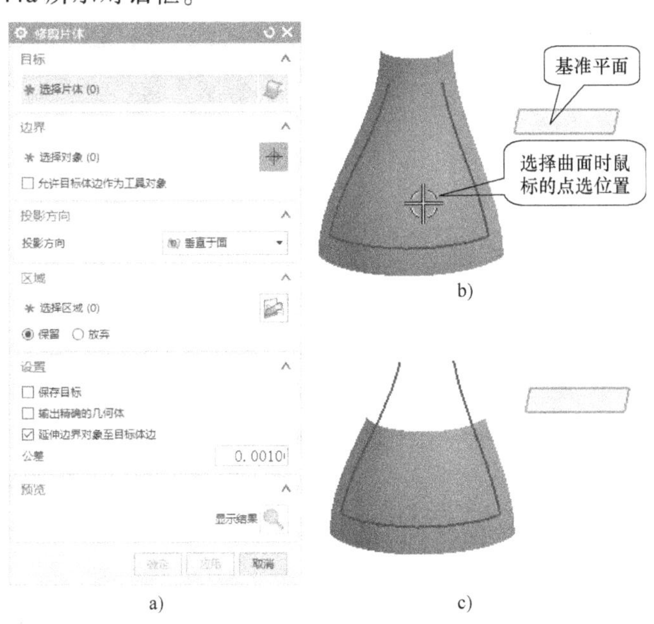

a)　b)　c)

图 2-44　修剪片体（一）

2）用基准平面修剪片体。首先选择要被修剪的曲面为目标片体，然后选择基准平面作为边界对象，单击【应用】按钮，即可用所选基准平面修剪片体，如图 2-44b、c 所示。

3）用曲线修剪片体。如图 2-45 所示，选择曲面为目标片体、曲线为边界对象，在【选择区域】中选择【放弃】选项，再单击【确定】按钮，即可用所选曲线修剪片体。

提示：在使用【修剪片体】命令进行操作时，应注意修剪边界对象必须要超过目标片体的范围，否则无法进行正常操作。

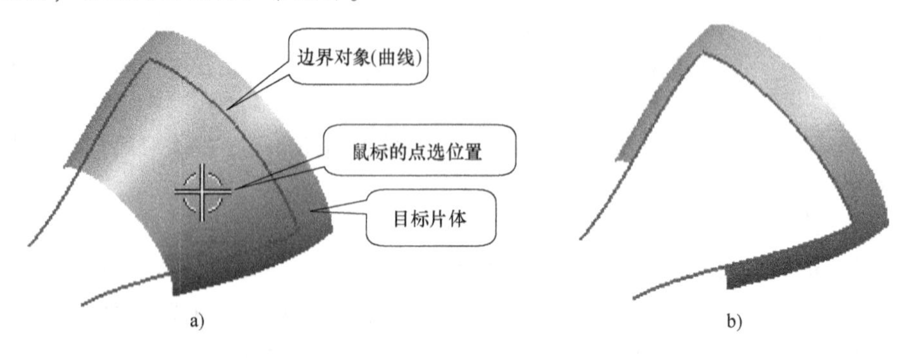

图 2-45　修剪片体（二）

5. 修剪和延伸

（1）功能介绍　使用【修剪和延伸】命令可使用由边或曲面组成的一组工具对象来延伸或修剪一个或多个曲面。

单击【插入】→【修剪】→【修剪与延伸】命令，弹出图 2-46a 所示对话框。

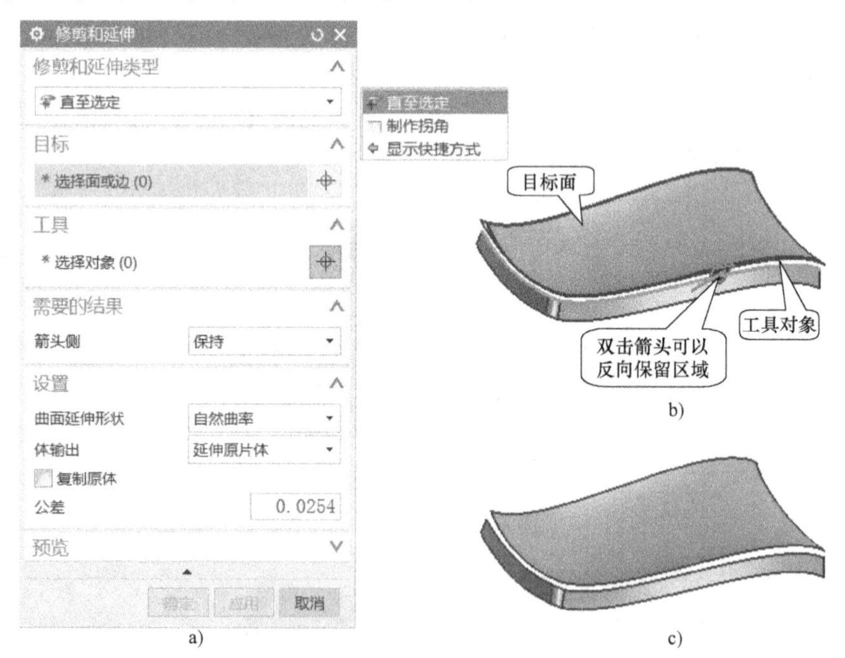

图 2-46　修剪曲面

对话框中包含了以下两种修剪和延伸类型。

1）直至选定：修剪曲面至选定的参照对象，如面或边等。应用此类型来修剪曲面时，修剪边界无须超过目标体。

2）制作拐角：在“目标”和“工具”之间形成拐角。

（2）功能演示　以直至选定方式修剪和延伸曲面的步骤如下：

1）打开文件“Surface_Trim_and_Extend. prt”，然后单击【插入】→【修剪】→【修剪与延伸】命令，弹出图2-46a所示对话框。

2）在【修剪和延伸类型】下拉列表中选择【直至选定】。

3）修剪曲面。如图2-46b所示，选择目标面，单击鼠标中键确定，然后选择工具对象，此时会出现预览效果。再单击【应用】按钮，即可完成曲面的修剪，结果如图2-46c所示。

4）延伸曲面。

① 如图2-47a所示，选择目标边，单击鼠标中键确定，然后选择工具对象，可以根据预览效果反转箭头方向。

② 单击【确定】按钮，即可完成曲面的延伸，结果如图2-47b所示。

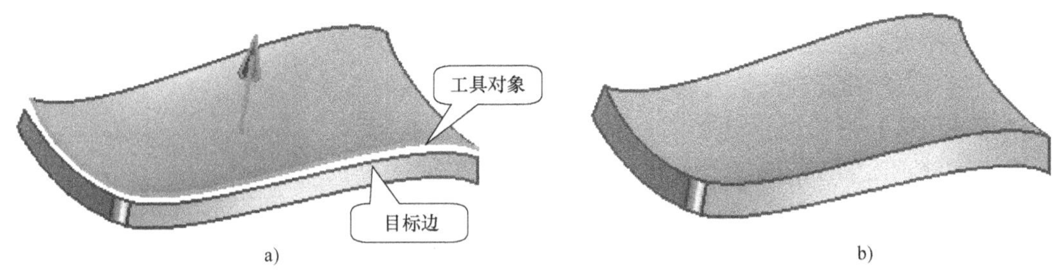

图2-47　延伸曲面

提示： 选择目标边和工具对象时，可以将工具栏中的“曲线规则”设为【相切曲线】。

2.2.4　编辑曲面

大多数设计工作不可能一蹴而就，需要进行一定的修改。UG NX软件提供两种曲面编辑方式，一种是参数化编辑，另一种是非参数化编辑。

1）参数化编辑：大部分曲面具有参数化特征，如直纹面、通过曲面组曲面、扫掠面等。这类曲面可通过编辑特征的参数来修改曲面的形状特征。

2）非参数化编辑：非参数化编辑适用于参数化特征与非参数化特征，但特征被编辑之后，特征的参数将丢失。因此在非参数化编辑中，窗口会弹出图2-48所示的【确认】对话框，以提示此操作将移除特征的参数。

在非参数化编辑中，为保留原始参数，系统会提供两个选项，如图2-49所示。

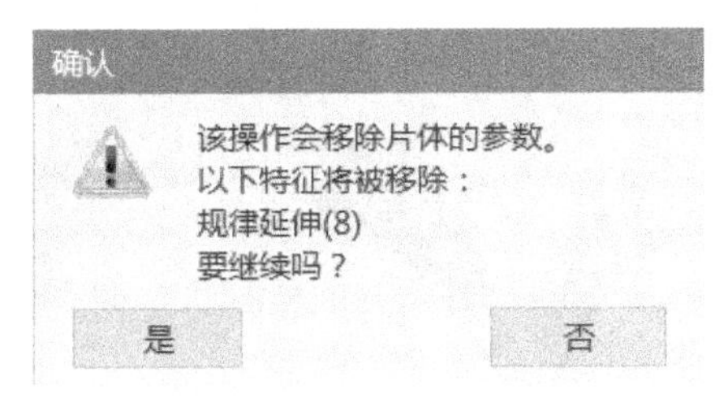

图2-48　【确认】对话框

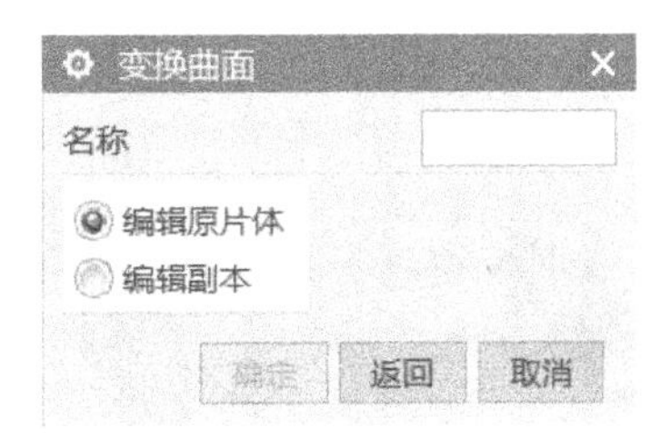

图2-49　【变换曲面】对话框

① 编辑原片体：在所选择的曲面上直接进行编辑，编辑后曲面的参数将丢失，一旦保存文件，参数将无法恢复。

② 编辑副本：编辑之前，系统会自动复制所选曲面，然后编辑复制曲面。复制曲面与原曲面不具有相关性，即编辑原曲面后，复制曲面不会随之改变。

1. 移动定义点

使用【移动定义点】命令可以移动片体上的点（定义点）。该命令通常为隐藏状态，可通过【命令查找器】调用。UG NX 10.0 中显示该命令即将失效，可能在其下个版本中将不会出现。

2. 移动极点

使用【移动极点】命令可以移动片体的极点。这在曲面外观形状的交互设计（如日用品和汽车车身）中非常有用。该命令通常为隐藏状态，可通过【命令查找器】调用。UG NX 10.0 中显示该命令即将失效，可能在其下个版本中也将不会出现。

3. 扩大

使用【扩大】命令可将未修剪过的曲面扩大或缩小。扩大功能与延伸功能类似，但只能对未经修剪过的曲面进行扩大或缩小，并且将移除曲面的参数。

单击【编辑】→【曲面】→【扩大】命令，弹出图 2-50 所示对话框，该对话框中各选项含义如下。

1）选择面：选择要扩大的面。

2）调整大小参数：设置调整曲面大小的参数。

① 全部：选择此选项后，拖动下面的任一数值滑块，则其余数值滑块一起被拖动，即曲面在 U、V 方向上被一起放大或缩小。

② U 向起点百分比、U 向终点百分比、V 向起点百分比、V 向终点百分比：指定片体各边的修改百分比。

③ 重置调整大小参数：使数值滑块或参数回到初始状态。

3）模式：有线性和自然两种模式，如图 2-51 所示。

① 线性：在一个方向上线性延伸片体的边。线性模式只能扩大面，不能缩小面。

② 自然：顺着曲面的自然曲率延伸片体的边。自然模式可增大或减小片体的尺寸。

4）编辑副本：对片体副本执行扩大操作。如果没有选择此选项，则将扩大原始片体。

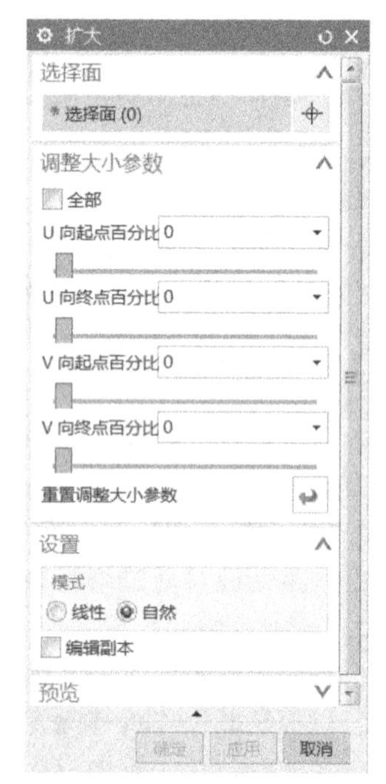

图 2-50 【扩大】对话框

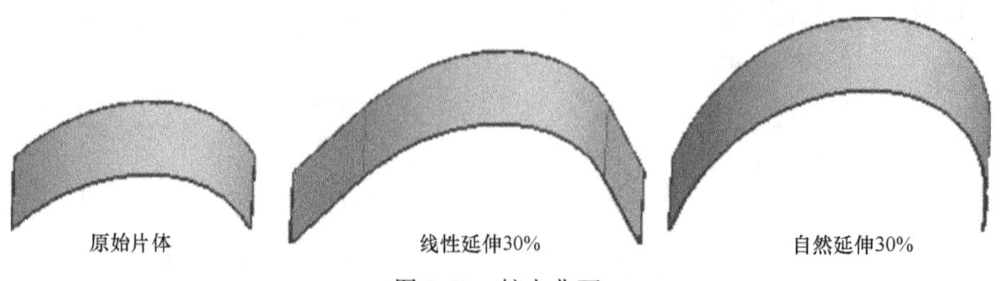

图 2-51 扩大曲面

4. 替换边

使用【替换边】命令可用当前片体内或外的新边来替换某个片体的单个或连接的边，如图 2-52a 所示。

5. 局部取消修剪和延伸

（1）功能介绍　使用【局部取消修剪和延伸】命令，可移除在片体上所做的修剪（即边界修剪和孔），并将体恢复至参数四边形的形状，如图 2-52b 所示。

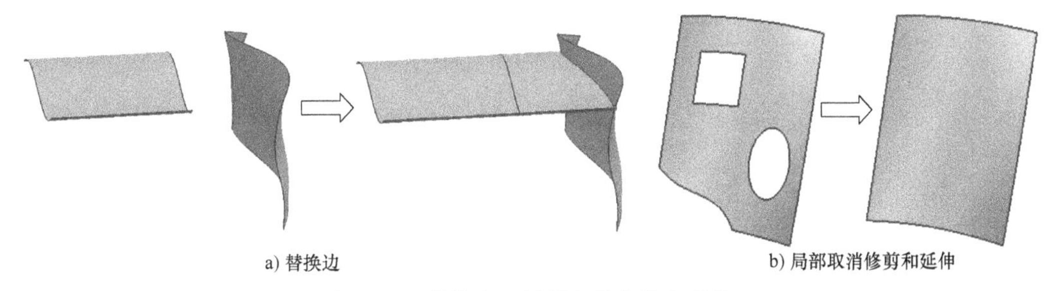

a) 替换边　　b) 局部取消修剪和延伸

图 2-52　替换边 \ 局部取消修剪和延伸

（2）功能演示　局部取消修剪和延伸的操作步骤如下：

1）打开文件“Boundary. prt”，单击【编辑】→【曲面】→【局部取消修剪和延伸】命令，弹出图 2-53 所示对话框。

2）选择要编辑的面，并选择要删除的边，即图 2-54 所示的高亮曲线。

3）单击【确定】按钮，得到图 2-55 所示的曲面。

图 2-53　【局部取消修剪和延伸】对话框

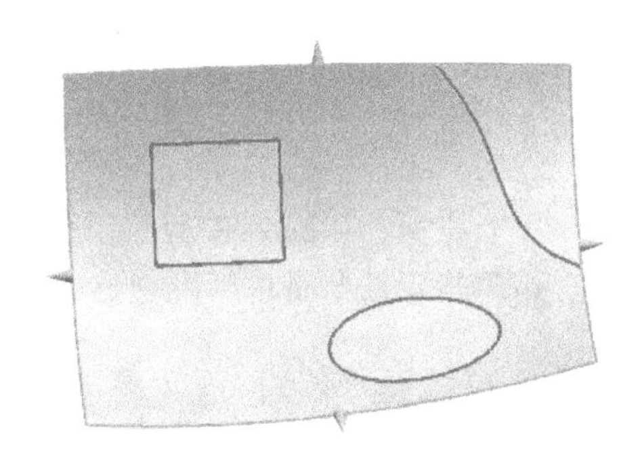

图 2-54　选择要删除的边

图 2-55　结果显示

2.2.5　曲面分析

建模过程中，经常需要对曲面进行形状分析和验证，从而保证建立的曲面能满足要求。本节主要介绍一些常用的曲面分析命令，如【截面分析】、【曲面连续性】、【半径】、【反射】、【斜率】、【距离】等。

1. 截面分析

使用【截面分析】命令可用一组平面与需要分析的曲面相交，得到一组交线，然后分析交线的曲率、峰值点和拐点等，从而分析曲面的形状和质量。

单击【分析】→【形状】→【截面分析】命令，弹出图 2-56 所示对话框。

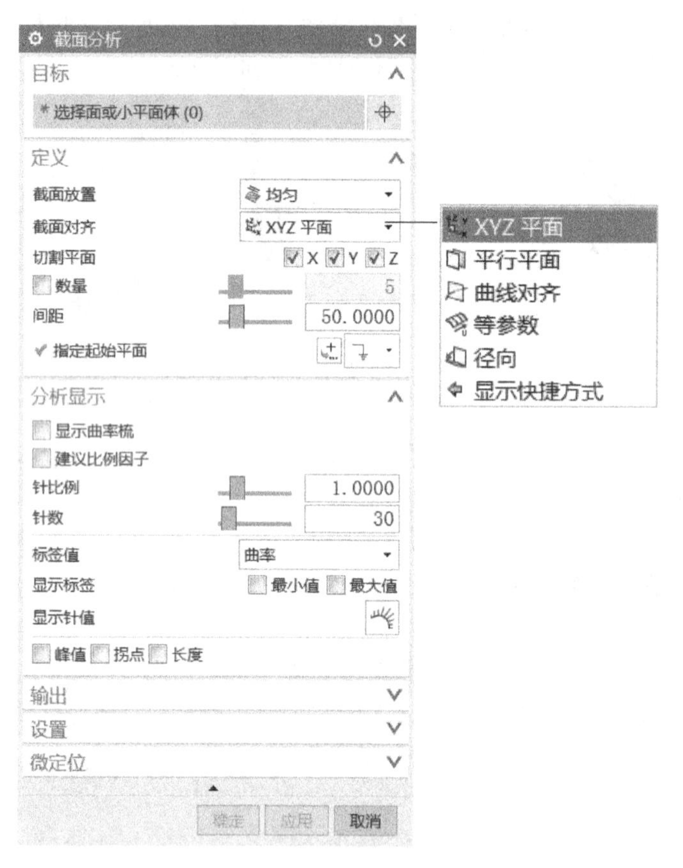

图 2-56 【截面分析】对话框

常用【截面对齐】的选项有以下三种。

(1) 平行平面 剖切截面为一组指定数量或间距的平行平面，如图 2-57 所示。

(2) 等参数 剖切截面为一组沿曲面 U、V 方向，根据指定的数量或间距创建的平面，如图 2-58 所示。

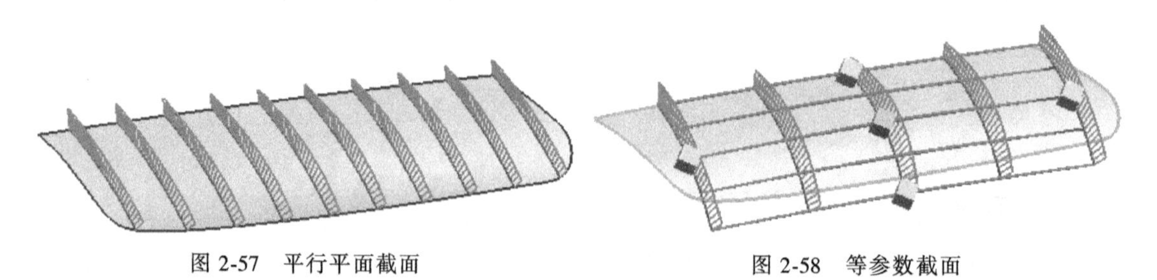

图 2-57 平行平面截面　　图 2-58 等参数截面

(3) 曲线对齐 创建一组和所选择曲线垂直的截面，如图 2-59 所示。

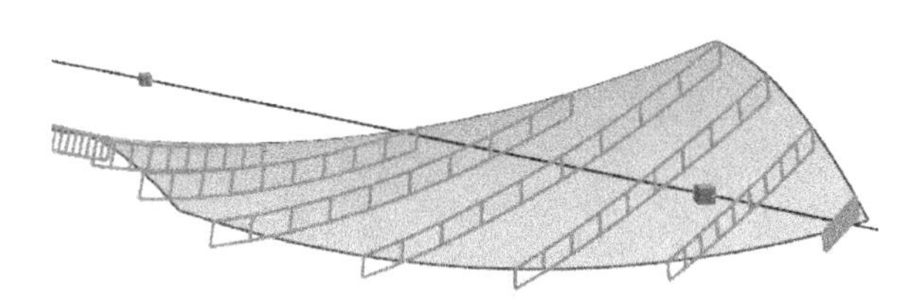

图 2-59　曲线对齐截面

2. 高亮线分析

使用【高亮线】命令可通过一组特定的光源投射到曲面上，形成一组反射线来评估曲面的质量。旋转、平移、修改曲面后，高亮反射线会实时更新。

单击【分析】→【形状】→【高亮线】命令，弹出图 2-60 所示对话框。

图 2-60　【高亮线】对话框

(1) 产生高亮线的两种类型　高亮线是一束光线投向所选择的曲面上后，在曲面上产生的反射线。【反射】类型是从观察方向察看反射线，反射线形状随着观察方向的改变而改变；而【投影】类型则是直接取曲面上的反射线，反射线形状与观察方向无关，如图 2-61 所示。

反射的光束是沿着动态坐标系的 *Y* 轴方向的，旋转坐标系的方向可以改变反射线的形状。同样，改变屏幕视角的方向也可以显示不同的反射形状。但勾选【锁定反射】后，即使旋转视角方向，也不会改变反射线的形状。

(2) 光源放置　选项有以下三种。

1) 均匀：一种等间距的光源，可以在【光源数】文本框中设定光束的条数（≤200），在【光源间距】文本框中设定光束的间距，如图 2-62a 所示。

2) 通过点：反射线通过在曲面上指定的点，如图 2-62b 所示。

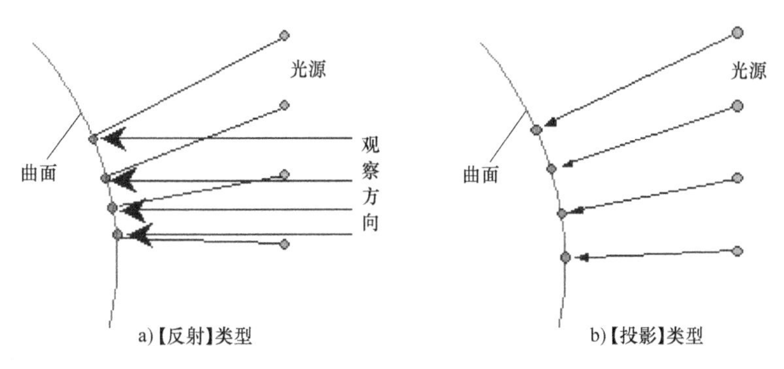

图 2-61　产生高亮线的两种类型

3) 在点之间：在用户指定的曲面上的两个点之间创建高亮线，如图 2-62c 所示。

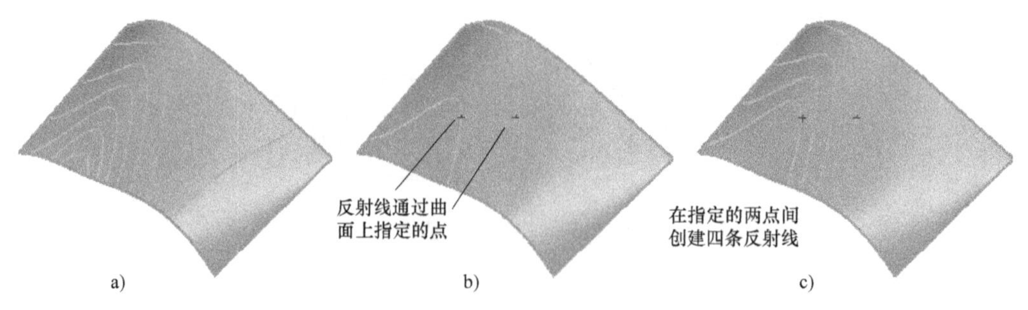

图 2-62　光源放置

3. 曲面连续性分析

利用【曲面的连续性】命令可以分析两组曲面之间的连续性，包括位置连续（G0）、相切连续（G1）、曲率连续（G2）及流连续（G3）。

单击【分析】→【形状】→【曲面连续性】命令，弹出图 2-63 所示对话框，对话框中的主要选项含义如下。

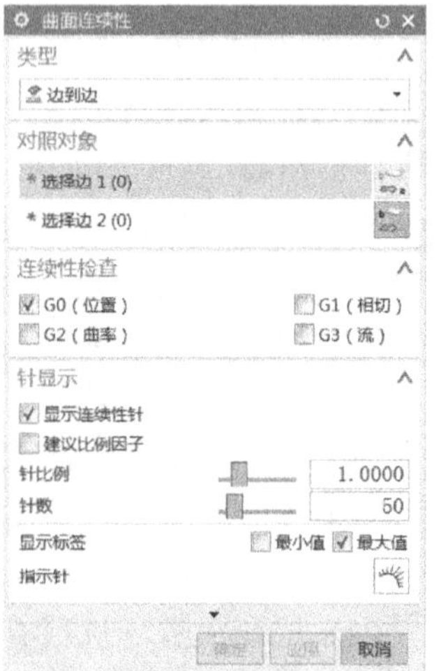

图 2-63　【曲面连续性】对话框

（1）类型　选项有以下两种。

1）边到边：分析两组边缘线之间的连续性关系。

2）边到面：分析一组边缘线与一个曲面之间的连续性关系。

【边到边】和【边到面】两个选项仅选择步骤不同，其分析方法相同。

（2）对照对象　指定基准边和检测边或面。

1）选择边 1：选择要充当连续性检查基准的第一组边；应选择靠近要作参考的一条边或多条边的每个面。

2）选择边 2：如果设置【类型】为【边到边】，则选择第二组边；如果设置【类型】为【边到面】，则选择一组面，将针对这些面测量与第一组边的连续性。

（3）连续性检查　指定连续性分析的类型。

1）G0（位置）：用于检测两条边缘线之间的距离分布，其误差单位是长度。若两条边缘线重合（即位置连续），则其值为 0。

2）G1（相切）：用于检测两条边缘线之间的斜率连续性，斜率连续误差的单位是弧度。若两曲面在边缘处相切连续，则其值为 0。

3）G2（曲率）：用于检查两组曲面之间曲率误差分布，其单位是 1。曲率连续性分析时，可选用不同的曲率显示方式，如截面、高斯、平均、绝对。

4）G3（流）：用于检查两组曲面之间曲率的斜率连续性（流连续）。

（4）针显示

1）显示连续性针：为当前选定的曲面和边的连续性检查显示曲率梳。如果曲面有变化，梳状图会针对每次连续性检查动态更新。

2）建议比例因子：自动将比例设为最佳大小。

3）针比例：通过拖动滑块或输入值来控制曲率梳的比例或长度。

4）针数：通过拖动滑块或输入值来控制曲率梳中显示的总齿数。

5）显示标签：显示每个连续性检查活动的曲率梳的近似位置以及最小和/或最大值。

提示：可以使用键盘方向键来更改【针比例】和【针数】，更改时，光标必须位于【针比例】或【针数】选项上。

4. 半径分析

（1）功能介绍　【半径】分析命令主要用于分析曲面的曲率半径，并且可以在曲面上用不同颜色显示不同的曲率半径，从而可以清楚分辨半径的分布情况及曲率变化。

（2）功能演示　半径分析的操作步骤如下：

1）打开文件“Face Analysis-Radius. prt”，单击【分析】→【形状】→【半径】命令，弹出图 2-64a 所示对话框。

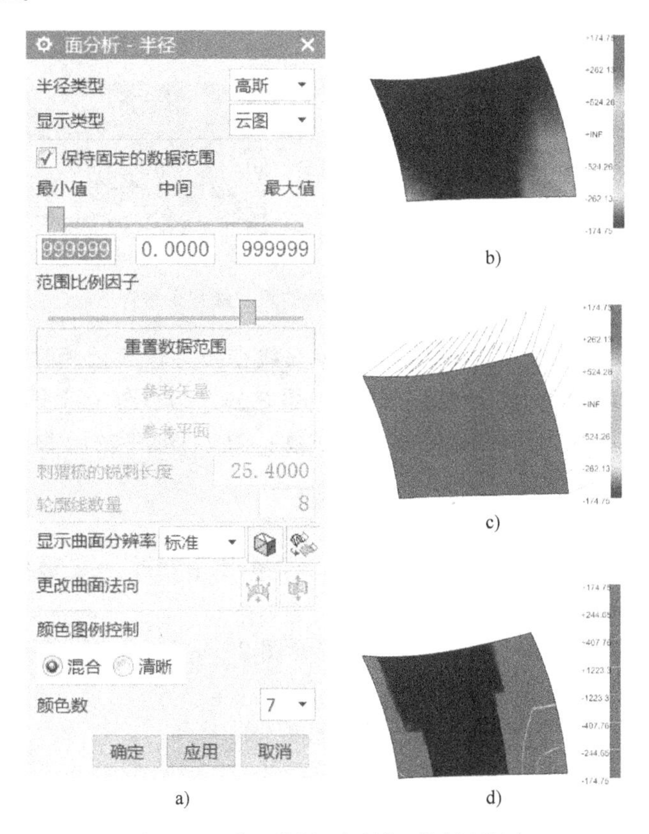

图 2-64　【面分析-半径】对话框设置

2）设置参数，通常可采用默认值。

3）选择要分析的曲面。选择曲面后，即可显示曲面半径分布规律。

4）设置【半径类型】为【高斯】。

5）选择【显示类型】。通过下拉列表进行选择。

①【云图】选项用于着色显示曲率半径，颜色变化代表曲率变化，如图 2-64b 所示。

②【刺猬梳】选项用于显示曲面上各栅格点的曲率半径梳图，并且用不同的颜色代表不同的曲率半径，每一点上的曲率半径梳直线垂直于曲面，用户可以自定义刺猬梳的锐刺长度，如图 2-64c 所示。

③【轮廓线】选项使用恒定半径的轮廓线来表示曲率半径，每一条曲线的颜色都不相同，用户可指定显示的轮廓线数量，最多为 32 条，如图 2-64d 所示。

5. 反射分析

(1) 功能介绍　【反射】分析命令是用仿真曲面上的反射光分析曲面的反射特性。由于反射图形类似于斑马条纹，故其条纹通常又被称为斑马线。利用斑马线可以评价曲面间的连续情况，图 2-65 所示为两个曲面拼接后的斑马线评价情况。

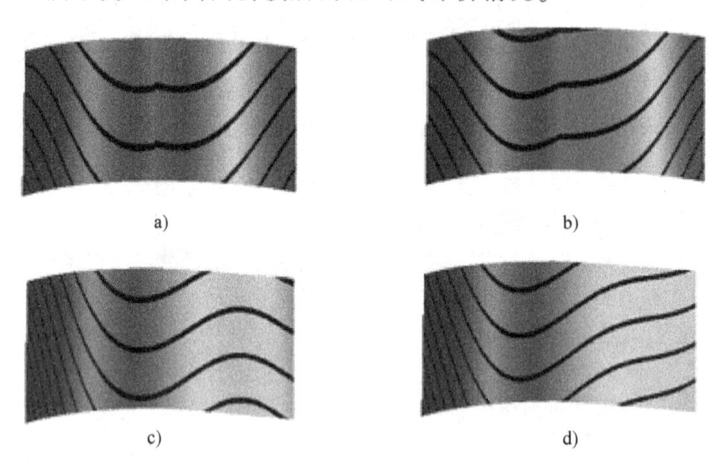

图 2-65　两曲面拼接后的斑马线评价情况

在图 2-65a 中，两曲面是 G0 连续，所以斑马线在公共边界处相互错开；图 2-65b 中的两曲面是 G1 连续，两曲面的斑马线是对齐的，但在公共边界处有尖角；图 2-65c 中的两曲面是 G2 连续，两曲面的斑马线在拼接处光滑过渡；图 2-65d 中的两曲面是 G3 连续。可见，斑马线越均匀，曲面质量越高。

(2) 功能演示　反射分析的操作步骤如下：

1) 打开文件 "Face Analysis-Reflection. prt"，单击【分析】→【形状】→【反射】命令，弹出图 2-66a 所示对话框。

2) 设置【图像类型】为【场景图像】，选择图 2-66a 所示【图像类型】选项区中的第二个图标，其余选项保持默认设置。

3) 单击【确定】按钮，反射分析结果如图 2-66b 所示。

6. 斜率分析

【斜率】分析命令用于分析曲面上每一点的法向与指定的矢量方向之间的夹角，并通过颜色图显示和表现出来。在模具设计分析中，曲面斜率分析方法应用很广泛，主要以模具的脱模方向为参考矢量，对曲面的斜率进行分析，从而判断曲面的脱模性能。

【斜率】分析命令与【反射】分析命令相似，不同之处是需要指定一个矢量方向。在此不再赘述。

7. 距离分析

(1) 功能介绍　【距离】分析命令用于分析选择曲面与参考平面之间的距离，进而判断曲面的质量。

(2) 功能演示　距离分析的操作步骤如下：

1) 打开文件 "Face Analysis-Distance. prt"，然后单击【分析】→【形状】→【距离】命

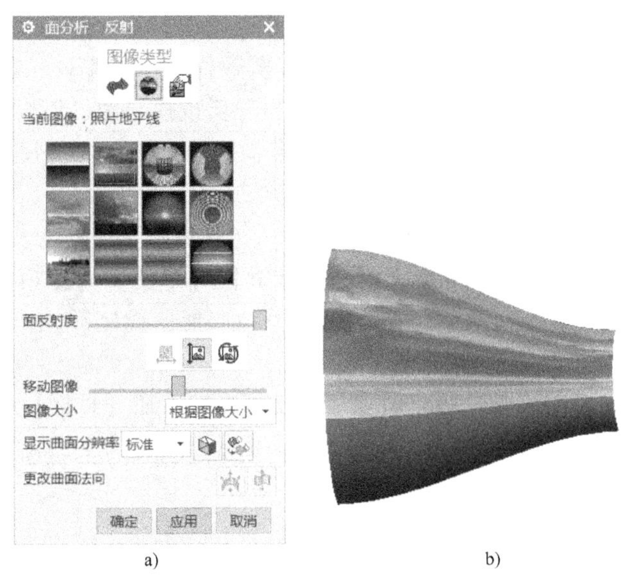

a)　　　　　　　　　　b)

图 2-66　【面分析-反射】对话框设置

令，弹出【刨】对话框，用于指定或构造一个参考平面，如图 2-67 所示。

2）选择或构造一个平面。如图 2-68b 所示，选择或构造一条直线（注意不要选中直线的控制点），然后选择直线靠近曲面一侧的端点，系统自动构建一个过直线端点且垂直于直线的基准平面。

3）单击【确定】按钮，弹出图 2-68a 所示对话框，并在曲面上显示曲面到参考平面的距离，如图 2-68c 所示。

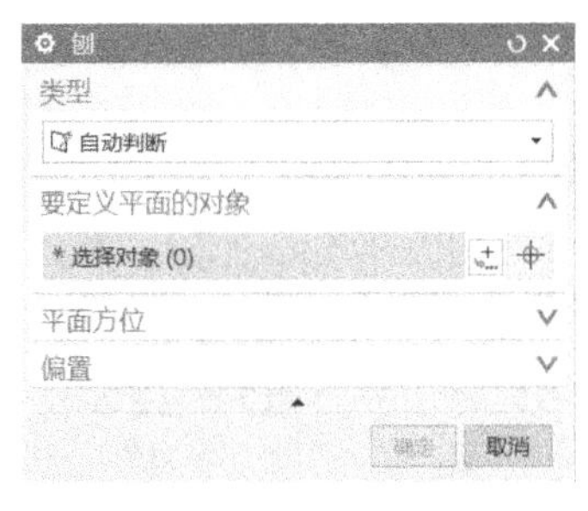

图 2-67　【刨】对话框

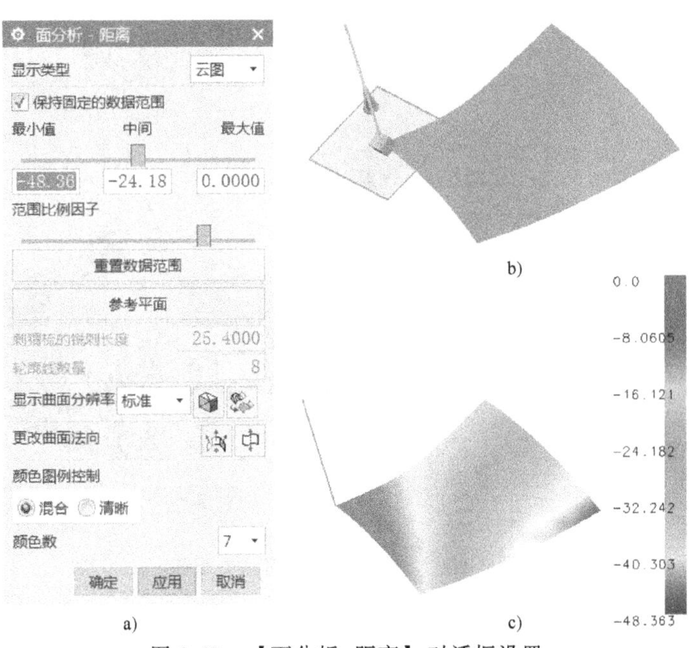

a)　　　　　　　　　　b)　　　　　　　　　　c)

图 2-68　【面分析-距离】对话框设置

8. 拔模分析

（1）功能介绍　通常对于钣金成形件、汽车覆盖件、模塑零件，其沿拔模方向的侧面都需要一个正向的拔模斜度，如果斜度不够或者出现反拔模斜度，那么所设计的曲面就是不合格的。【拔模分析】命令提供对指定部件反拔模状况的可视反馈，并可以定义一个最佳冲模冲压方向，以使反拔模斜度达到最小值。

（2）功能演示　拔模分析的操作步骤如下：

1）打开文件“Draft Analysis. prt”，单击【分析】→【形状】→【拔模分析】命令，弹出图2-69a所示对话框。窗口会临时显示一动态坐标系，选择曲面之后，曲面颜色会分区显示，如图2-69b、c所示。

2）动态坐标系的 Z 轴就是分析中所使用的脱模方向。在【目标】选项组中选择要分析的面，然后调整 Z 轴为【指定方位】，曲面上的颜色分布随之发生变化，如图2-69d所示。

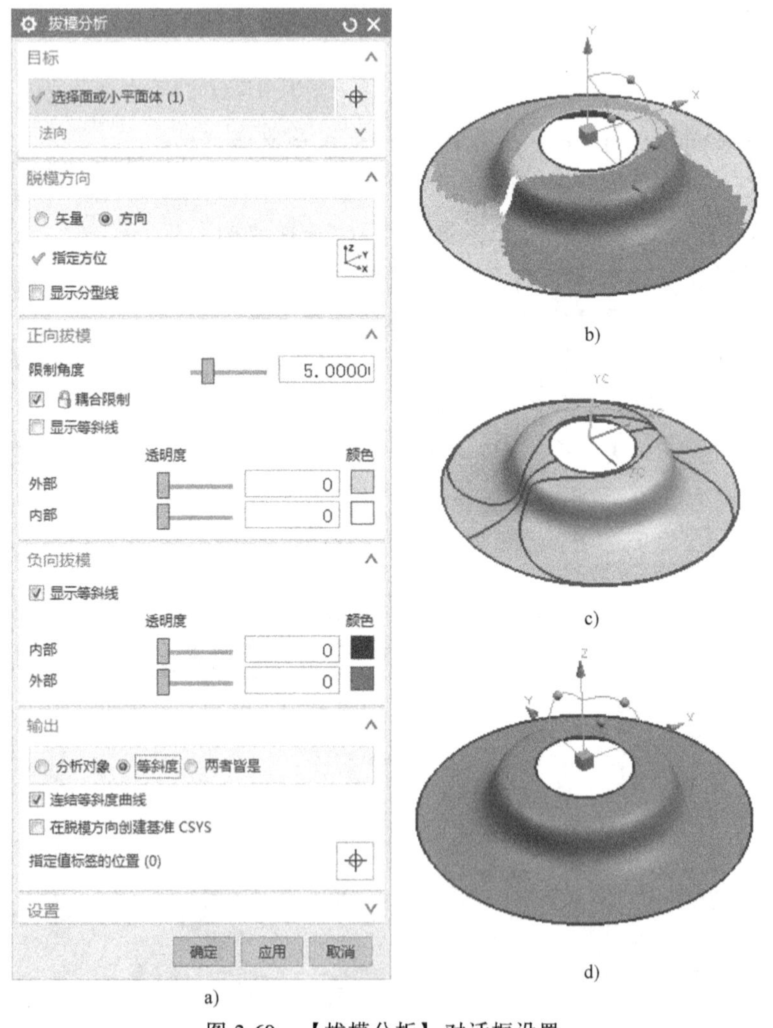

a)　b)　c)　d)

图 2-69　【拔模分析】对话框设置

提示：【拔模分析】对话框中使用四种颜色来区分不同的拔模区域：曲面法向与脱

模方向正向（Z轴正向）的夹角小于90°，默认用绿色表示；曲面法向与脱模方向负向（Z轴负向）的夹角小于90°，默认用红色表示；在红色和绿色之间可以设置过渡区域，可以设置-15°~0°及0°~15°作为过渡区域。改变该区域时，只需在对话框中拖动相应滑块即可。

在对话框中勾选【显示等斜线】，系统可以显示颜色中间的分界线；在【输出】选项组中点选【等斜度】，可以将等斜线保留下来。

项目 3　曲面建模实例

任务1　足球建模

3.1.1　模型数据

参照文件“足球.prt”，创建图3-1所示的足球模型。

1. 模型分析

足球表面主要由五边形和六边形组成，如图3-1所示。建模的难点在于五边形和六边形曲面的制作。

2. 足球造型树

足球的造型树分解如图3-2所示。在实例讲解中，以字母T加数字表示造型树的末端节点，以字母M加数字表示造型树的中间节点。

图3-1　足球模型

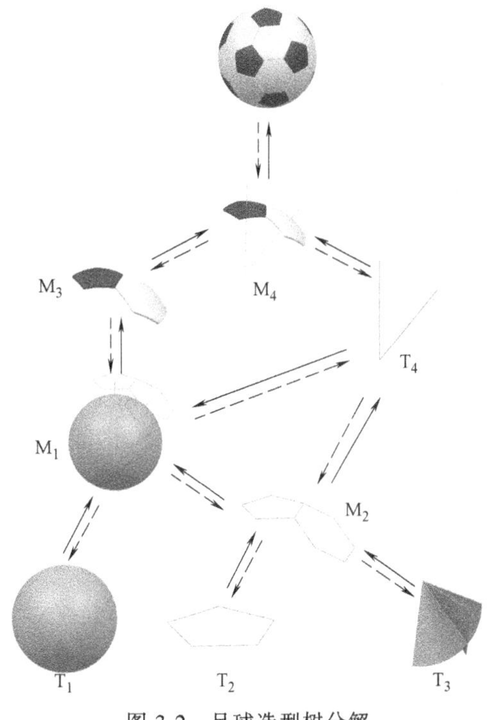

图3-2　足球造型树分解

3. 实现流程

1）创建末端节点T_2和T_3，通过【移动对象】等命令得到中间节点M_2。

2）创建末端节点T_4，以T_4交点为圆心，创建末端节点T_1。

3）将中间节点M_2投影至T_1表面，得到中间节点M_1。

4）将中间节点M_1的片体加厚和边倒圆，得到中间节点M_3，并结合T_4得到中间节点M_4。

5）对中间节点M_4通过【移动对象】命令，得到最终模型。

末端节点的创建方法见表3-1。

表 3-1　末端节点的创建方法

节点代码	创建方法及相关命令
T_1	创建球
T_2	创建正五边形
T_3	用【扫掠】命令制作
T_4	使用【基本曲线】和【修剪拐角】命令制作

3.1.2　建模步骤

1）单击【插入】→【曲线】→【多边形】命令，在 XC-YC 基准平面上创建五边形，如图 3-3、图 3-4 所示。

图 3-3　创建五边形的步骤

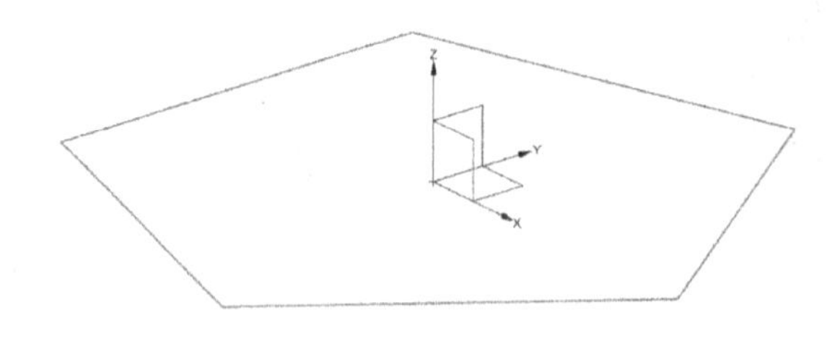

图 3-4　创建的五边形

2）单击【编辑】→【移动对象】命令，打开【移动对象】对话框；进行图 3-5、图 3-6 所示的参数设置，得到两条直线。

3）利用工具栏中的快捷命令打开【旋转】对话框，进行图 3-7、图 3-8 所示的参数设置，旋转上一步骤中创建的两条直线，获得两个片体。

4）利用工具栏中的快捷命令打开【相交曲线】对话框，分别选取上一步骤中创建的两个片体，求出两片体的相交曲线，获得六边形的第二条边，如图 3-9 所示。

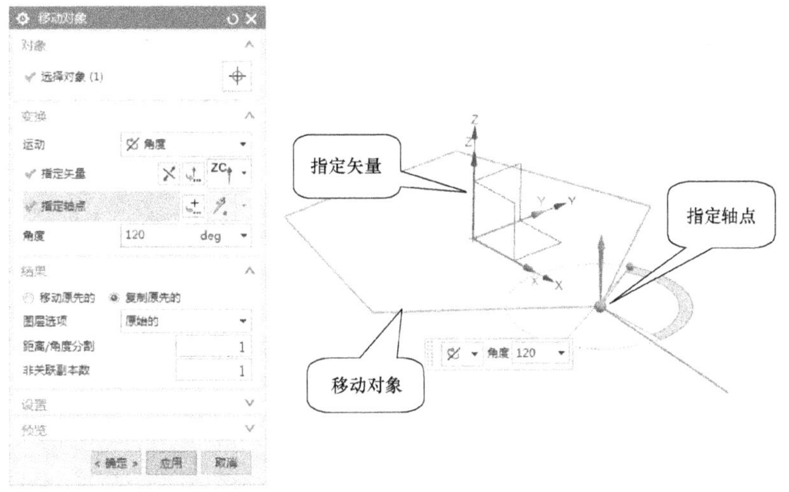

图 3-5　创建第一条直线

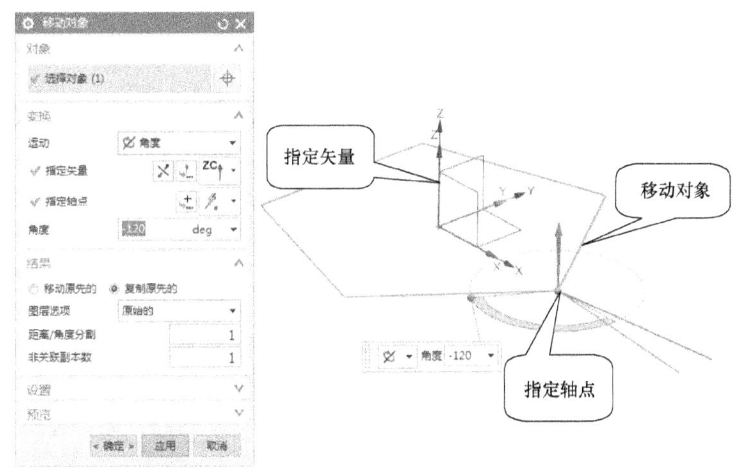

图 3-6　创建第二条直线

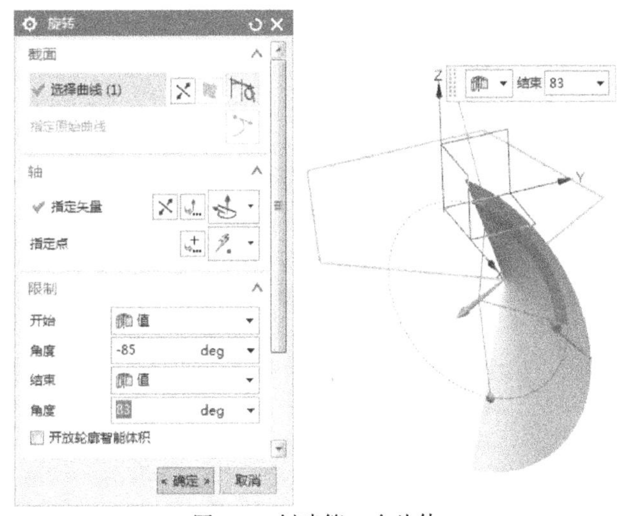

图 3-7　创建第一个片体

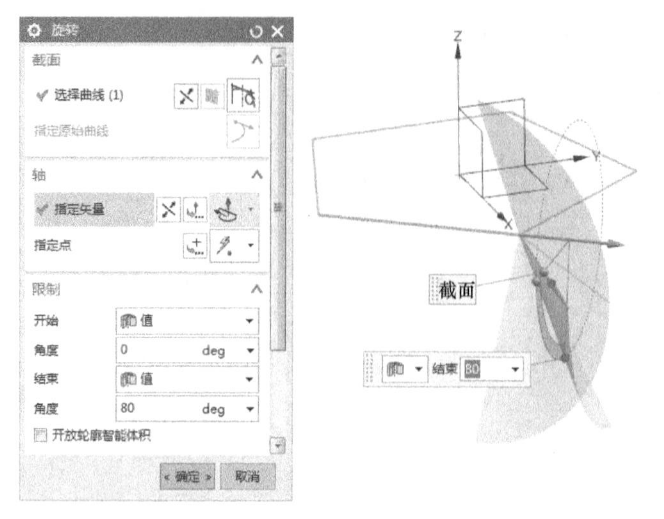

图 3-8　创建第二个片体

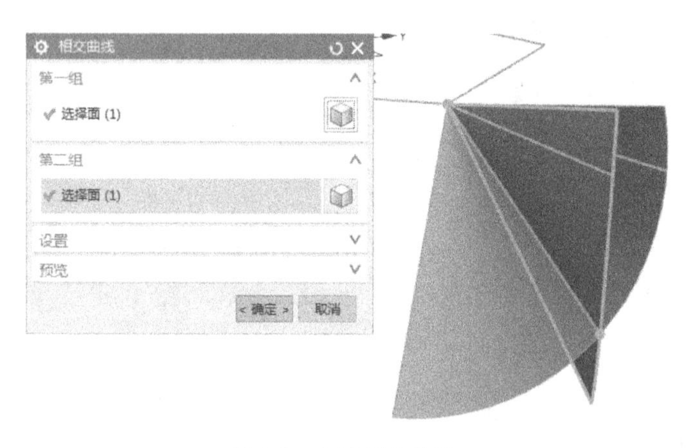

图 3-9　创建相交曲线

5）打开【移动对象】对话框，进行图 3-10 所示参数设置，创建六边形的另一条边。

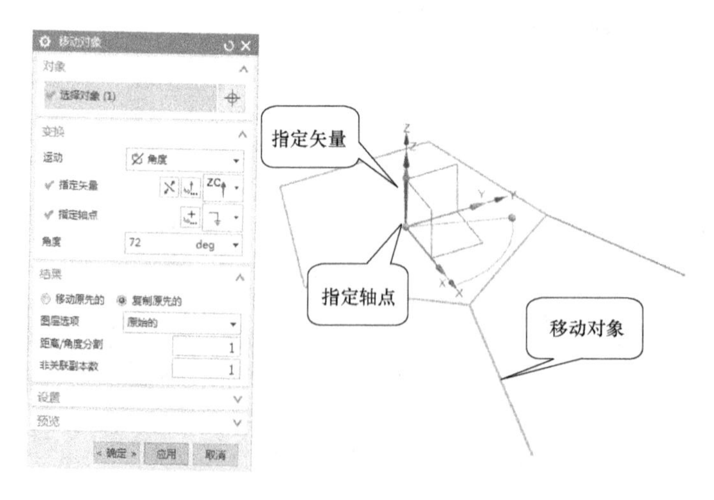

图 3-10　通过【移动对象】命令获得六边形的边

6）利用工具栏中的快捷命令打开【直线】对话框，连接步骤 4）、5）中创建的直线的端点，获得一条新的直线；通过【移动对象】命令，利用该直线获得六边形的另外三条边，具体参数设置如图 3-11、图 3-12 所示。

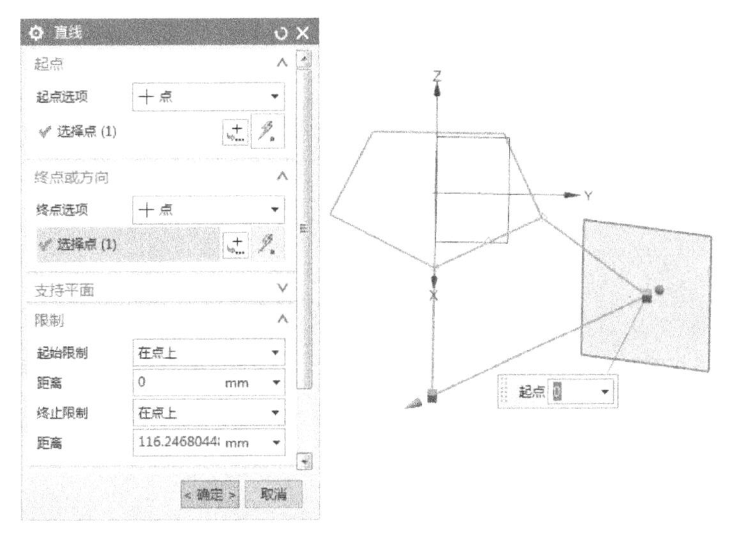

图 3-11　连接两端点

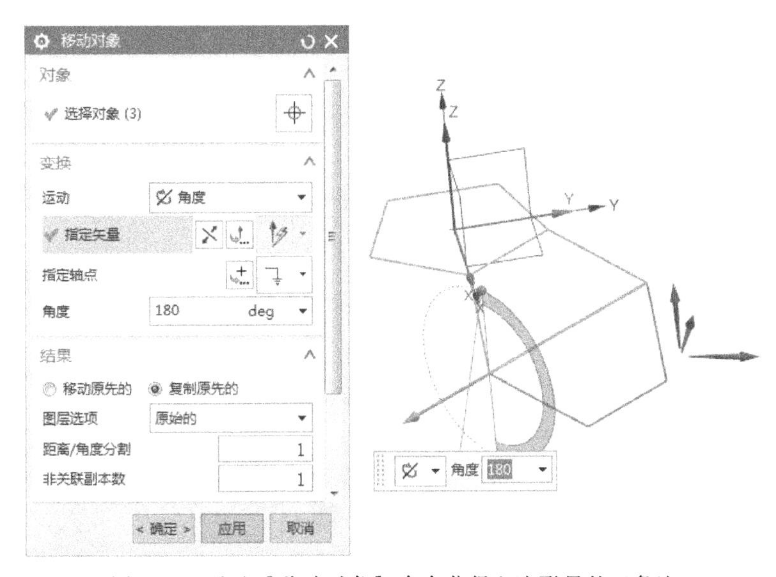

图 3-12　通过【移动对象】命令获得六边形另外三条边

7）打开【直线】对话框，通过五边形和六边形的中心，分别做垂直于这两个面的两条直线，需足够长，如图 3-13 所示。可单击【格式】→【WCS】→【定向】命令，打开【CSYS】对话框，设置【类型】为【原点，X 点，Y 点】，对坐标进行重新定向，以便绘制直线，如图 3-14 所示。

8）单击【编辑】→【曲线】→【修剪拐角】命令，进行拐角修剪，如图 3-15 所示。

9）单击【插入】→【设计特征】→【球】命令，通过两直线的交点，创建一个直径为 200mm 的球，对话框设置如图 3-16 所示。

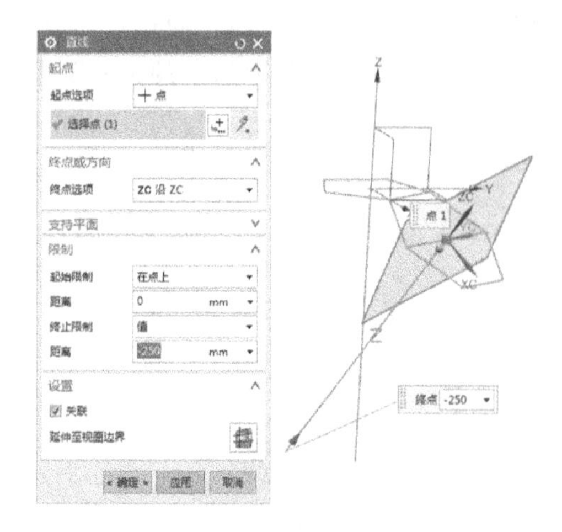

图 3-13　创建垂直于两个面的直线

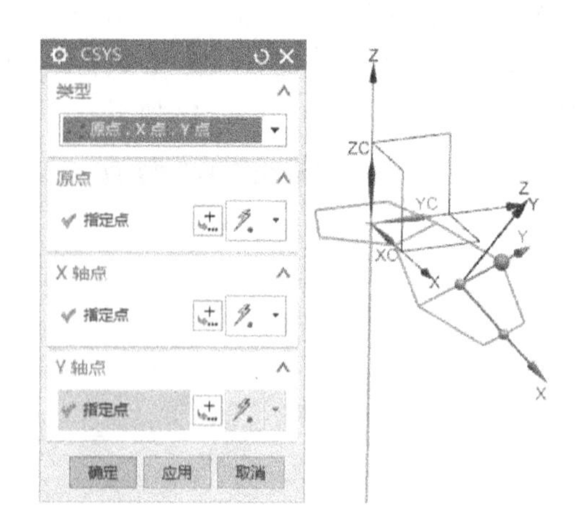

图 3-14　设置坐标系

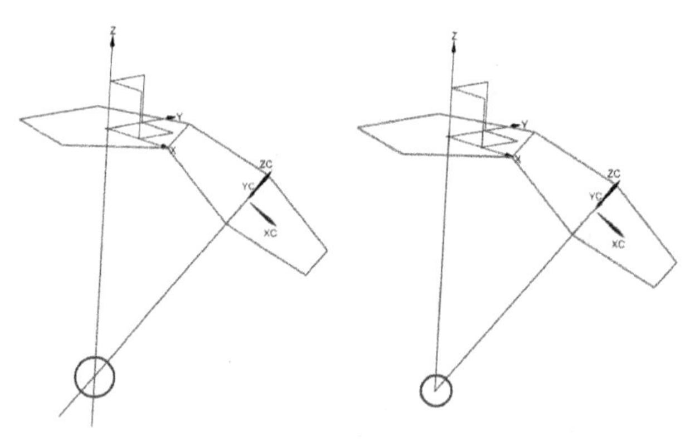

图 3-15　修剪拐角

10）利用工具栏中的快捷命令打开【投影曲线】对话框，将六边形和五边形投影至球体的表面，对话框设置如图 3-17 所示。

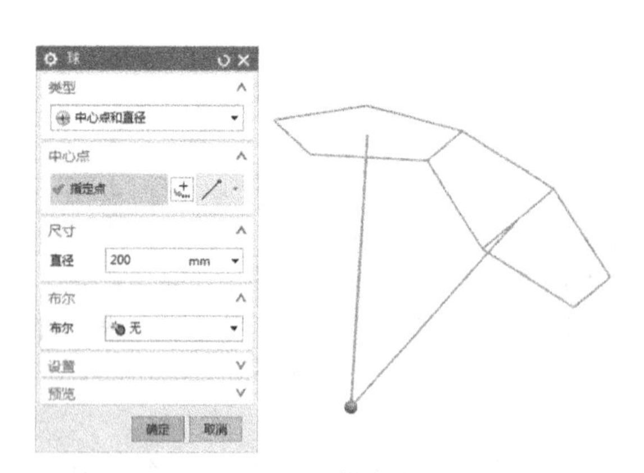

图 3-16　创建球

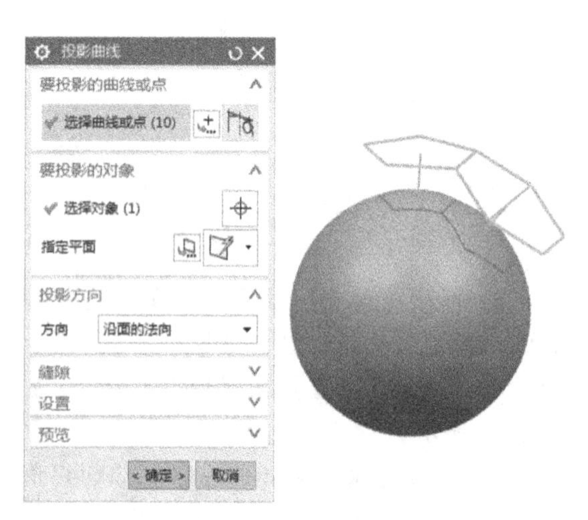

图 3-17　投影曲线

11）利用工具栏中的快捷命令打开【分割面】对话框，选择步骤 10）中创建的投影曲线，对球面进行分割，对话框设置如图 3-18 所示。

12）利用工具栏中的快捷命令打开【抽取几何特征】对话框，抽取之前分割完成的面，对话框设置如图 3-19 所示。

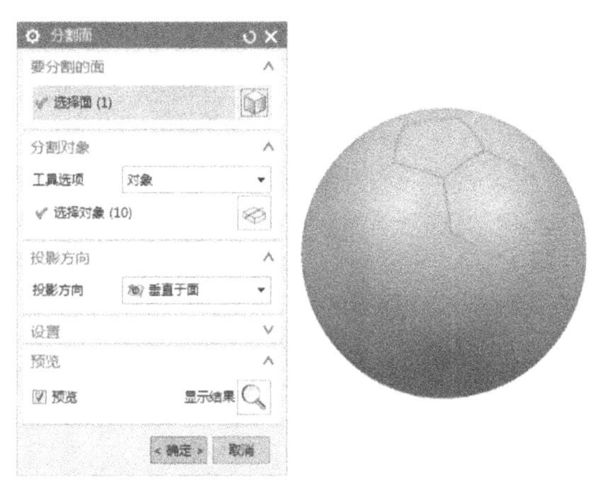

图 3-18　分割球面

图 3-19　抽取面

13）单击【插入】→【偏置/缩放】→【加厚】命令，打开【加厚】对话框，对抽取的面分别进行加厚，对话框设置如图 3-20 所示。

14）利用工具栏中的快捷命令打开【边倒圆】对话框，对加厚的两个实体倒圆角，四周圆角半径为 3mm，顶面圆角半径为 1.5mm，对话框设置如图 3-21 所示。

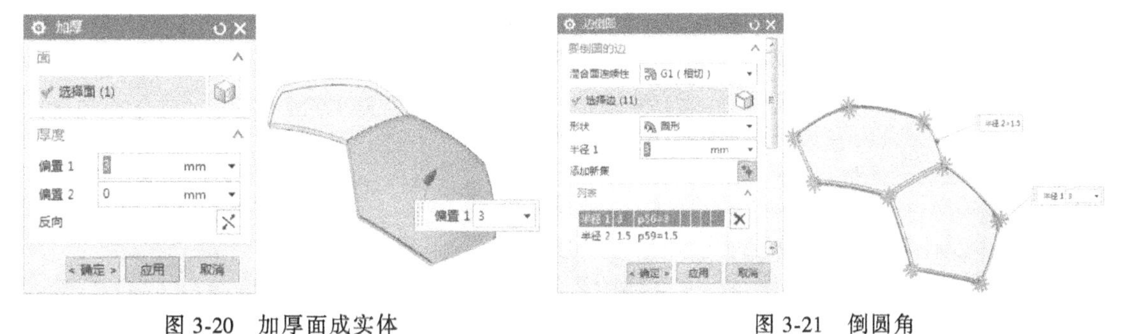

图 3-20　加厚面成实体　　　　图 3-21　倒圆角

15）单击【编辑】→【对象显示】命令，或按快捷键<Ctrl+J>，打开相应对话框进行设置，修改两个实体的颜色（方便分辨），将六边形实体设置为白色，五边形实体设置为黑色。将坐标系移动到球心处，如图 3-22 所示。

16）打开【移动对象】对话框，完成整个球体外壳的造型，对话框设置如图 3-23～图 3-28 所示。

17）足球模型的最终结果如图 3-29 所示。

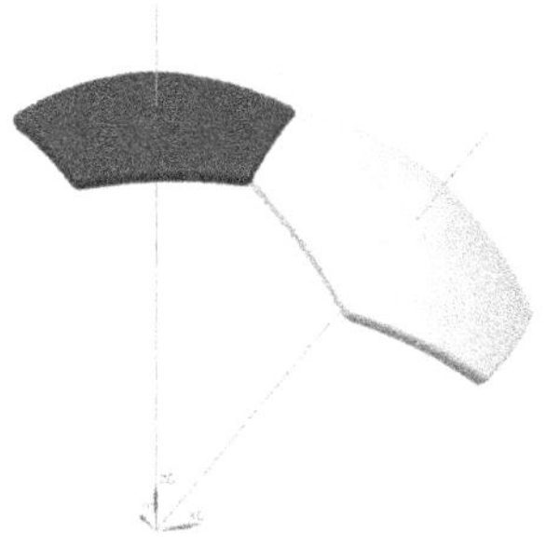

图 3-22　更改模型颜色

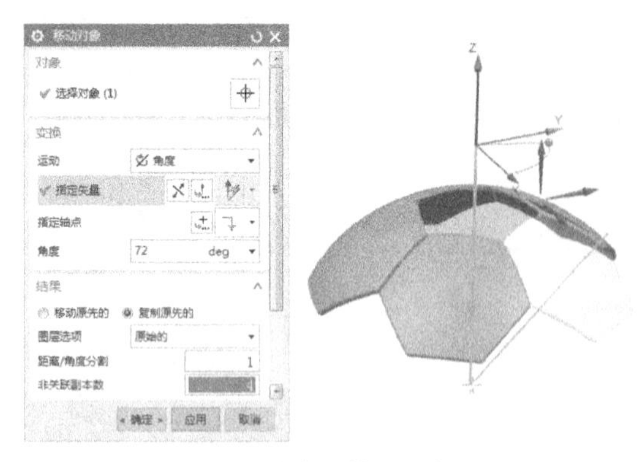

图 3-23　选择白色实体进行复制（一）

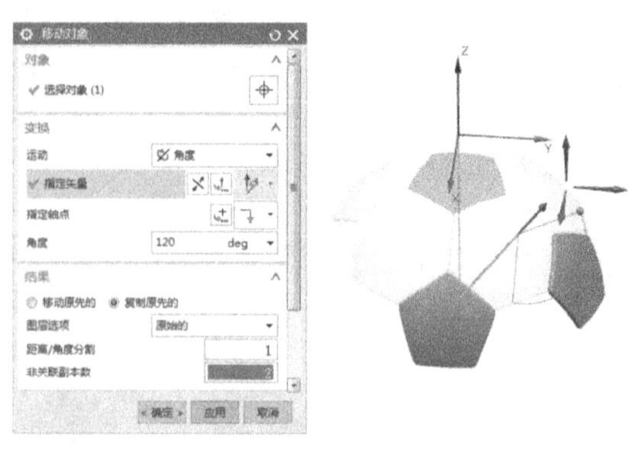

图 3-24　选择黑色实体进行复制（一）

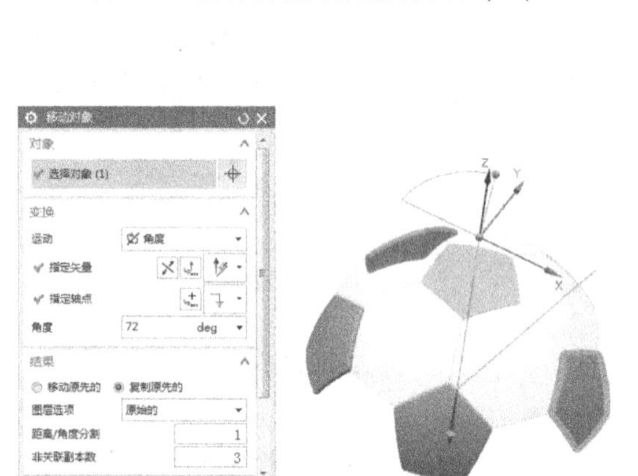

图 3-25　选择黑色实体进行复制（二）

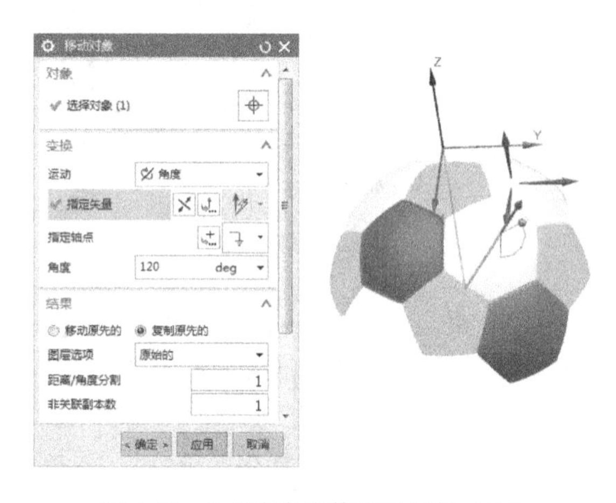

图 3-26　选择白色实体进行复制（二）

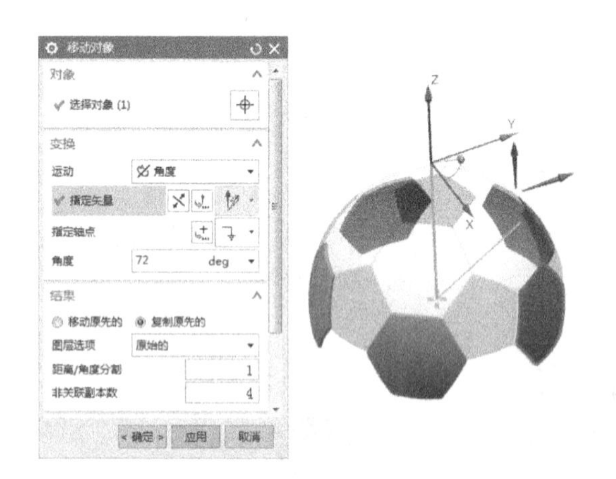

图 3-27　选择白色实体进行复制（三）

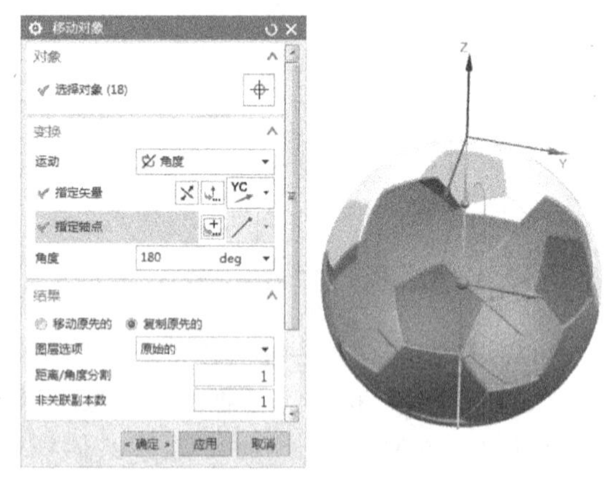

图 3-28　通过球心和 Y 轴复制实体

3.1.3　练习题

请完成图 3-30 所示模型的建模，主要使用【相交曲线】、【扫掠】命令。

图 3-29　足球模型

图 3-30　篮球模型

任务2　小家电外壳建模

3.2.1　模型数据

参考文件“xiaojiadian. prt”，完成图 3-31a 所示小家电塑料外壳整体的建模，图 3-31b 所示为小家电本体的模型（凸台已被删除）。

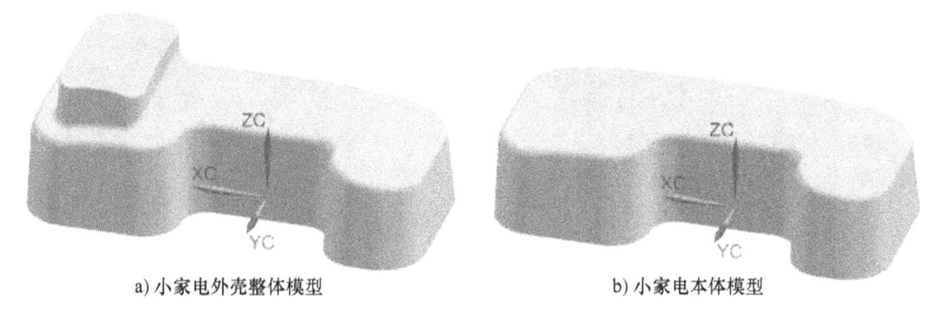

a) 小家电外壳整体模型　　b) 小家电本体模型

图 3-31　小家电外壳模型

1. 模型分析

小家电外壳是厚度为 2mm 的塑料件，塑料件厚度通过抽壳来保证。脱模方向为 *Z* 轴正向，产品中不允许存在竖直面，若存在，则对其进行拔模处理，拔模角度统一为 2°。小家电外壳整体主要由本体和凸台两部分组成。

2. 小家电外壳造型树

造型树分解如图 3-32 所示。在实例讲解中，以字母 T 加数字表示造型树的末端节点，以字母 M 加数字表示造型树的中间节点。

3. 实现流程

1）创建末端节点 T_1 和 T_2，对 T_1 和 T_2 进行修剪，得到中间节点 M_1。

2）创建末端节点 T_3、T_4 和 T_5，对它们进行修剪，得到中间节点 M_2。

3）创建末端节点 T_6，对 T_6、M_1 和 M_2 进行修剪，得到中间节点 M_3。对 M_3 进行缝合、拔模和边倒圆，得到中间节点 M_5。

4）创建末端节点 T_7 和 T_8，进行替换面操作后，得到中间节点 M_4。对 M_4 边倒圆，得到中间节点 M_6。

5）对 M_4 和 M_6 进行布尔求和，得到中间节点 M_7。对 M_7 进行边倒圆和抽壳，得到最终模型。

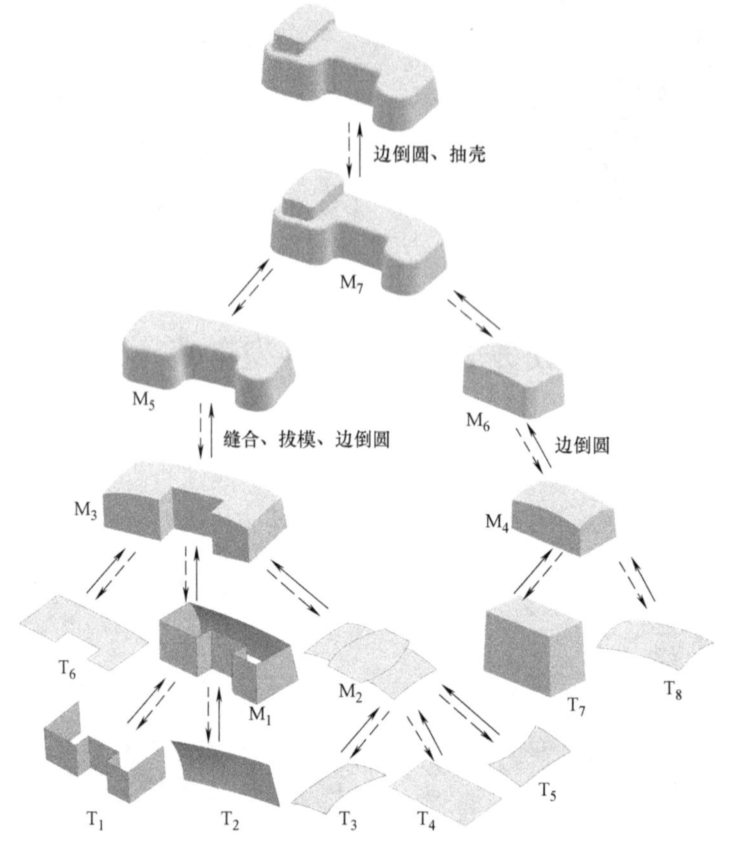

图 3-32　小家电外壳造型树分解

末端节点的创建方法见表 3-2。

表 3-2　末端节点的创建方法

节点代码	创建方法及相关命令
T_1、T_4、T_7	用【拉伸】命令创建
T_2、T_8	用【扫掠】命令创建
T_3、T_5	用【剖切曲面】命令创建
T_6	用【有界平面】命令创建

3.2.2 建模步骤

1. 创建小家电本体

1）以 *OXY* 平面为草图基准平面创建第一个草图，如图 3-33 所示。

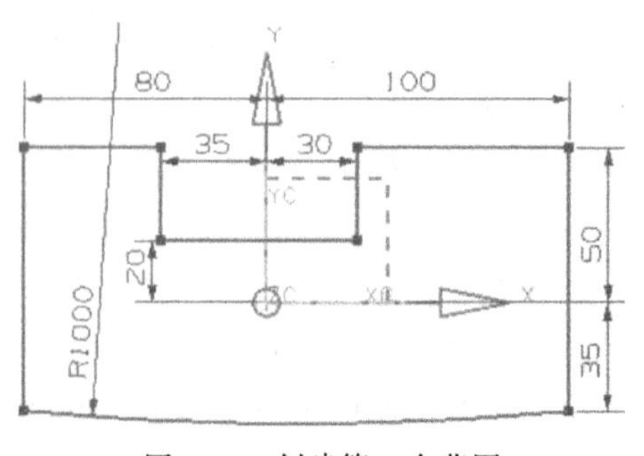

图 3-33　创建第一个草图

2）调整 WCS：先绕 *Z* 轴旋转-90°，再绕 *X* 轴旋转 90°，最后沿 *Z* 轴移动 80mm，结果如图 3-34 所示。

3）以 OXY 平面为草图基准平面创建第二个草图，其中 R300mm 圆弧的圆心距 Y 轴的距离为 10mm，如图 3-35 所示。

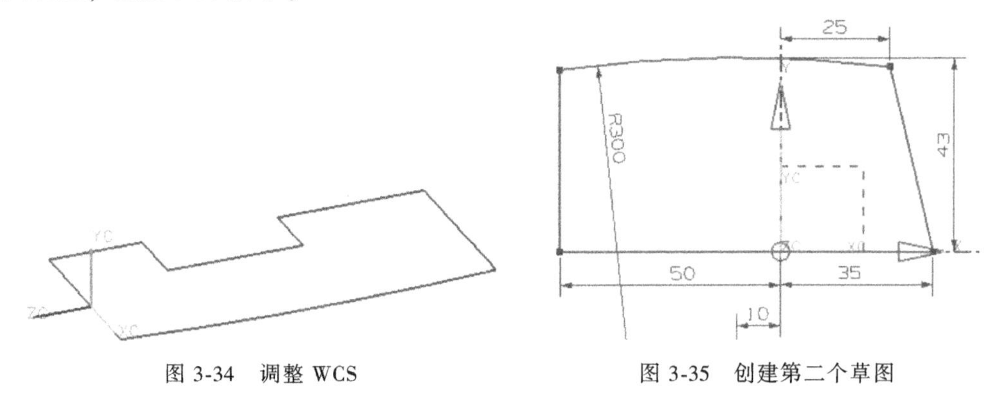

图 3-34　调整 WCS　　　　图 3-35　创建第二个草图

4）调整 WCS：先绕 Y 轴旋转 180°，再沿 Z 轴移动 180mm，结果如图 3-36 所示。

5）以 OXY 平面为草图基准平面创建第三个草图，其中 R300mm 圆弧的圆心距 Y 轴的距离为 10mm，如图 3-37 所示。

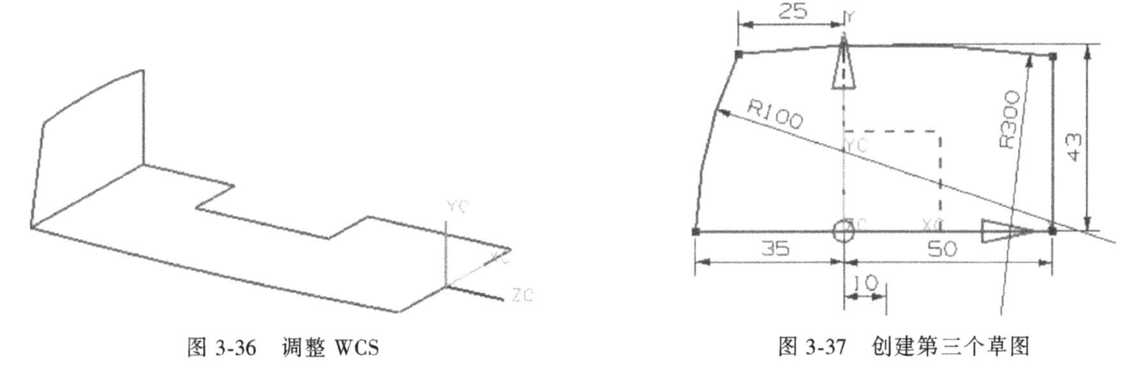

图 3-36　调整 WCS　　　　图 3-37　创建第三个草图

6）利用工具栏中的快捷命令打开【曲线长度】对话框，延长图 3-38 所示的两条曲线，对话框设置如 3-38 所示。

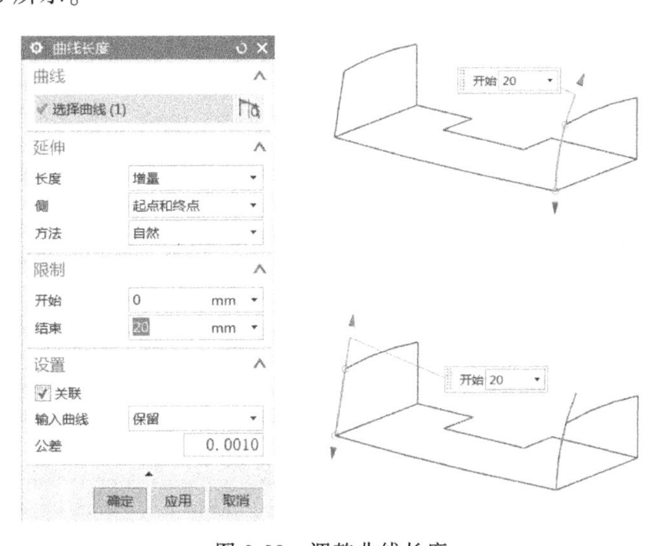

图 3-38　调整曲线长度

7）利用工具栏中的快捷命令打开【扫掠】对话框，生成侧面，对话框设置如图 3-39 所示。

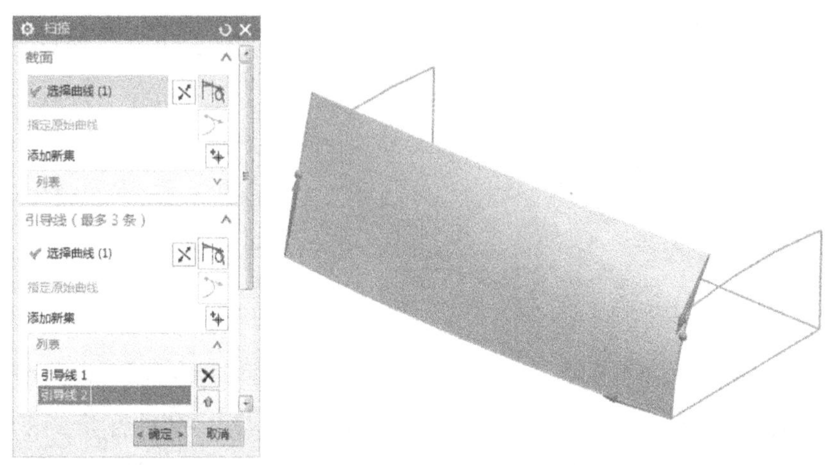

图 3-39　通过扫掠创建侧面

8）利用工具栏中的快捷命令打开【拉伸】对话框，拉伸其余侧面，对话框设置如图 3-40 所示。

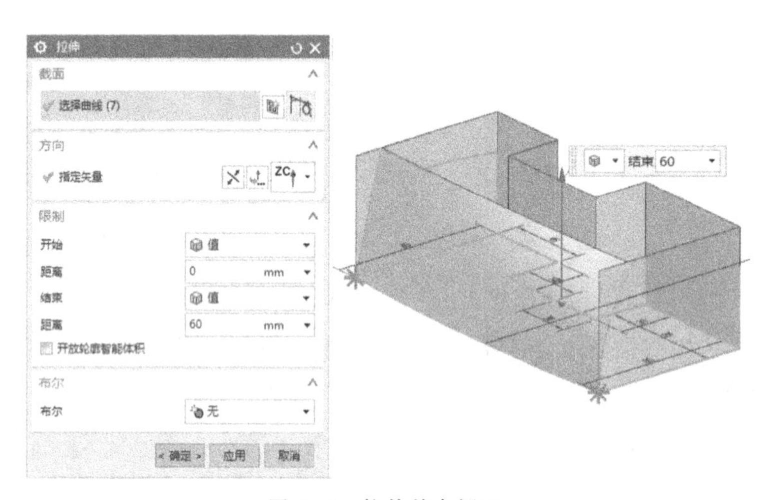

图 3-40　拉伸其余侧面

9）利用工具栏中的快捷命令打开【修剪和延伸】对话框，修剪并组合所有侧面，对话框设置如图 3-41 所示。

10）调整 WCS：首先移动 WCS 到绝对坐标系，然后沿 Z 轴移动 50mm，结果如图 3-42 所示。

11）创建一条与 Y 轴重合的直线，并将其拉伸成面，直线长度和拉伸长度只要超过所有的侧面即可，如图 3-43 所示。

12）单击【曲线长度】命令，默认【曲线长度】对话框内其余参数，分别选择图 3-44 所示的两条曲线，在【开始】文本框内输入【20】。

13）利用工具栏中的快捷命令打开【剖切曲面】对话框，创建剖切曲面，对话框设置如图 3-45 所示。

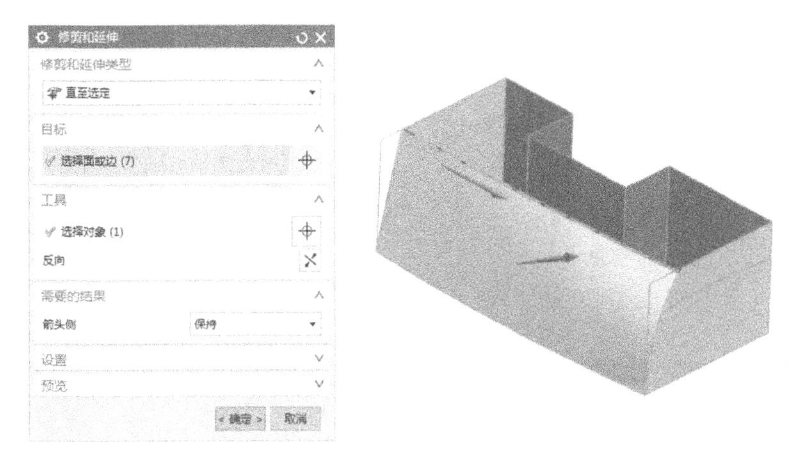

图 3-41　修剪侧面

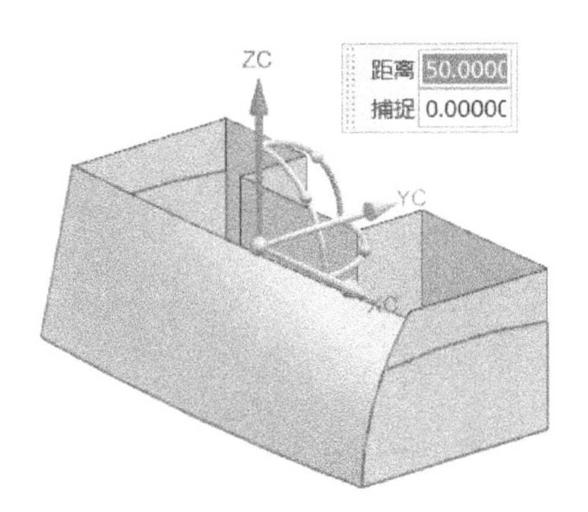

图 3-42　调整 WCS

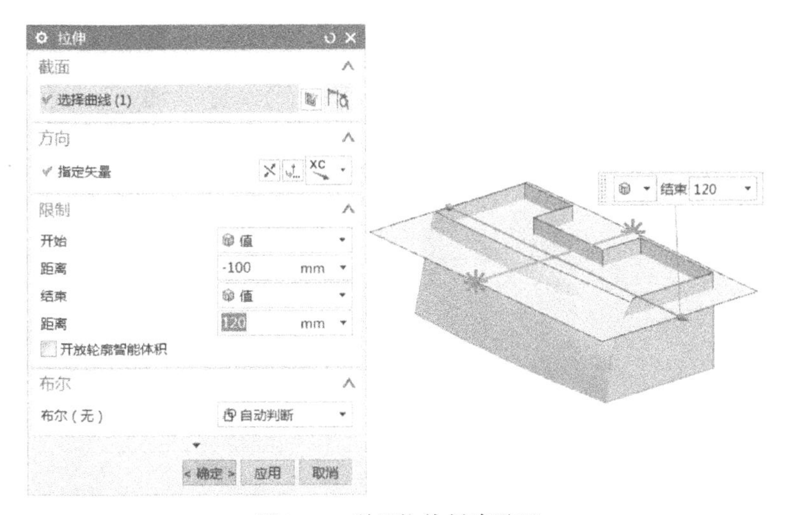

图 3-43　利用拉伸创建平面

14）以同样的方法在另一侧创建剖切曲面，如图 3-46 所示。

15）打开【修剪和延伸】对话框，以在步骤 11）中创建的拉伸片体为【目标】，以在步骤 14）中创建的剖切曲面为【工具】，修剪曲面，对话框设置如图 3-47 所示。

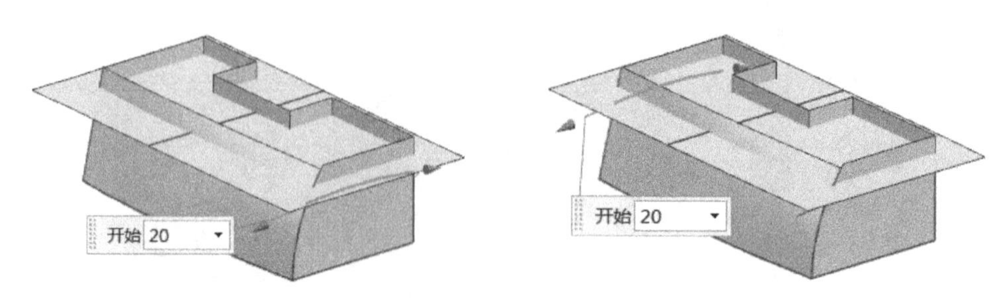

图 3-44　延长曲线

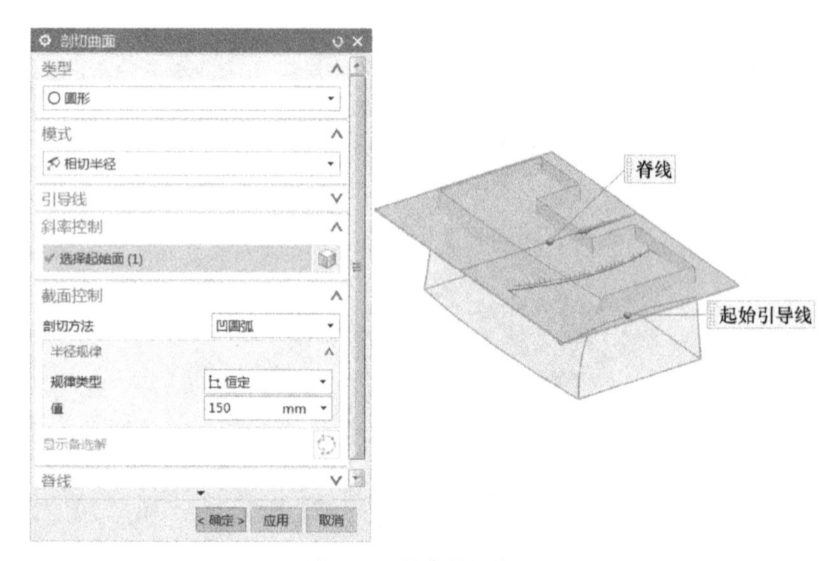

图 3-45　创建剖切曲面

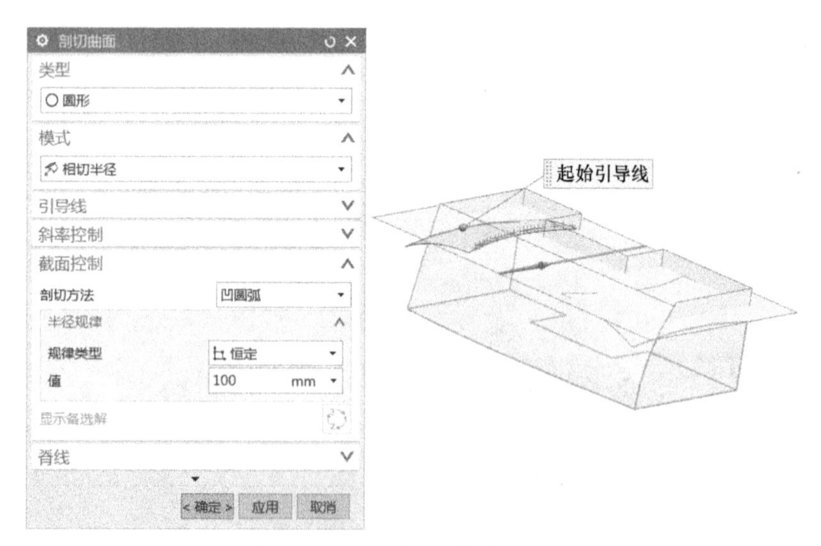

图 3-46　创建另一侧的剖切曲面

16）以同样的方法修剪另一侧的剖切曲面，如图 3-48 所示。然后再使用【缝合】命令组合顶面和侧面。

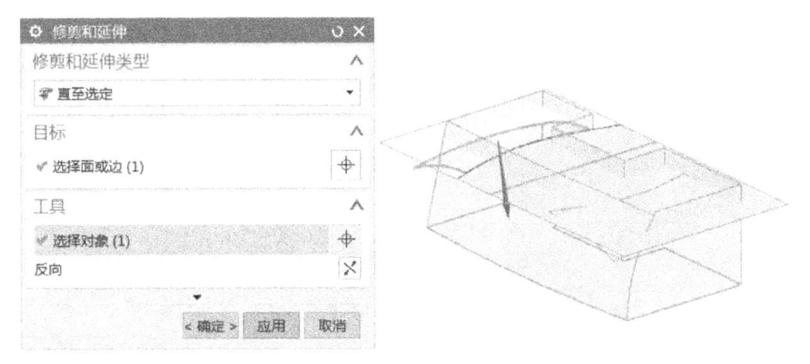

图 3-47　修剪曲面

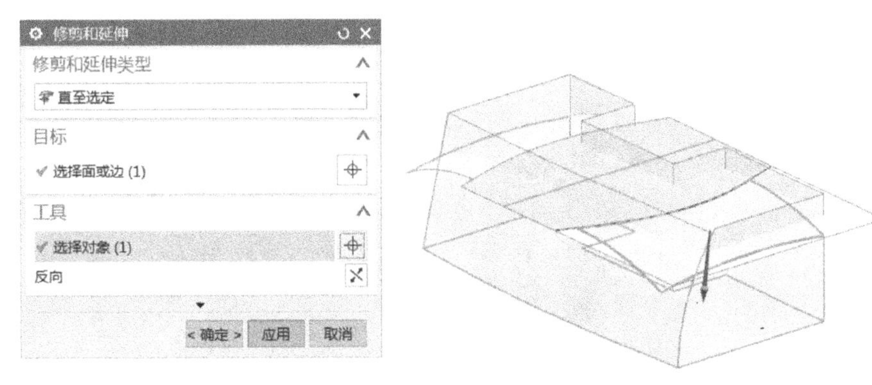

图 3-48　修剪另一侧曲面

17）利用工具栏中的快捷命令打开【有界平面】对话框，以步骤 1）中创建的草图为【平截面】，创建有界平面，如图 3-49 所示。

18）使用【缝 合】命令缝合所有面。

19）以 Z 轴为矢量，以底面所有边为【固定边】创建拔模特征，拔模角度为 2°，对话框设置如图 3-50 所示。

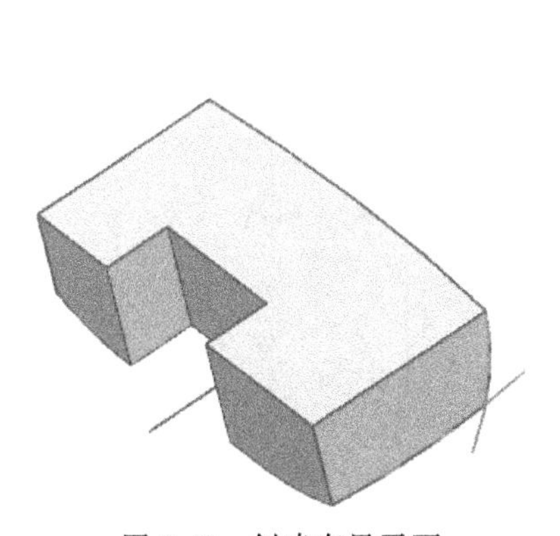

图 3-49　创建有界平面

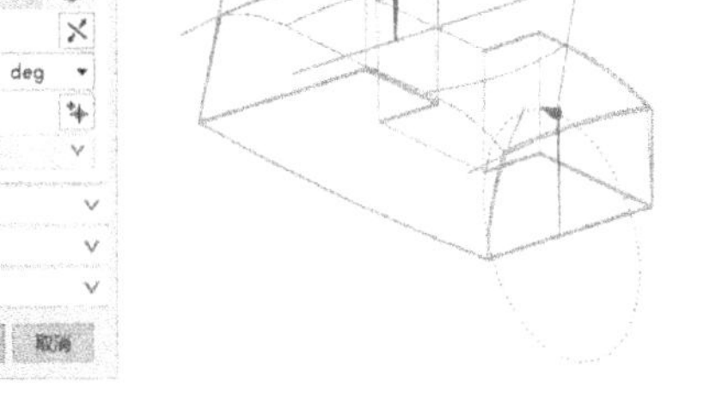

图 3-50　拔模

20）为侧面的各个边倒圆角，圆角半径值如图 3-51 所示。

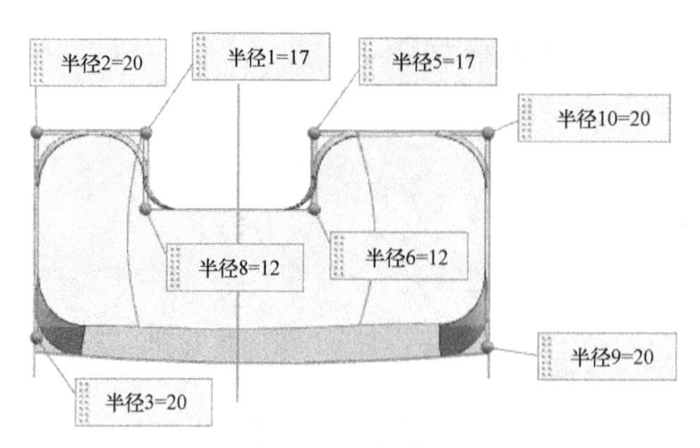

图 3-51　创建圆角

21）为顶边创建变半径圆角，如图 3-52 所示。

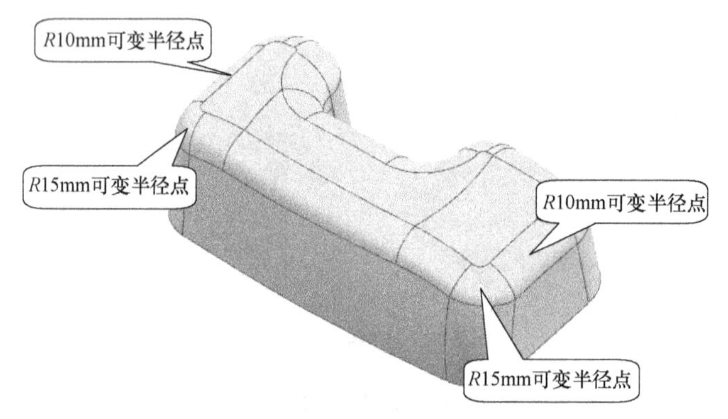

图 3-52　创建变半径圆角

2. 创建凸台

1）调整 WCS：首先沿 *X* 轴移动 65mm，然后沿 *Y* 轴移动 10mm，结果如图 3-53a 所示。

2）以 WCS 的 *OXY* 平面为草图基准平面创建第四个草图，如图 3-53b 所示。

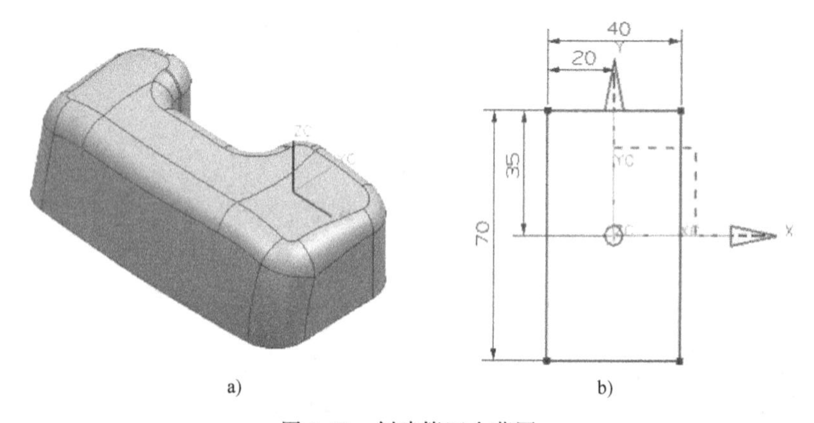

图 3-53　创建第四个草图

3）以步骤 2）中创建的草图为截面曲线，创建拉伸特征，其参数设置如图 3-54 所示。

4）调整 WCS，使其绕着 *X* 轴旋转 90°，如图 3-55 所示。

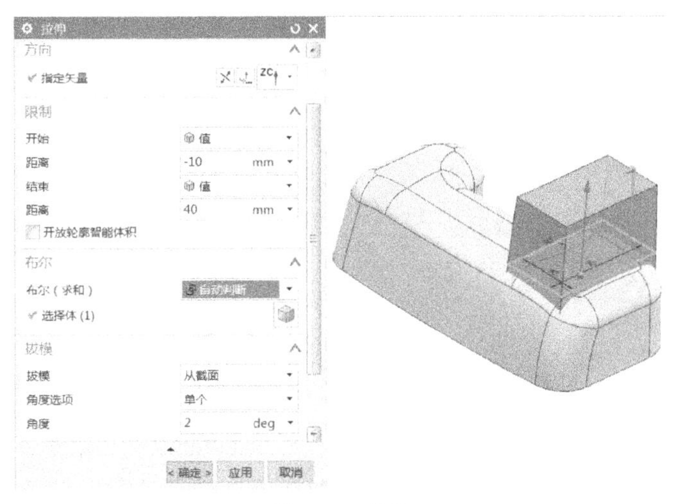

图 3-54　拉伸

5）以 WCS 的 *OXY* 平面为草图平面创建第五个草图，如图 3-56 所示。

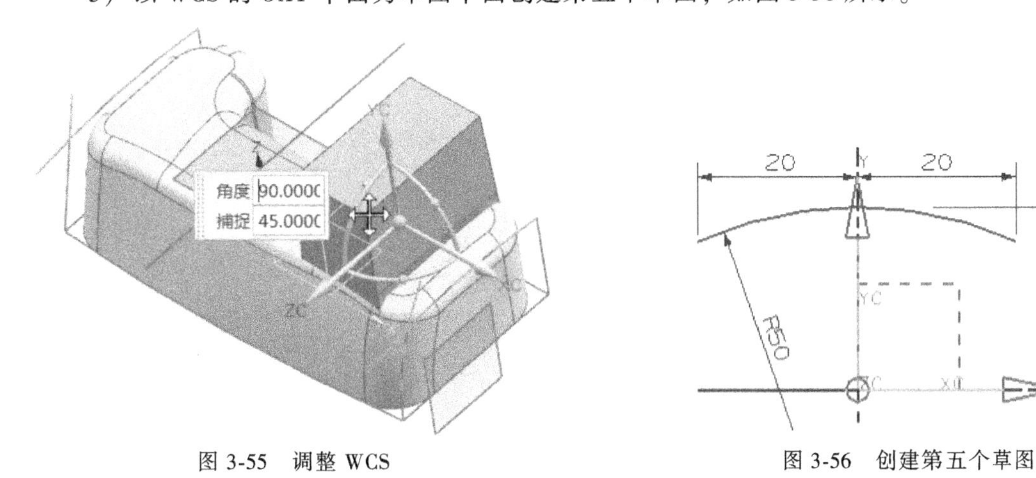

图 3-55　调整 WCS　　　　　　图 3-56　创建第五个草图

6）调整 WCS，使其绕着 *Y* 轴旋转 90°，如图 3-57 所示。

7）以 WCS 的 *OXY* 平面为草图平面创建第六个草图，如图 3-58 所示。

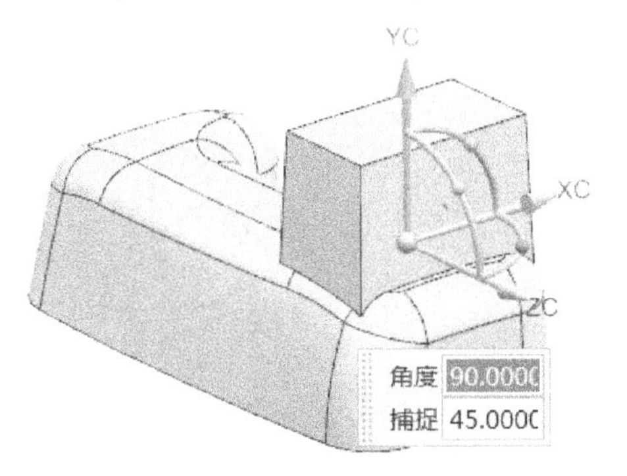

图 3-57　调整 WCS

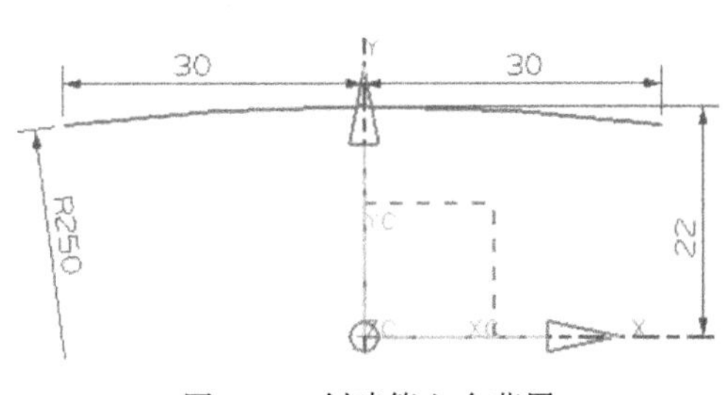

图 3-58　创建第六个草图

8）以步骤 5）中创建的草图为截面，以步骤 7）中创建的草图为引导线，创建扫掠面，如图 3-59 所示。

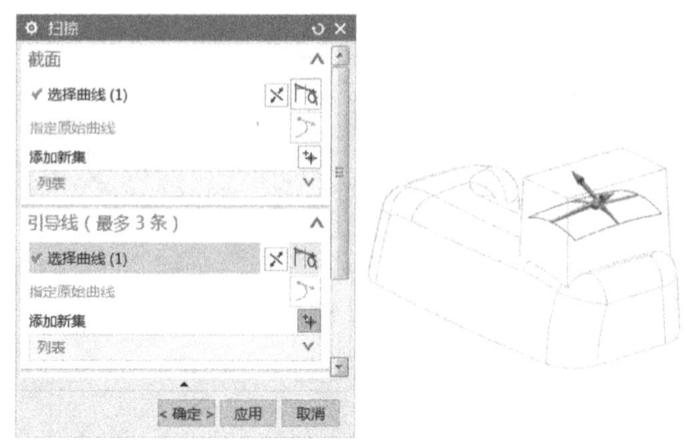

图 3-59　创建扫掠曲面

9）利用工具栏中的快捷命令打开【替换面】对话框，将实体的顶面替换为扫掠面，对话框设置如图 3-60 所示。

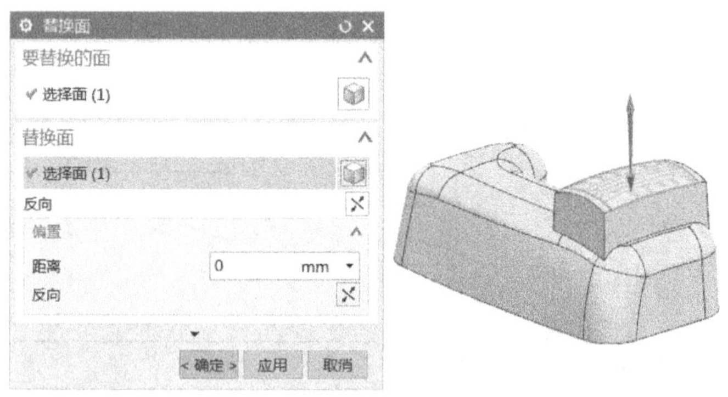

图 3-60　替换面

10）倒圆角，其中凸台侧面四边的圆角半径为 8mm，顶边的圆角半径为 3mm，如图 3-61 所示。

3. 本体与凸台之间的圆角连接

1）对本体和凸台进行布尔求和。

2）创建边倒圆，圆角半径为 9mm，如图 3-62 所示。

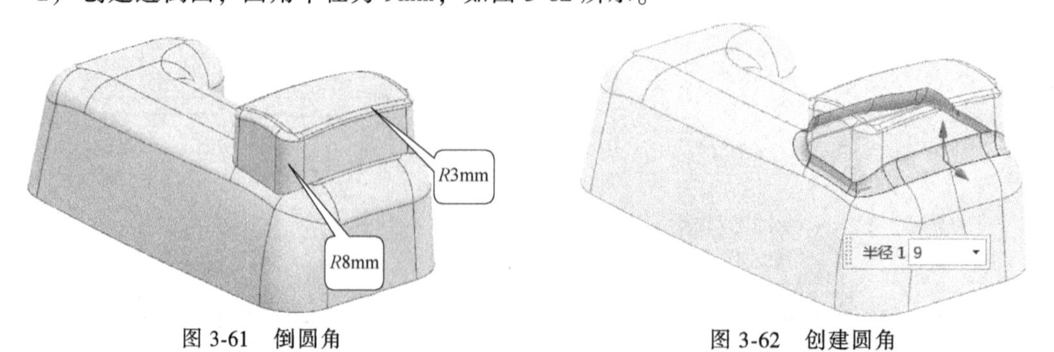

图 3-61　倒圆角　　　　图 3-62　创建圆角

最后利用【抽壳】命令，对创建的实体进行抽壳，抽壳厚度为 2mm，建模完成。

3.2.3 练习题

请完成图3-63所示模型的建模，主要使用【桥接曲线】、【投影曲线】、【通过曲线网格】等命令。

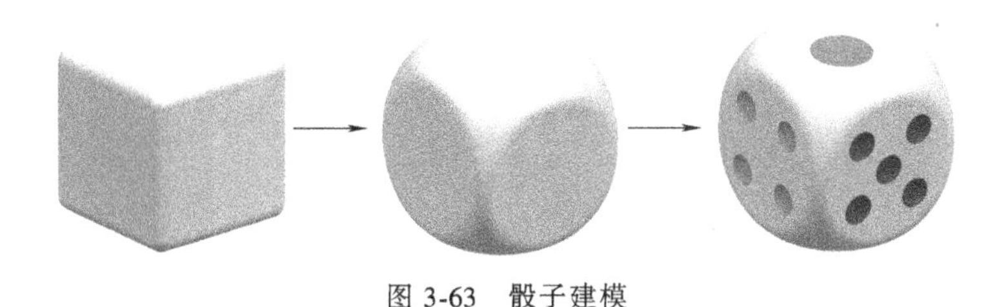

图3-63 骰子建模

任务3 手机外壳底板建模

3.3.1 模型数据

参照文件“Mobile_Shell_Bottom. prt”，完成图3-64a所示手机外壳底板的建模。

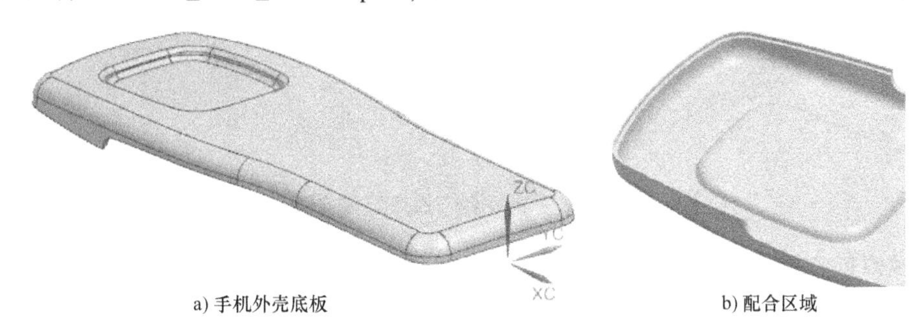

a) 手机外壳底板　　b) 配合区域

图3-64 手机外壳底板模型

1. 模型分析

手机外壳底板是厚度为1.5mm的塑料件，其厚度可通过抽壳来保证。脱模方向为Z轴正向，产品中不允许存在竖直面，否则会影响产品脱模。若存在竖直面，则对其进行拔模处理。手机外壳底板是一个配合件，需要制作配合特征，如图3-64b所示。

2. 手机外壳底板造型树

手机外壳底板的造型树分解如图3-65所示。在实例讲解中，以字母T加数字表示造型树的末端节点，以字母M加数字表示造型树的中间节点。

3. 实现流程

1）创建末端节点T_1和T_2，并将两者求交，得到中间节点M_1。

2）创建末端节点T_3，并将M_1的上表面替换为T_3，得到中间节点M_2。

3）从中间节点M_2中拆分得到末端节点T_4，再将T_4的上表面向下偏置3.5mm，得到中间节点M_3。

4）对中间节点M_3进行边倒圆和抽壳，得到中间节点M_4。

5）创建末端节点 T_5，将其从中间节点 M_4 中减去，得到最终模型。

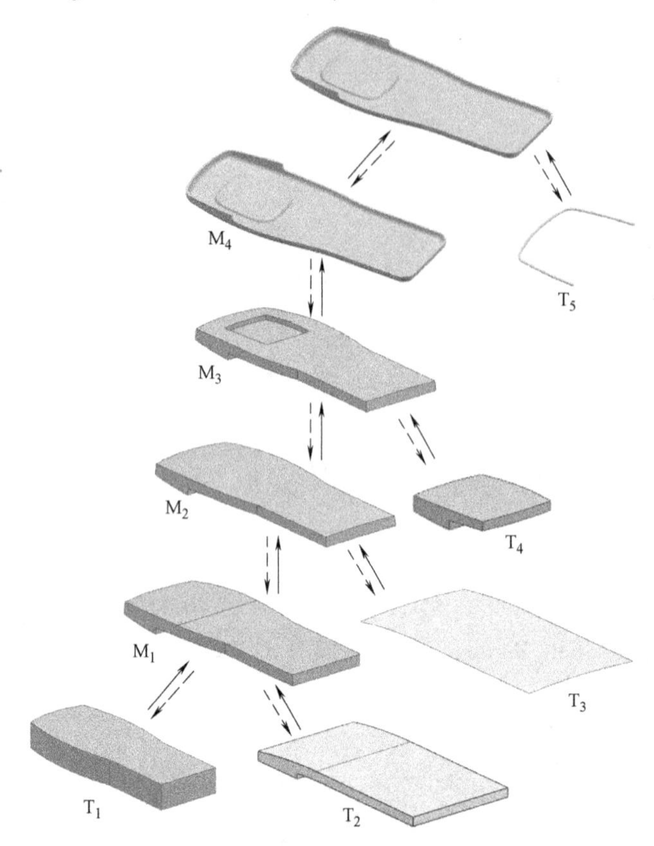

图 3-65 手机外壳底板造型树分解

末端节点的创建方法见表 3-3。

表 3-3 末端节点的创建方法

节点代码	创建方法及对应的命令
T_1	在 *OXY* 平面上创建草图，沿 *Z* 轴拉伸
T_2	在 *OXZ* 平面上创建草图，沿 *Y* 轴拉伸
T_3	用【扫掠】命令创建
T_4	使用【草图】和【拆分体】命令创建
T_5	以中间节点 M_4 的边为截面，使用【拉伸】命令创建

3.3.2 建模步骤

1）在 *OXY* 平面上创建草图 1，如图 3-66 所示。（需注意草图方位，下同）

2）在 *OXZ* 平面上创建草图 2，如图 3-67 所示。

3）在 *OXY* 平面上创建草图 3，如图 3-68 所示。

4）打开【拉伸】对话框，利用草图 1 拉伸一个实体，对话框设置如图 3-69 所示。

5）对步骤 4）中拉伸出的实体的侧面进行拔模，对话框设置如图 3-70、图 3-71 所示。

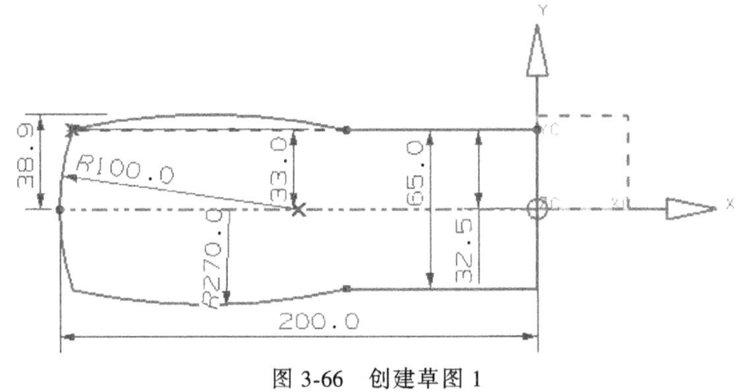

图 3-66　创建草图 1

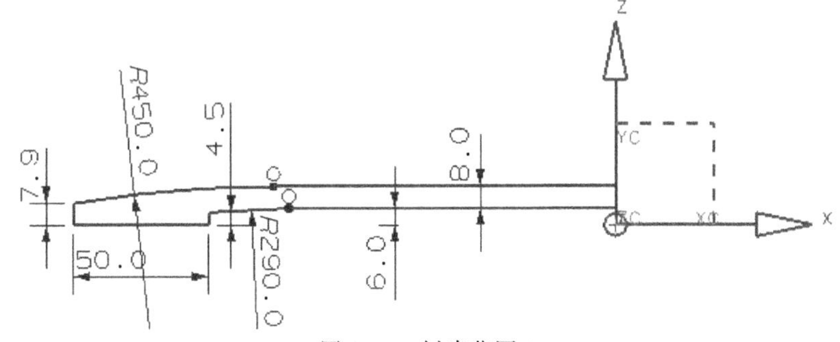

图 3-67　创建草图 2

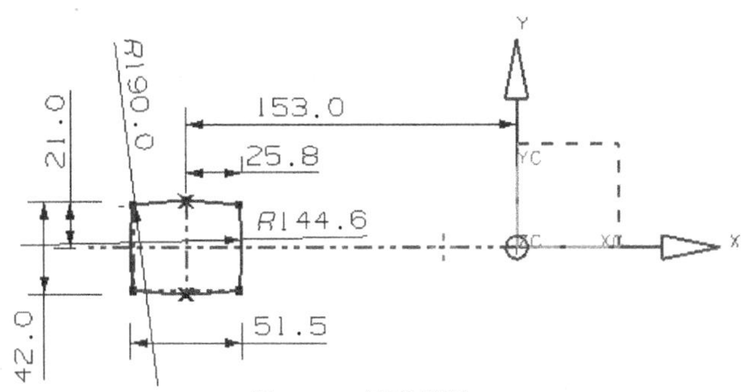

图 3-68　创建草图 3

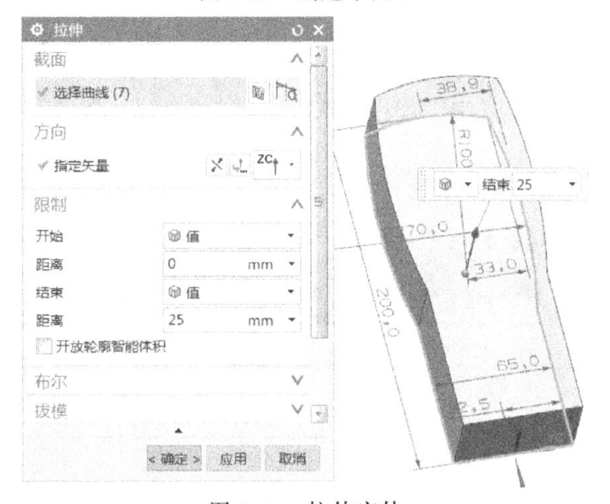

图 3-69　拉伸实体

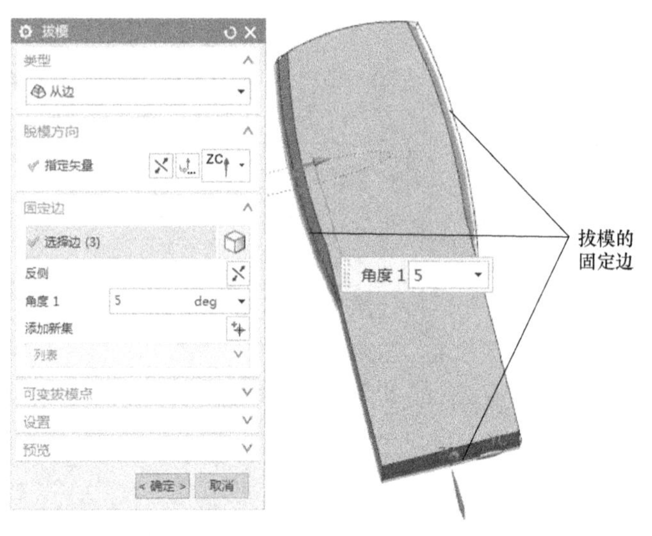

图 3-70　拔模

6）打开【拉伸】对话框，利用草图 2 拉伸一个实体，并将此实体与步骤 5）中创建的实体求交，对话框设置如图 3-72 所示。

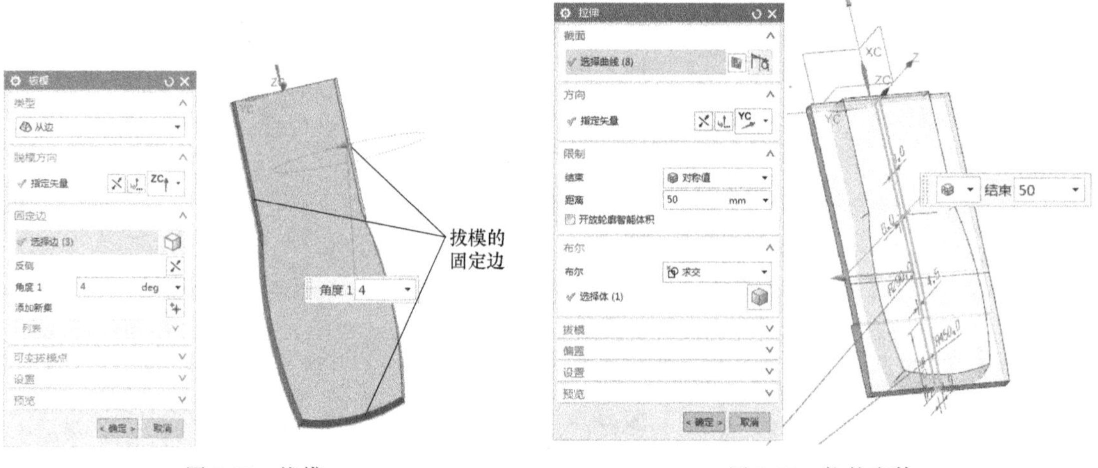

图 3-71　拔模　　　　　　　　　　　　图 3-72　拉伸实体

7）在 *OYZ* 平面上创建草图中，如图 3-73 所示。

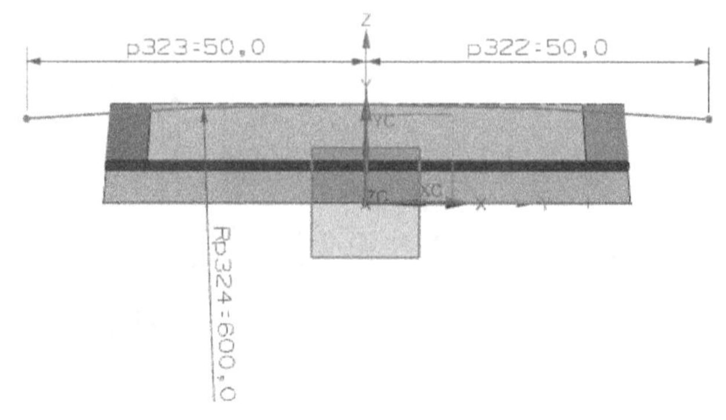

图 3-73　创建草图 4

8）利用【沿引导线扫掠】命令，以步骤 7）中创建的草图为【截面】，以步骤 2）中创建的草图中的顶部线为【引导线】创建一个扫掠曲面，对话框设置如图 3-74 所示。

9）打开【替换面】对话框，将零件原来的顶面替换成步骤 8）中创建的曲面，对话框设置如图 3-75 所示。

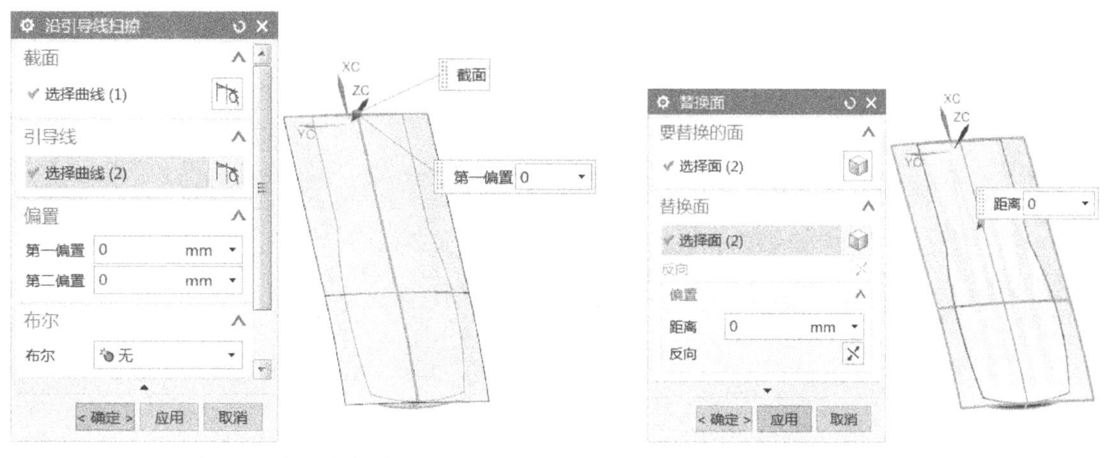

图 3-74　创建扫掠曲面　　　　图 3-75　替换面

10）打开【拉伸】对话框，利用步骤 3）中创建的草图 3 拉伸创建一个片体，对话框设置如图 3-76 所示。

11）隐藏不需要的特征，利用步骤 10）中创建的片体将零件本体拆分为两个实体，如图 3-77 所示。

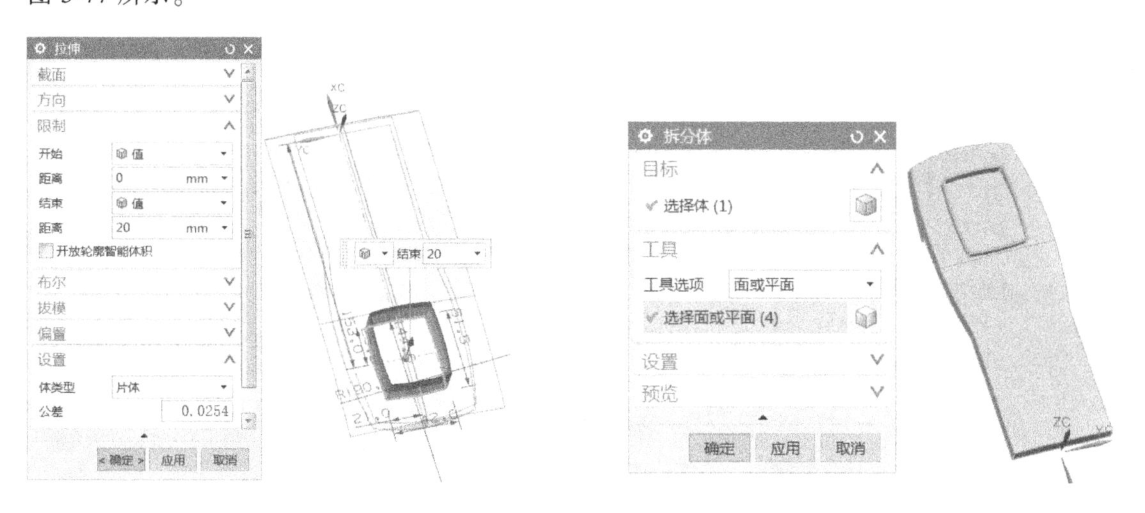

图 3-76　拉伸片体　　　　图 3-77　拆分体

12）打开【偏置面】对话框，将拆分得到的实体的顶面向内偏置 3.5mm，对话框设置如图 3-78 所示；然后使用【合并】命令将拆分开的两个实体进行求和，得到零件上的内凹结构，如图 3-79 所示。

13）打开【拔模】对话框，对顶部的凹槽结构进行拔模，拔模的【固定边】为凹槽的边线，对话框设置如图 3-80 所示。

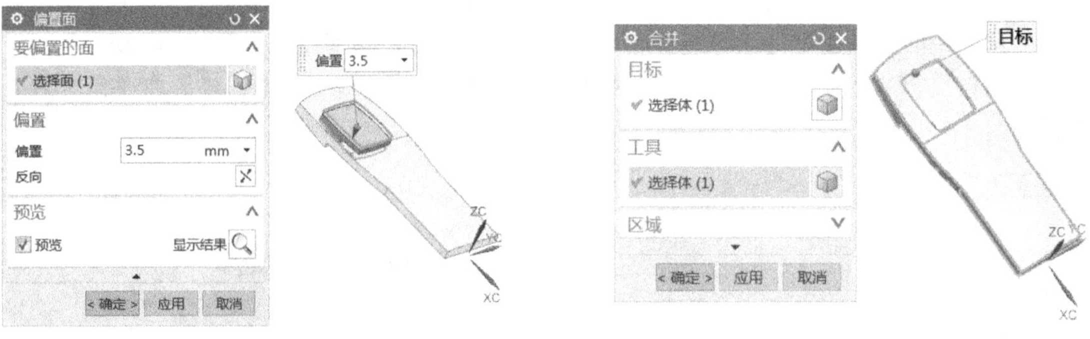

图 3-78　偏置面

图 3-79　求和

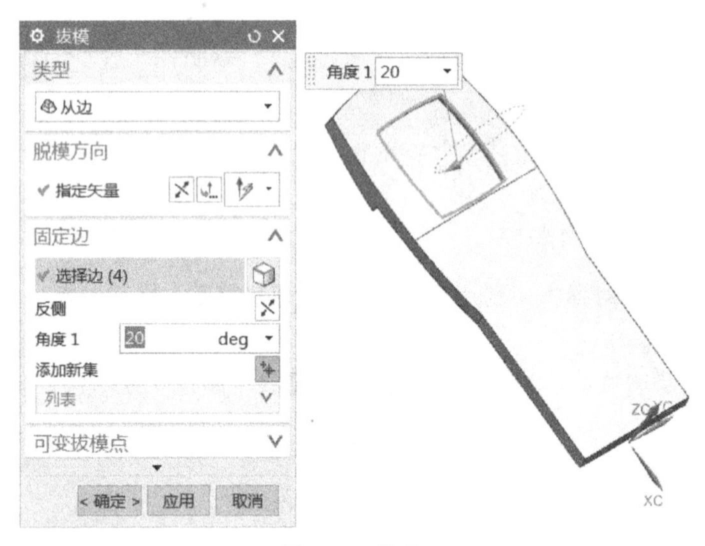

图 3-80　拔模

14）打开【边倒圆】对话框，对各个需要倒圆角的棱边进行倒圆角，对话框设置如图 3-81～图 3-87 所示。

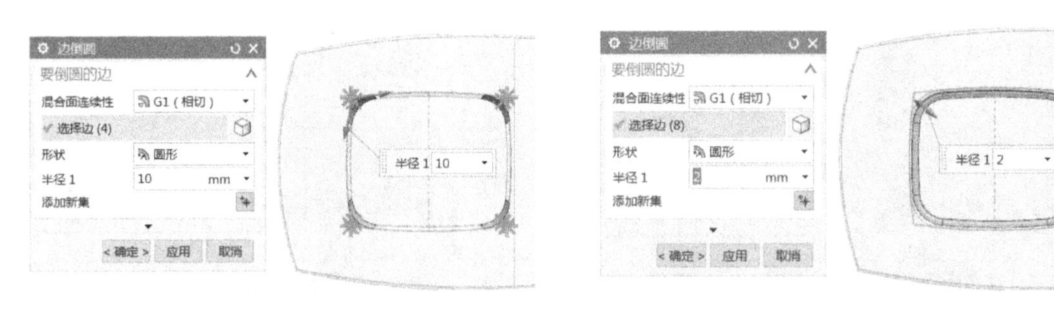

图 3-81　凹槽侧边倒圆角

图 3-82　凹槽底部倒圆角

15）打开【抽壳】对话框，对倒圆角后的实体进行抽壳，对话框设置如图 3-88 所示，抽壳时需选中底部的所有面。

16）打开【拉伸】对话框，以抽壳后的零件的凹槽端底边为【截面】拉伸创建一个实体，【布尔】设置为【无】，其余参数设置如图 3-89 所示。

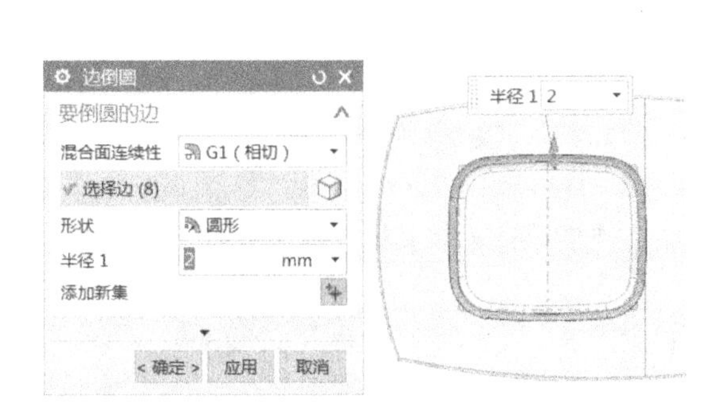

图 3-83　凹槽顶部倒圆角

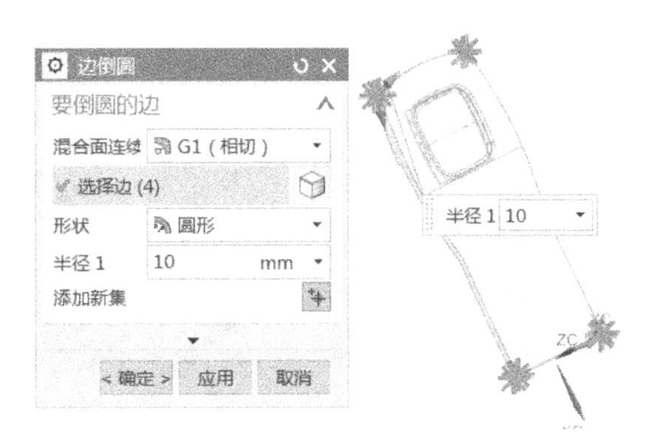

图 3-84　零件侧边倒圆角

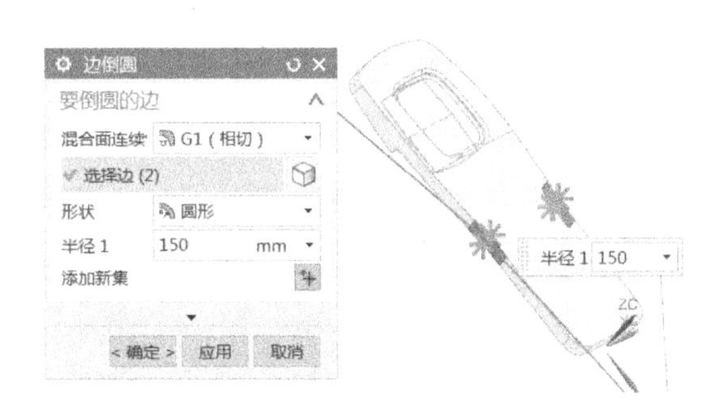

图 3-85　零件中部侧边倒圆角

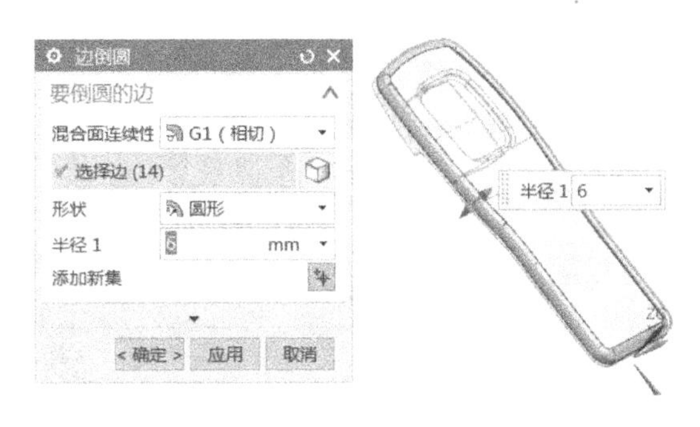

图 3-86　零件顶部倒圆角

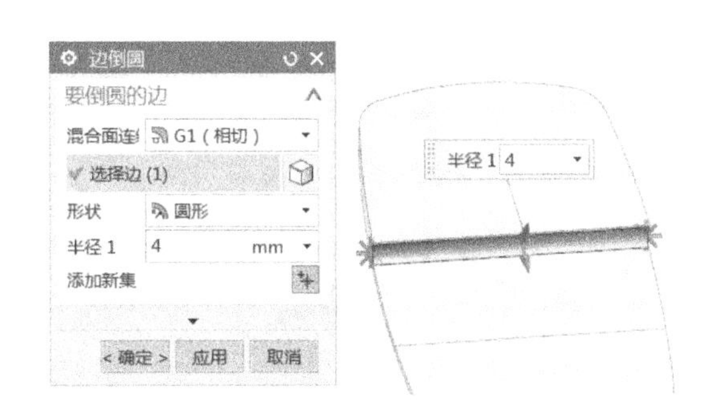

图 3-87　零件底部台阶处倒圆角

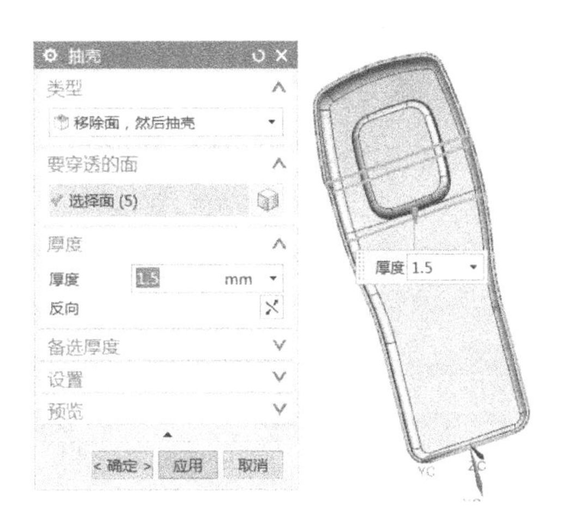

图 3-88　抽壳

17）为了能顺利进行【求差】，需将步骤 16）中拉伸创建的实体两端面向外适当的偏置一些距离。打开【偏置面】对话框，选择两端面为【要偏置的面】，其余参数设置如图 3-90 所示。

18）利用步骤 17）中创建的实体对零件进行【求差】操作，如图 3-91 所示。

19）手机外壳底板的最终建模结果如图 3-92 所示。

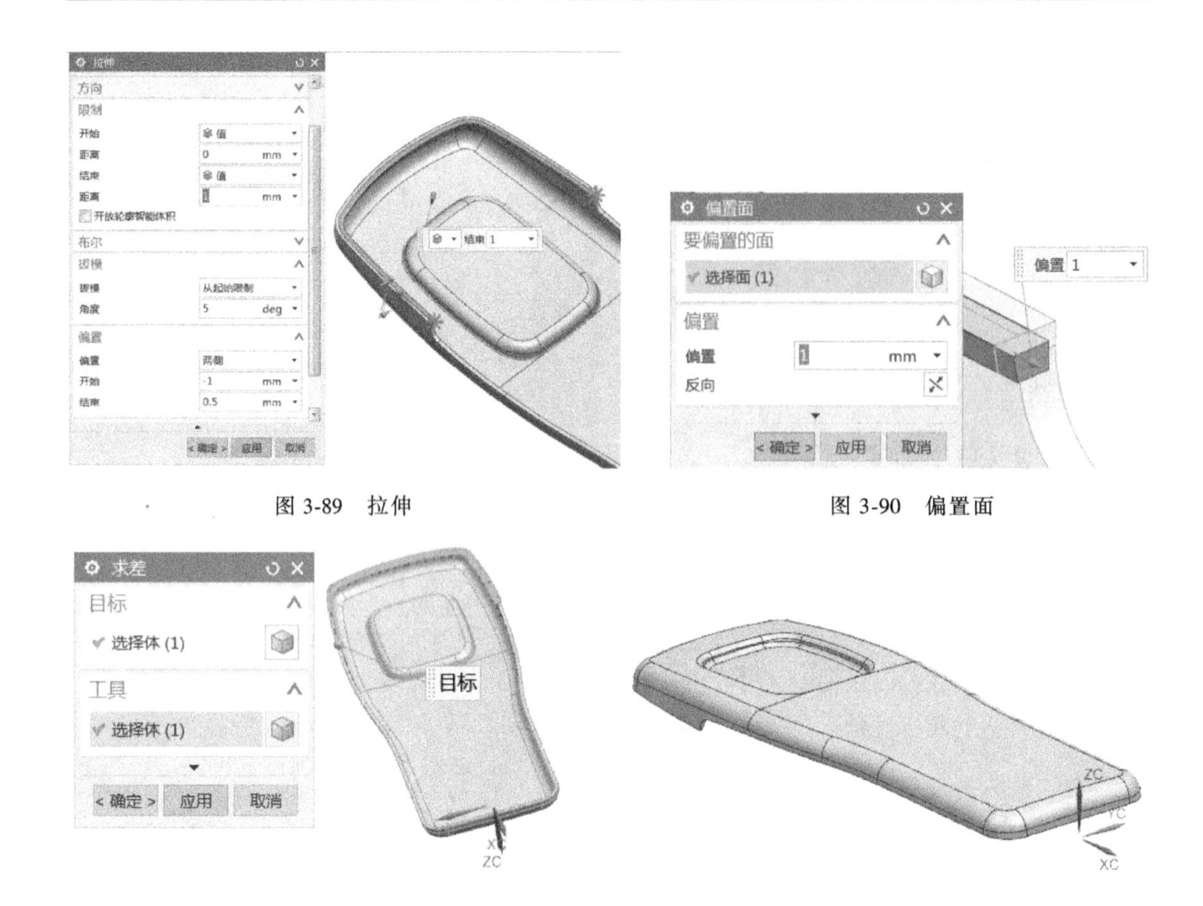

图 3-89　拉伸

图 3-90　偏置面

图 3-91　求差

图 3-92　手机外壳底板的最终结果

3.3.3　练习题

请完成图 3-93 所示模型的建模，主要使用的命令有【等参数曲线】、【桥接曲线】、【通过曲线网格】。

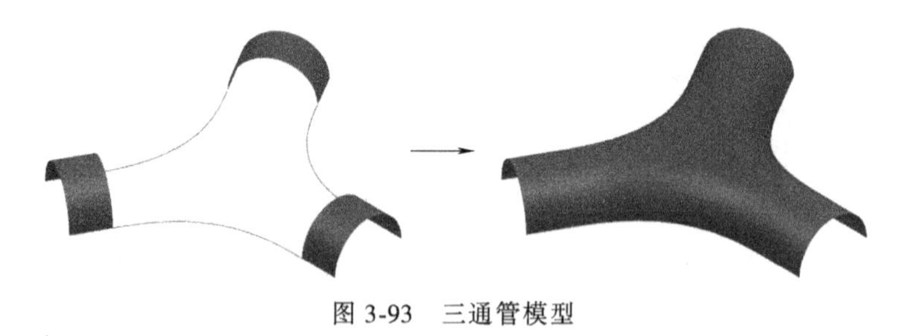

图 3-93　三通管模型

任务 4　勺子建模

3.4.1　模型数据

勺子零件图如图 3-94 所示。

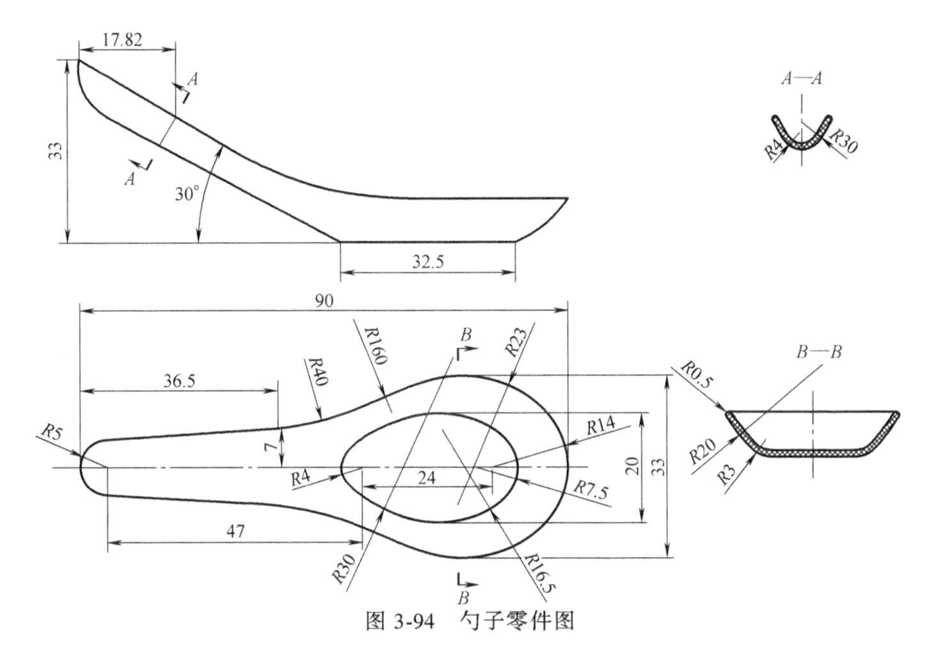

图 3-94　勺子零件图

1. 模型分析

勺子模型最基本的要求是壁厚均匀、外观光顺，不允许存在尖角、锐边等特征。

2. 勺子造型树

勺子的造型树分解如图 3-95 所示。在实例讲解中，以字母 T 加数字表示造型树的末端

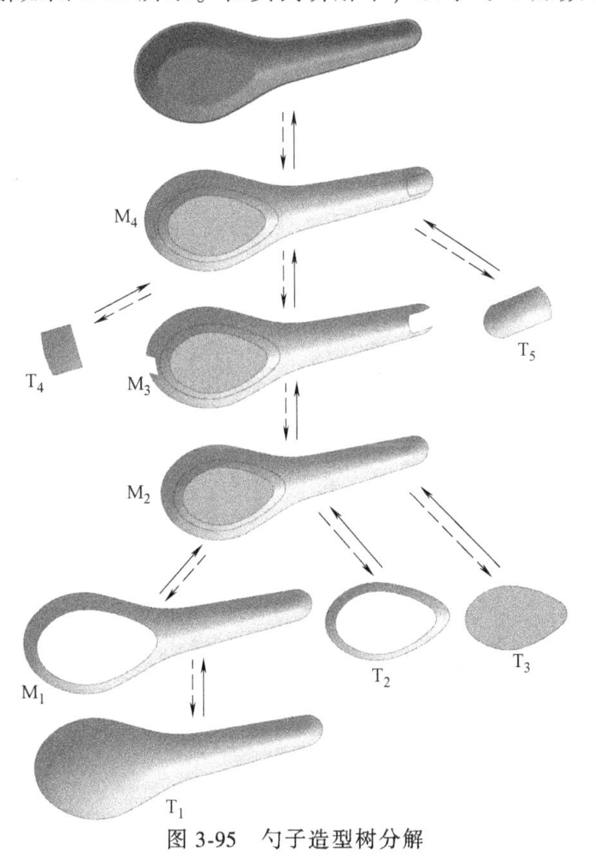

图 3-95　勺子造型树分解

节点，以字母 M 加数字表示造型树的中间节点。

3. 实现流程

1）创建末端节点 T_1，并对 T_1 进行修剪，得到中间节点 M_1。

2）创建末端节点 T_2 和 T_3，再将 T_2、T_3 和 M_1 缝合，得到中间节点 M_2。

3）对中间节点 M_2 进行求差，得到中间节点 M_3。

4）创建末端节点 T_4 和 T_5，再将 T_4、T_5 和 M_3 缝合，得到中间节点 M_4。

5）对中间节点 M_4 缝合、加厚和边倒圆，得到最终模型。

其中，末端节点 T_1、T_2、T_4 和 T_5 用【通过曲线网格】命令创建，T_3 用【有界平面】命令创建。

勺子模型的创建难点在于末端节点 T_1 的创建。使用【通过曲线网格】命令创建 T_1，首先要创建图 3-96 所示的四条主曲线和三条交叉曲线。

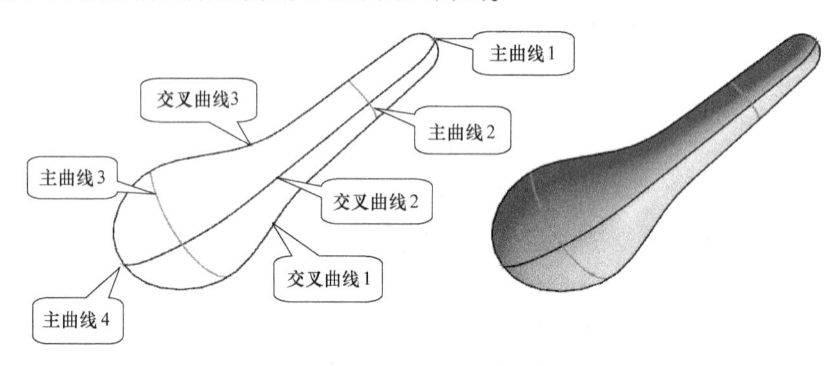

图 3-96　末端节点 T_1 的创建

1）主曲线 1 和 4 是两个点，主曲线 2 和 3 的创建分别参考图 3-94 所示的 *A—A* 视图和 *B—B* 视图。

2）交叉曲线 2 的创建参考图 3-94 所示的主视图。交叉曲线 1 和 3 通过【组合投影】命令创建，如图 3-97 所示。

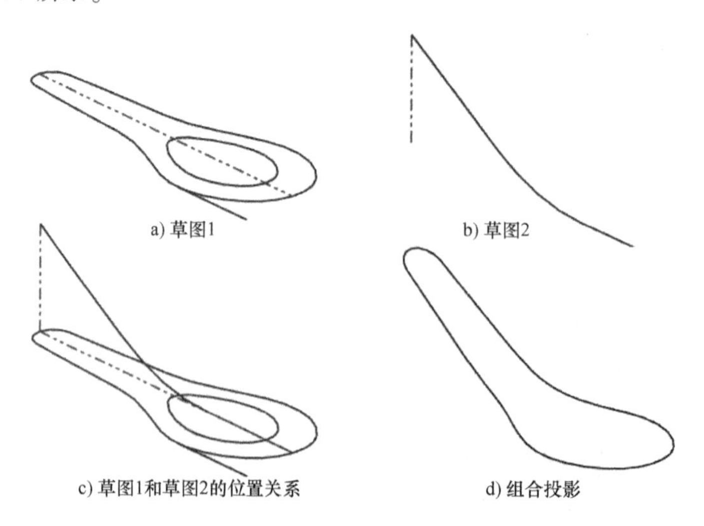

图 3-97　交叉曲线 1 和 3 的制作

3.4.2　建模步骤

1）单击【插入】→【在任务环境中绘制草图】命令，选择 *OXY* 平面为草图平面，绘制图 3-98 所示的草图。

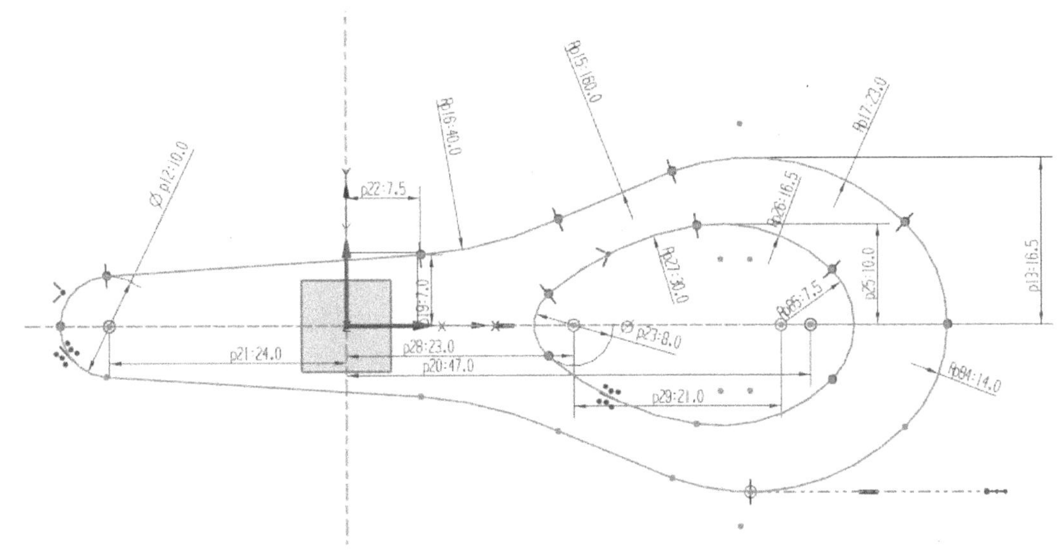

图 3-98　绘制草图（一）

2）单击【插入】→【在任务环境中绘制草图】命令，选择 *OXZ* 平面为草图平面，绘制图 3-99 所示的草图。

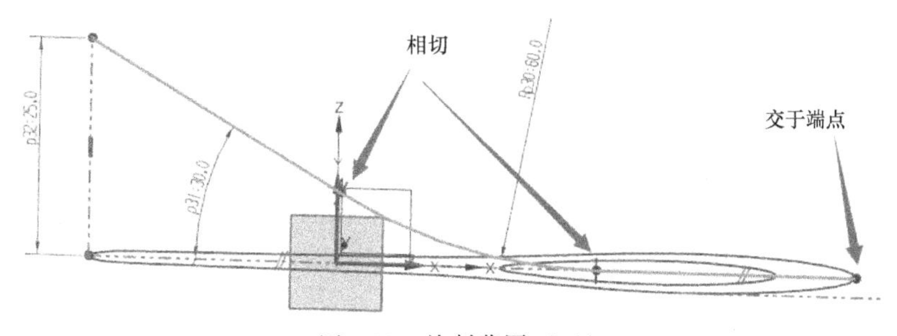

图 3-99　绘制草图（二）

3）打开【组合投影】对话框，选择步骤 2）中绘制的草图作为【曲线 1】，选择步骤 1）中绘制的草图作为曲线 2，完成勺子轮廓的投影，如图 3-100 所示。

4）打开【投影曲线】对话框，选择步骤 1）中所绘制草图的中间部分，投影的面指定为 *OXY* 平面向下 8mm 的偏置平面，生成勺子的底部轮廓，如图 3-101 所示。

5）单击【插入】→【在任务环境中绘制草图】命令，选择勺子轮廓的相切处作为草图平面。设置【草图类型】为【基于路径】，选择步骤 2）中创建的曲线为【路径】，设置【位置】为【弧长百分比】，在【弧长百分比】文本框中输入【0】，【草图方向】可根据情况进行设置，如图 3-102 所示。

6）进入草图绘制环境后，通过【交点】命令求出勺子底部与草图平面的交点，如图 3-103 所示。

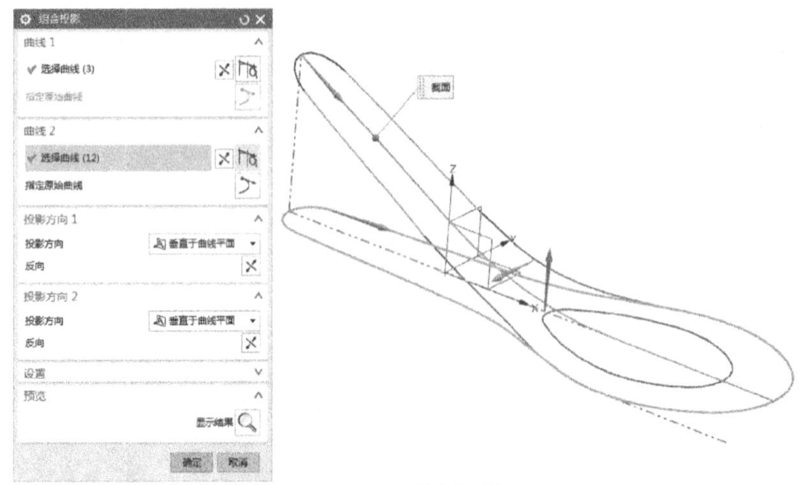

图 3-100　组合投影

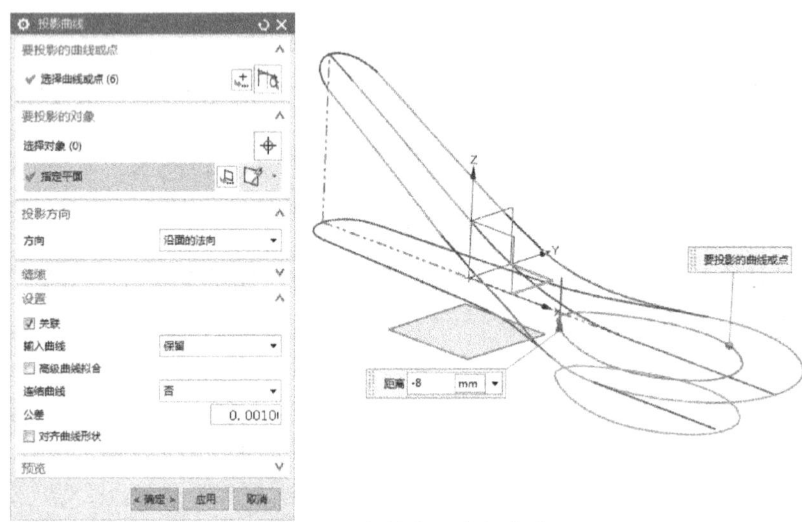

图 3-101　投影勺子底部轮廓

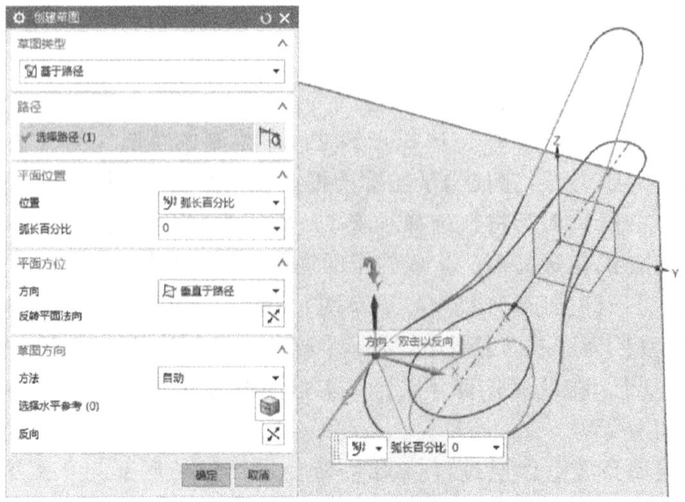

图 3-102　绘制草图平面

7）以勺柄与勺子底部和草图平面的两个交点为起点及终点，绘制半径为 20mm 的圆弧，并通过【镜像曲线】命令将圆弧曲线镜像至另一侧，如图 3-104 所示。

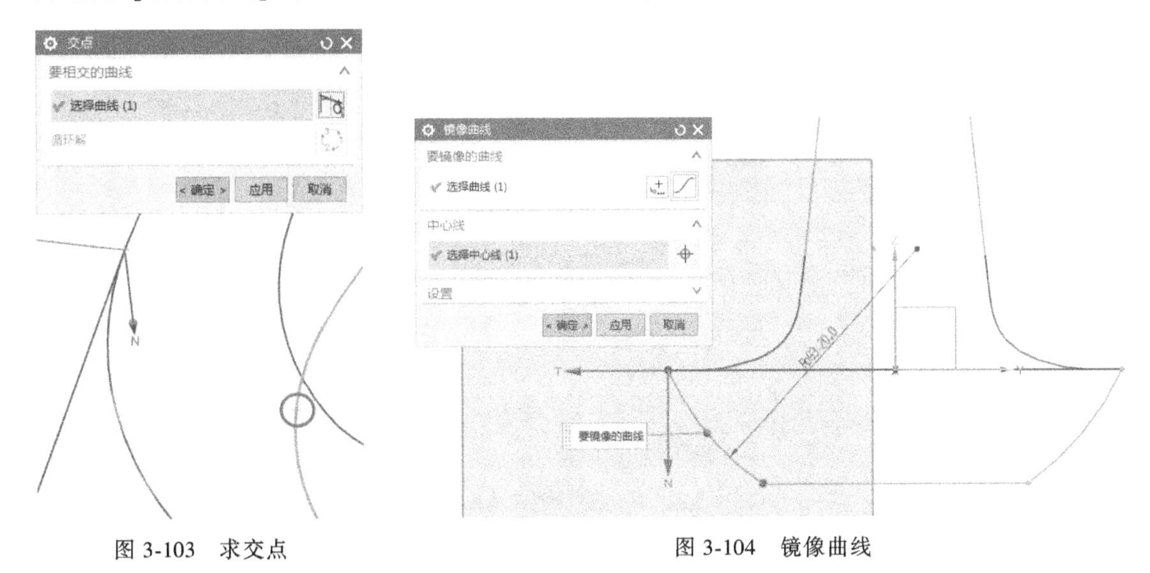

图 3-103　求交点　　　　图 3-104　镜像曲线

8）因勺子轮廓与 *OXZ* 平面存在一定角度，故先打开【投影曲线】对话框，将曲线投影至 *OXZ* 平面，对话框设置如图 3-105 所示。（选择曲线前，将曲线规则设置为【单条曲线】。）

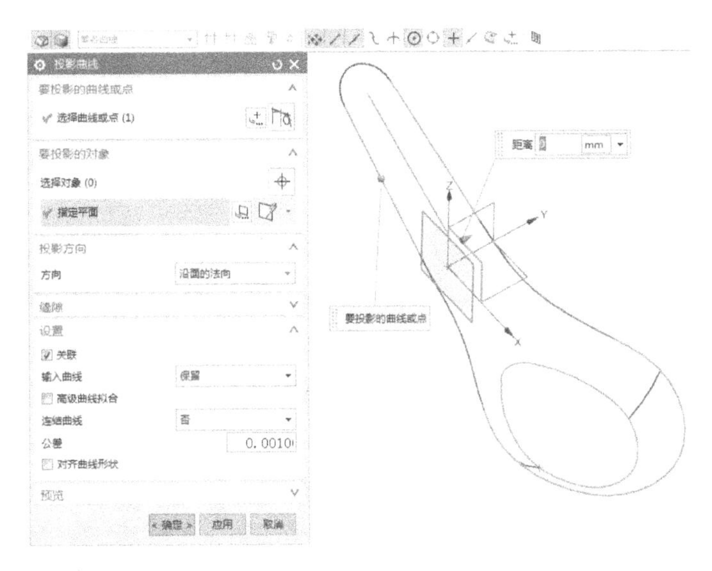

图 3-105　投影曲线

9）单击【插入】→【在任务环境中绘制草图】命令，设置【草图类型】为【基于路径】、【弧长百分比】为【40】（中部靠下位置），选择步骤 2）中创建的曲线为【路径】，如图 3-106 所示。

10）通过【交点】命令，求出勺柄两侧曲线与草图平面的交点，如图 3-107 所示。

11）利用两交点绘制勺柄处的截面轮廓曲线，如图 3-108 所示。

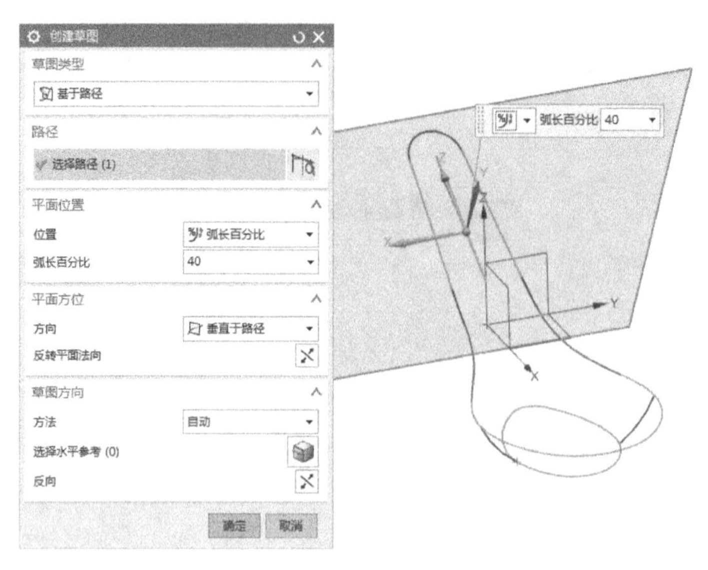

图 3-106　基于路径创建草图平面

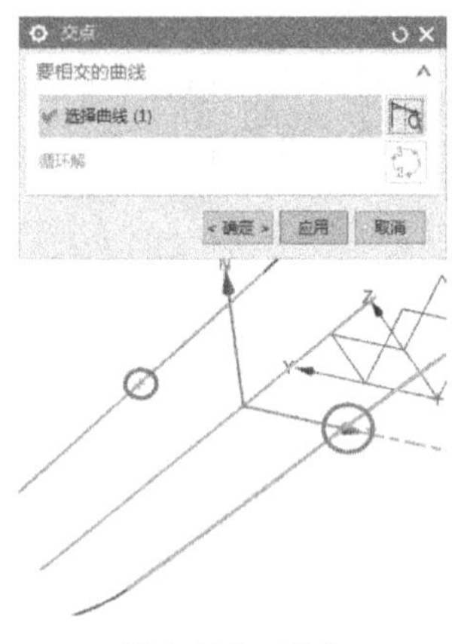

图 3-107　交点

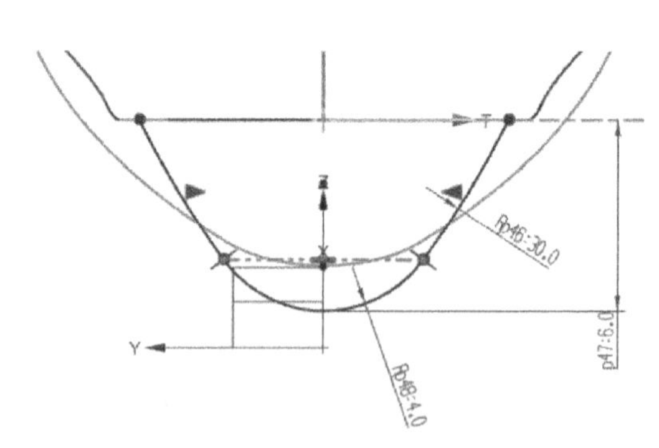

图 3-108　绘制截面轮廓曲线

12）单击【插入】→【在任务环境中绘制草图】命令，设置【草图类型】为【在平面上】，【草图平面】选择 *OXZ* 平面；通过【交点】命令，求出勺子底部和勺柄截面轮廓曲线与 *OXZ* 平面的交点，如图 3-109 所示。

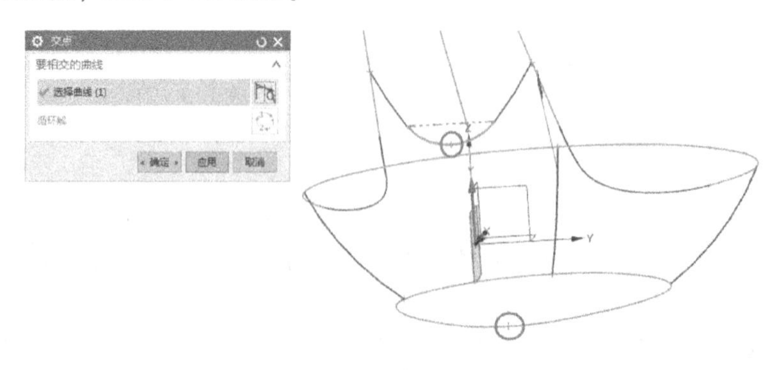

图 3-109　求出交点

13）通过步骤12）中所求交点在草图平面中绘制图3-110所示的两条曲线。

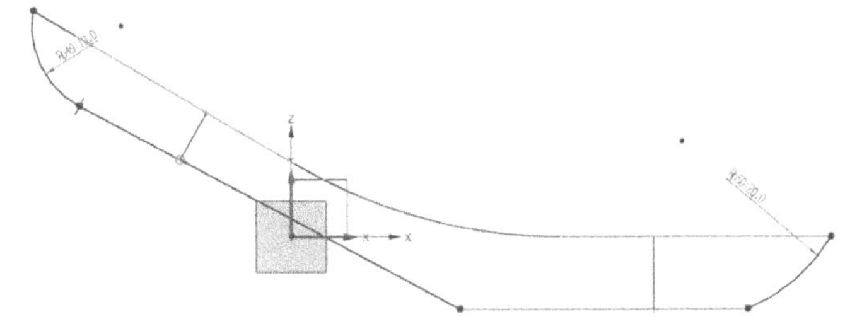

图3-110　绘制轮廓草图

14）隐藏不用的草图，勺子的轮廓曲线如图3-111所示。

15）利用工具栏中的快捷命令打开【桥接曲线】对话框，将步骤13）中创建的两条曲线进行桥接，对话框设置如图3-112所示。

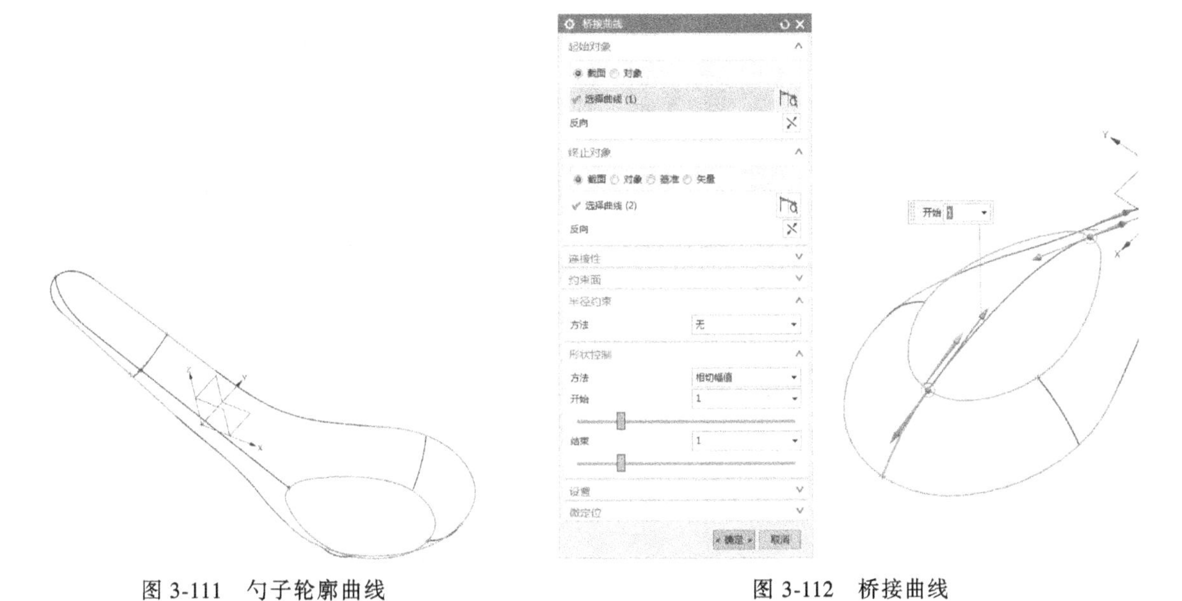

图3-111　勺子轮廓曲线　　　　图3-112　桥接曲线

16）步骤7）中创建的两条曲线如果也采用桥接的方式进行连接，会出现不相交的情况，如图3-113所示。

图3-113　查看结果

17）创建一个通过前部轮廓的基准平面，如图3-114所示。

18）单击【插入】→【基准/点】→【点】命令，打开【点】对话框；创建面与曲线的交点，对话框设置如图3-115所示。

19）单击【插入】→【曲线】→【艺术样条】命令，打开【艺术样条】对话框；设置首尾两点的【连续类型】为【G1（相切）】，依次选择图3-116所示的三个点，连接两条曲线。

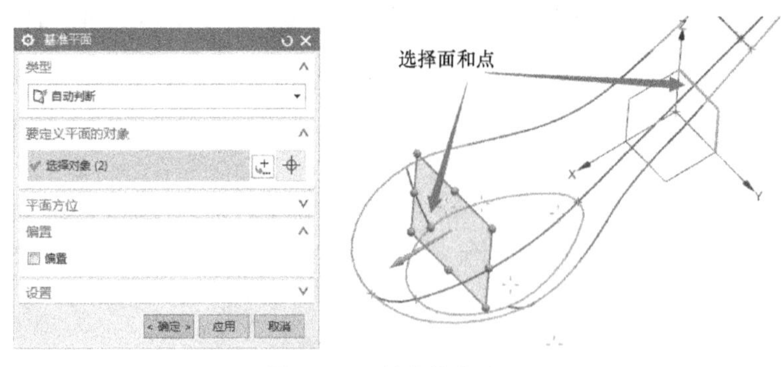

图 3-114　创建基准平面

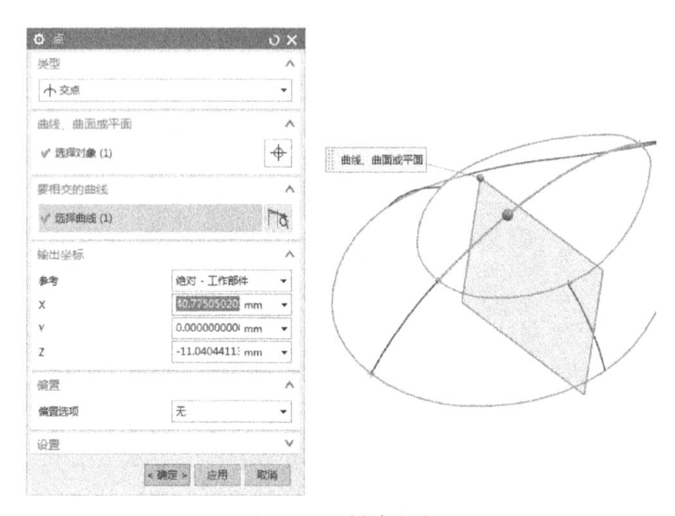

图 3-115　创建交点

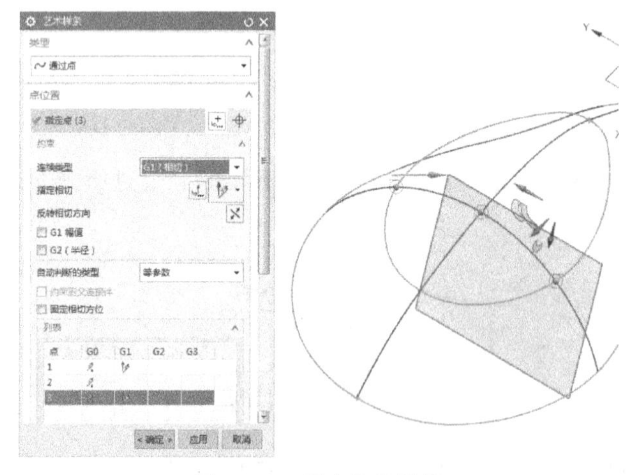

图 3-116　创建艺术样条

20）利用工具栏中的快捷命令打开【通过曲线网格】对话框，选择图 3-117 所示的主曲线及交叉曲线，设置【连续性】为【G0（位置）】，勾选【全部应用】，并设置【体类型】为【片体】，单击【确定】后创建曲面。为方便选择交叉曲线，建议点选“相切曲线”图

标按钮 ，如图 3-117 所示。注意：选择的主曲线均为点。

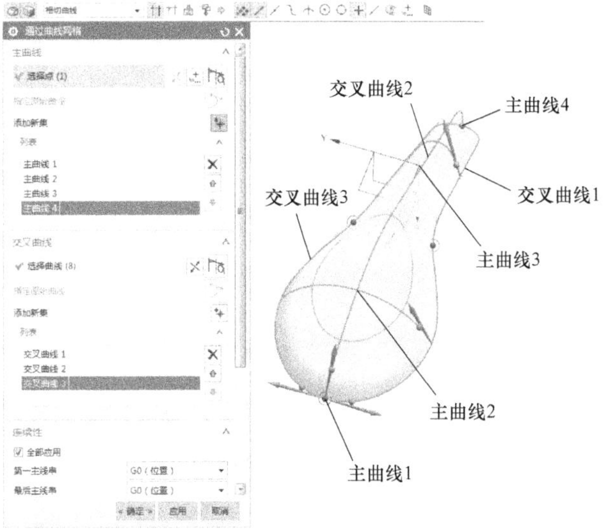

图 3-117　通过曲线网格创建曲面

生成的片体与预期模型存在偏差，需要修改，如图 3-118 所示。

图 3-118　生成的片体

21）利用工具栏中的快捷命令打开【修剪体】对话框，设置【工具选项】为【新建平面】，并选择 *OXY* 平面，【距离】设置为【-6mm】，保留图 3-119 所示片体。

22）再次打开【通过曲线网格】对话框，创建片体，对话框设置如图 3-120 所示。注意：交叉曲线中的首尾两条曲线为同一曲线。

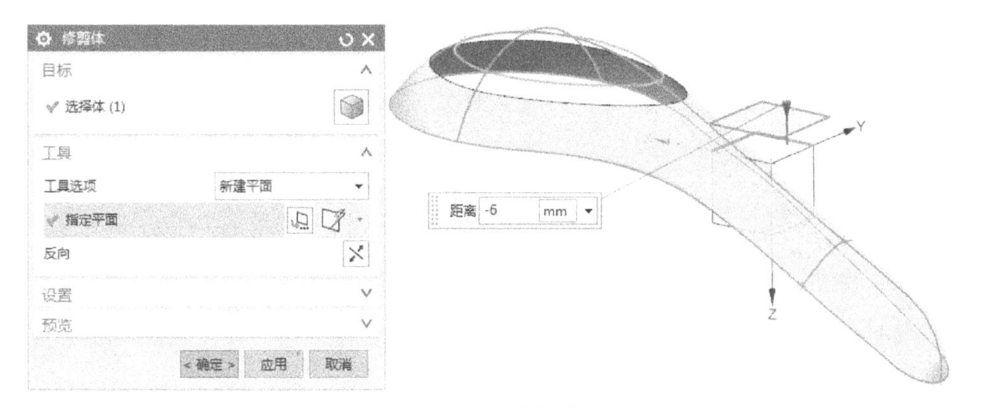

图 3-119　修剪体

23）通过【有界平面】命令创建底面，如图 3-121 所示。

24）通过【缝合】命令，对片体进行缝合，如图 3-122 所示。

完成缝合后，若直接对片体进行加厚，会因为片体的瑕疵对实体产生影响，如图 3-123

所示。

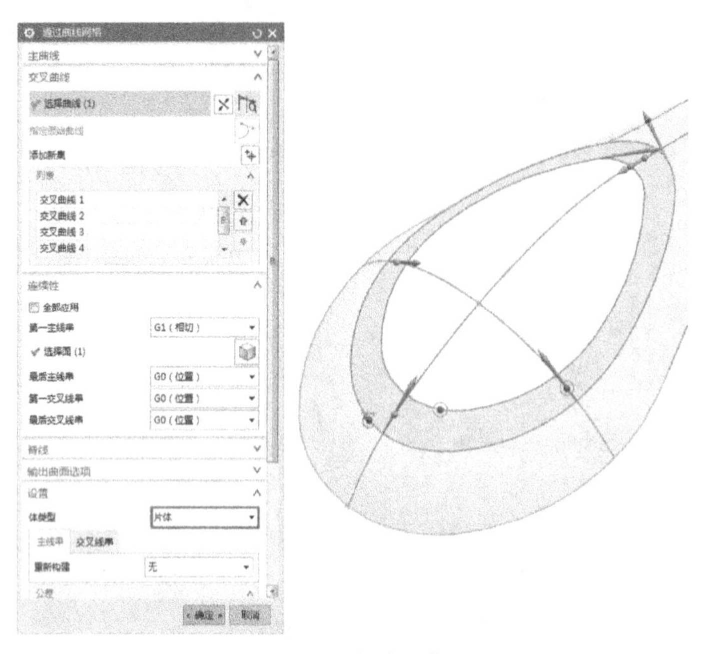

图 3-120 创建片体

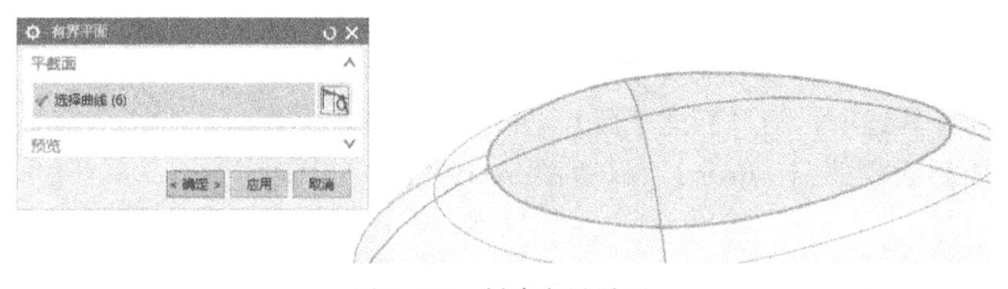

图 3-121 创建有界平面

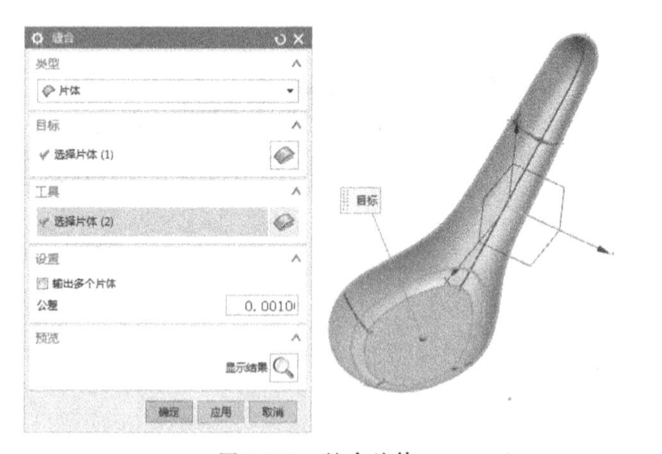

图 3-122 缝合片体

所示。

25）对缺陷处进行修剪，在 *OXY* 平面上绘制图 3-124 所示的草图曲线。

26）通过【拉伸】命令对上一步骤中创建的矩形草图进行拉伸，【拉伸】对话框设置如

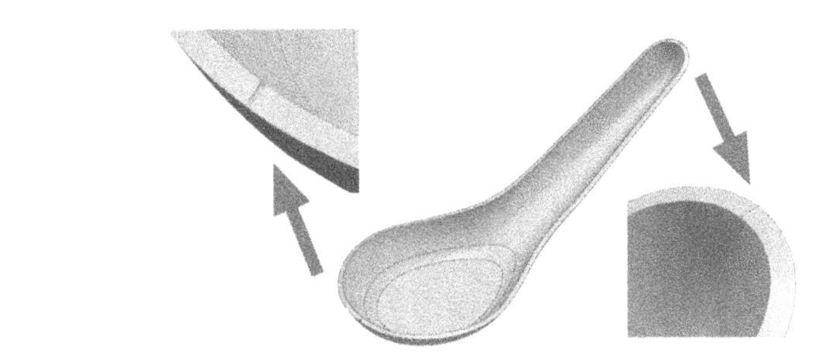

图 3-123 直接加厚实体会有瑕疵

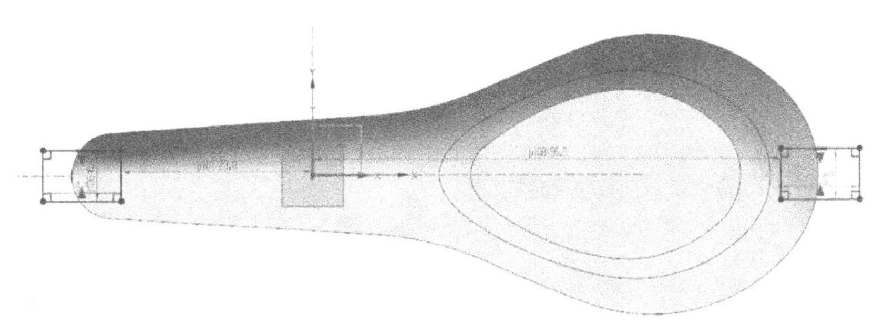

图 3-124 创建两个矩形草图

图 3-125 所示。

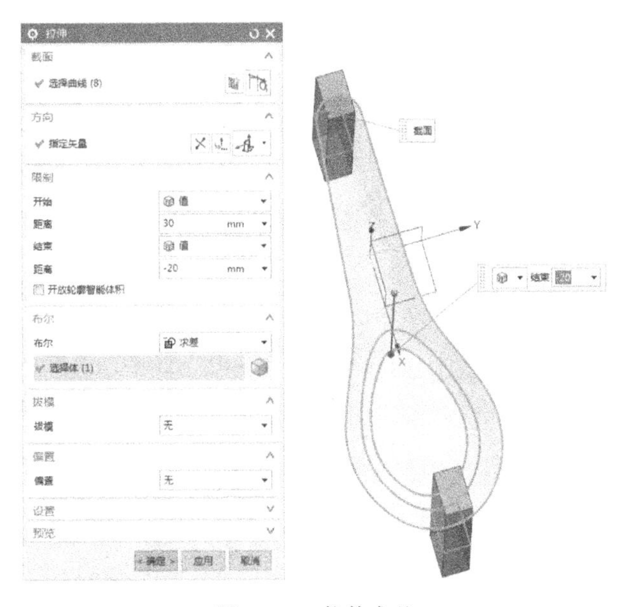

图 3-125 拉伸求差

27）打开【通过曲线网格】对话框，对头尾两处的空缺处进行修补。在边缘相接处的【连续性】均设置为【G1(相切）】，如图 3-126 所示。

28）利用【缝合】命令对片体进行缝合，如图 3-127 所示。

29）单击【插入】→【偏置/缩放】→【加厚】命令，打开【加厚】对话框；将片体向

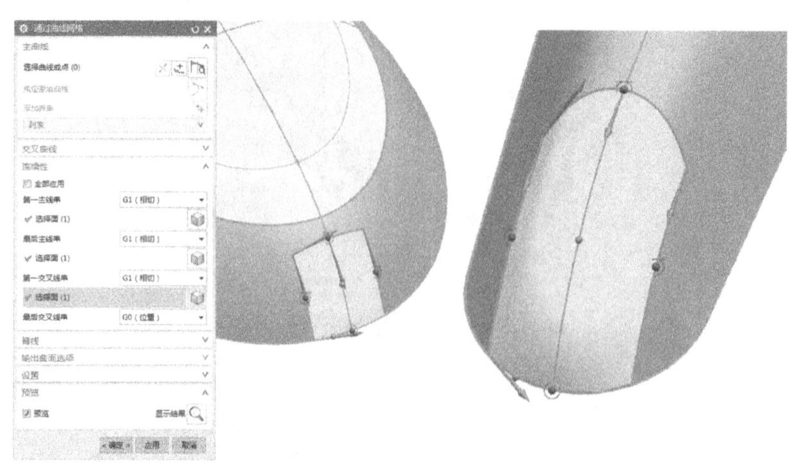

图 3-126　修补空缺处

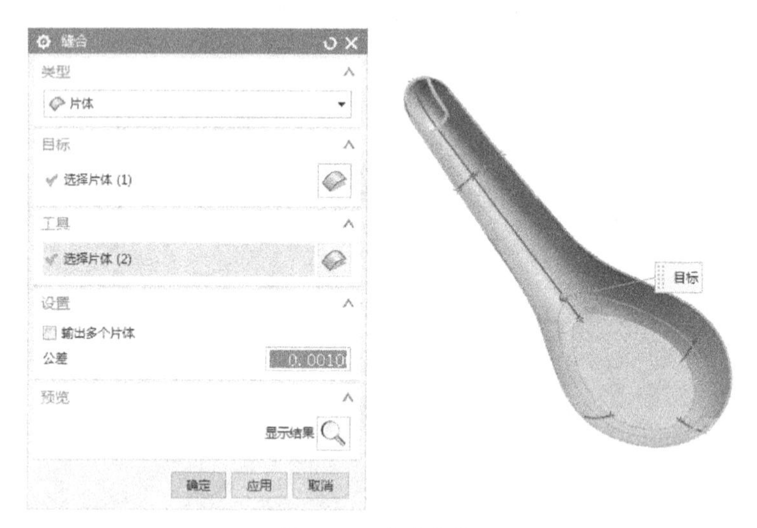

图 3-127　缝合片体

内加厚 1mm，对话框设置如图 3-128 所示。

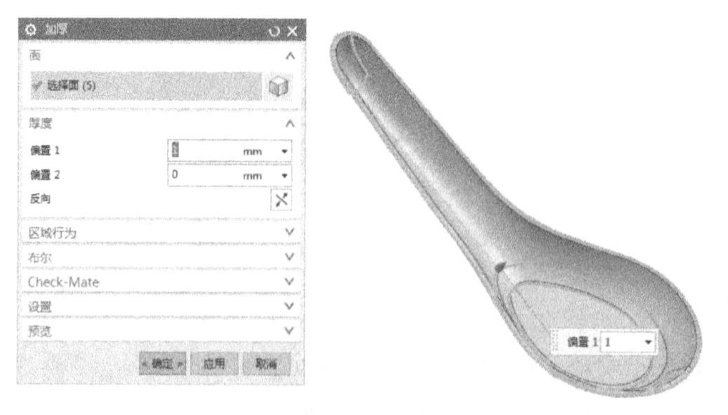

图 3-128　加厚片体

30）利用工具栏中的快捷命令打开【边倒圆】对话框，进行倒圆角，对话框设置如图

3-129 所示。

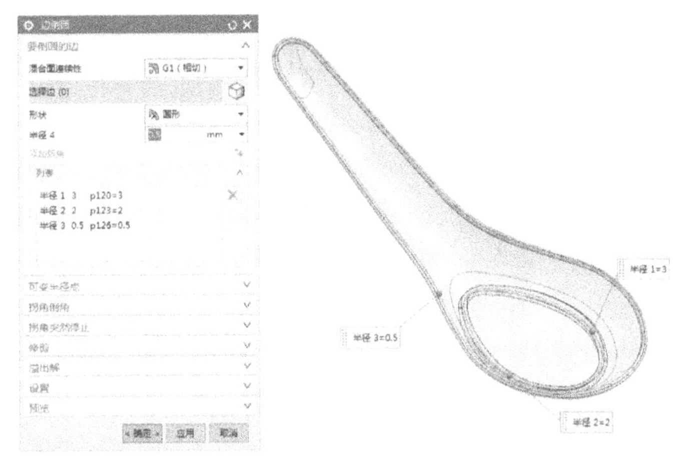

图 3-129　倒圆角

最终创建的勺子模型如图 3-130 所示。

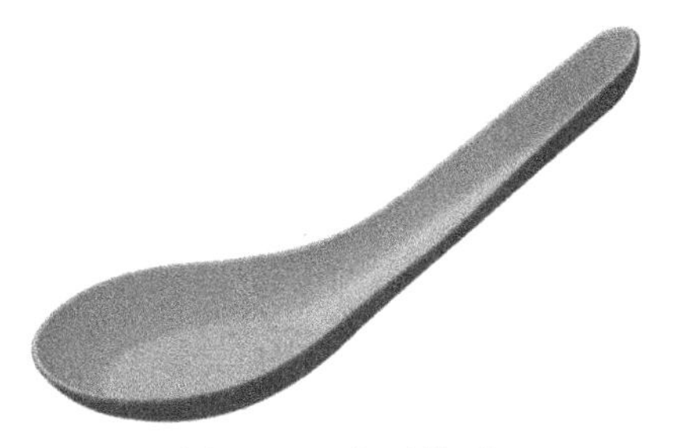

图 3-130　勺子模型

3.4.3　练习题

请完图 3-131 所示模型的建模，主要使用的命令有【艺术样条】、【通过曲线网格】、【扫掠】。

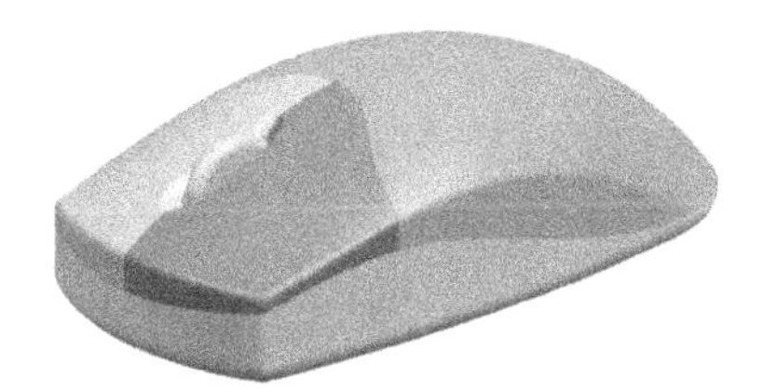

图 3-131　鼠标模型

项目 4　基于 UG NX 的运动与结构分析

任务 1　平面四杆机构运动分析

4.1.1　UG NX 运动仿真简介

运动仿真是 UG NX 中的重要组成部分，它能对二维或三维机构进行复杂的运动学分析、动力学分析和设计仿真。UG NX 的运动仿真分析过程分三个阶段：前处理（创建连杆、运动副并定义运动驱动）→求解（生成数据文件）→后处理（分析处理数据，并生成动画和图表等文件），如图 4-1 所示。

图 4-1　运动仿真分析流程

对于机构中的每一个刚性特征，都要定义一个连杆。可以为连杆定义质量、惯性、初始移动和旋转速度等参数。

运动副表示连杆之间的连接关系。如果连杆不存在任何约束，其将“漂浮”在空间中并具有六个自由度：三个直线自由度（X、Y 和 Z 三个方向）和三个旋转自由度（绕 X、Y 和 Z 轴）。一个运动副至少约束一个自由度，连杆可以在未被约束的自由度中运动。运动副的类型及其约束的自由度见表 4-1。

表 4-1　运动副及其自由度

运动副类型	约束的自由度		
	直线	旋转	总共
旋转副	3	2	5
滑动副	2	3	5
柱面副	2	2	4
万向节	3	1	4
球面副	3	0	3
平面副	1	2	3
固定副	3	3	6

4.1.2　操作步骤

平面四杆机构的运动分析，就是对机构上某点的位移、轨迹、速度、加速度进行分析，根据原动件（曲柄）的运动规律，求解出从动件的运动规律。平面四杆机构的运动分析方法有很多，传统的有图解法、解析法和实验法。

通过 UG NX 软件对平面四杆机构进行三维建模，建立相应的连杆、运动副及驱动，然后对建立的运动模型进行运动学分析，给出构件上某点的运动轨迹、速度和加速度变化的规律曲线，用图形和动画的形式来模拟机构的实际运动过程具有传统分析方法所不能比拟的优点。

本例中用于运动仿真的装配体为曲柄摇杆机构，如图 4-2 所示。此机构是最简单的平面四杆机构之一。各个连杆长度为：$l_1 = 30$mm；$l_2 = 240$mm；$l_3 = 110$mm；$l_4 = 190$mm。

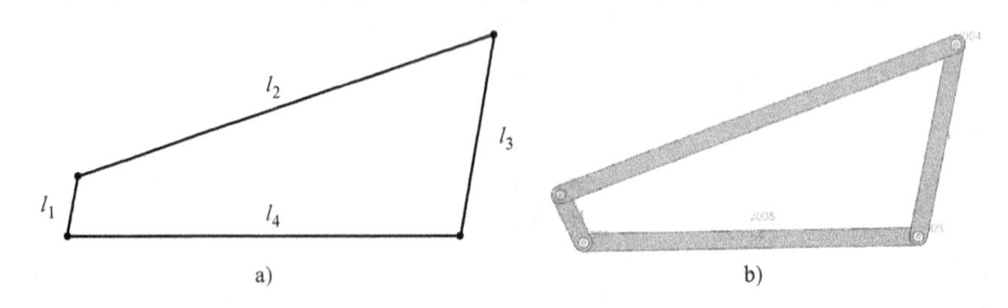

图 4-2　曲柄摇杆机构简图

平面四杆机构运动仿真的操作流程如图 4-3 所示。

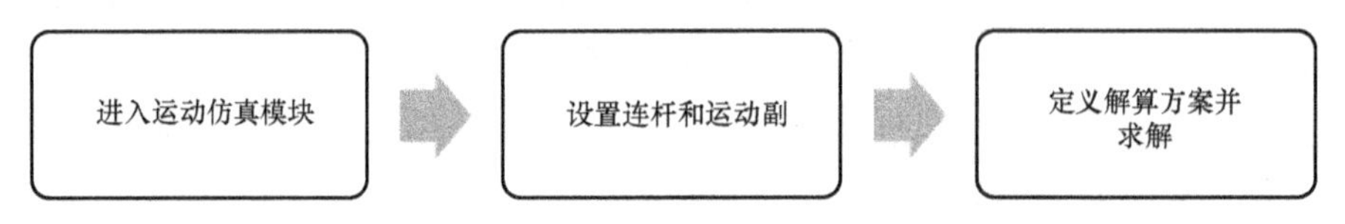

图 4-3　平面四杆机构运动仿真的操作流程

具体操作步骤为：

1）打开曲柄摇杆机构的装配体文件“siganjigou. prt”，在【应用模块】选项卡的【仿真】工具栏中单击【运动】命令，如图 4-4 所示，进入运动仿真应用模块。

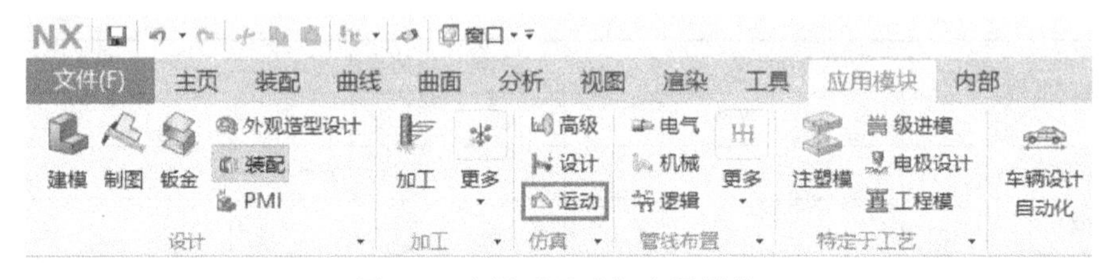

图 4-4　选择【运动】应用模块

2）打开【运动导航器】，选择【siganjigou】后单击鼠标右键，选择【新建仿真】命令，如图 4-5 所示，弹出【环境】对话框；设置【分析类型】为【动力学】，如图 4-6 所示。设置完成后单击【确定】按钮。

3）在弹出的图 4-7a 所示【机构运动副向导】对话框中，单击【确定】，【运动导航器】中出现图 4-7b 所示的四个连杆和五个运动副。这些运动副是根据装配关系自动添加的，相应的设置见表 4-2，【J001】是连杆 4 和连杆 1 之间的旋转运动副；【J002】是连杆 4 和连杆 3 之间的旋转运动副；【J003】是连杆 1 和连杆 2 之间的柱面运动副；【J004】是连杆 3 和连杆 2 之间的旋转运动副；【J005】是添加在连杆 4 上的固定副。连杆、运动副和驱动的具体设置见表 4-2。

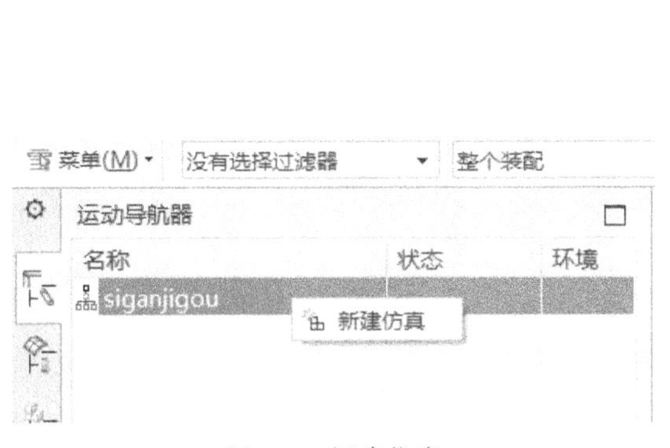

图 4-5　新建仿真

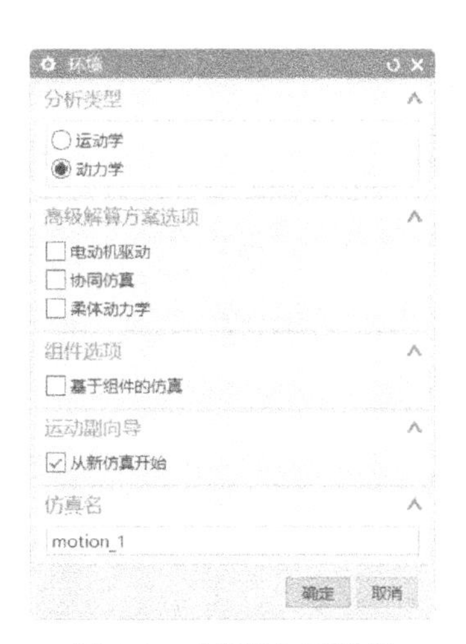

图 4-6　【环境】对话框

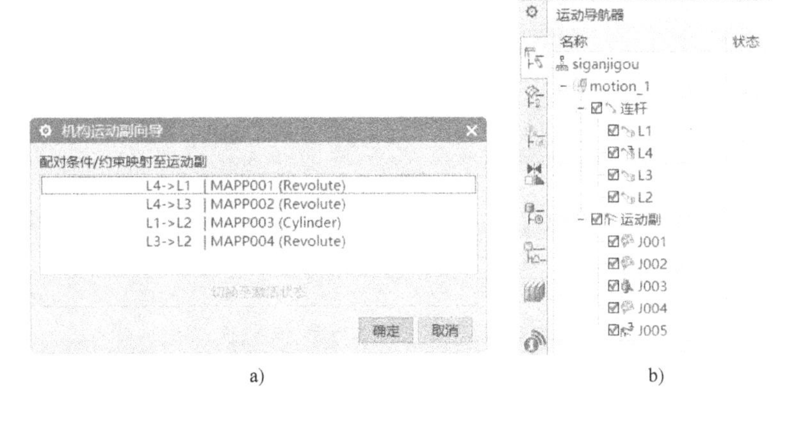

a)　　　　b)

图 4-7　自动添加运动副

表 4-2　连杆、运动副和驱动的设置

连杆	L1、L2、L3、L4（固定）
运动副	J001（旋转副，L4 和 L1）
	J002（旋转副，L4 和 L3）
	J003（柱面副，L1 和 L2）
	J004（旋转副，L3 和 L2）
	J005（固定副，L4）
驱动	以 J001 为驱动，类型为恒定速度，初速度为 5 度/秒

4）单击【驱动体】命令，如图 4-8a 所示，弹出【驱动】对话框；选择 J001 运动副为【驱动对象】，设置【旋转】为【恒定】，设置【初速度】为 5°/s，如图 4-8b 所示，单击【确定】。

5）单击【主页】选项卡中的【解算方案】命令，打开【解算方案】对话框；设置【时间】为 160s，【步数】为【320】，如图 4-9 所示。单击【主页】选项卡中的【求解】命令，进行仿真求解。

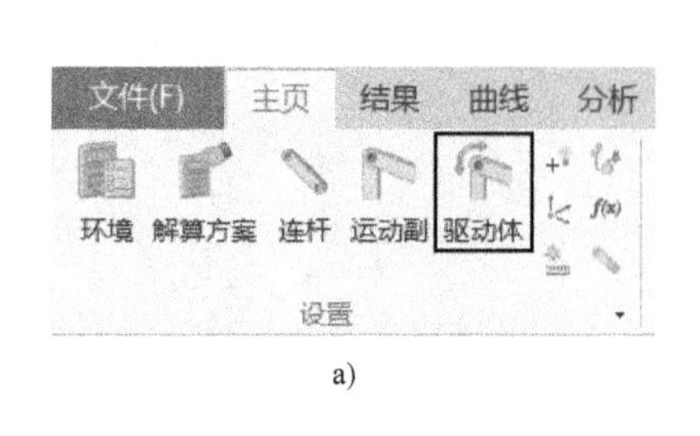

a)

b)

图 4-8　选择【驱动体】命令

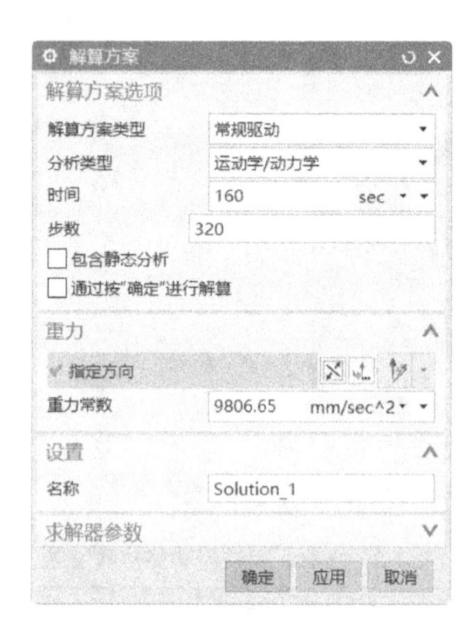

图 4-9　【解算方案】对话框

4.1.3　结果分析

经过解算，可对平面四杆机构进行运动仿真显示及其相关的后处理，通过动画可以观察机构的运动过程，并可以随时暂停、倒退；选择动画中的轨迹，还可以生成指定标记点的位移、速度、加速度等规律曲线。

1）在【运动导航器】中选择【XY-作图】，单击鼠标右键后选择【新建】命令，弹出图 4-10 所示的【图表】对话框。选择【J001】，设置【请求】为【速度】、【分量】为【角度幅值】，即表示角速度，再单击【Y 轴定义】中的图标按钮 + ，单击【确定】，弹出【查看窗口】对话框，如图 4-11 所示。单击第二个按钮，生成图 4-12 所示的图表。生成的图表可以 Excel 图表格式导出，如图 4-13 所示。

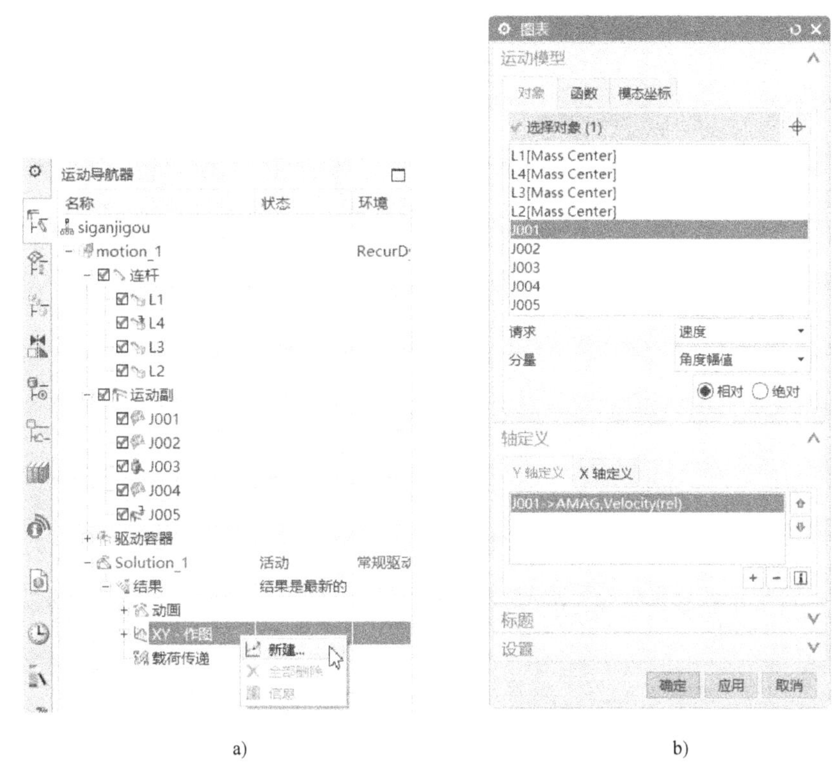

图 4-10　XY-作图

图 4-11　【查看窗口】对话框

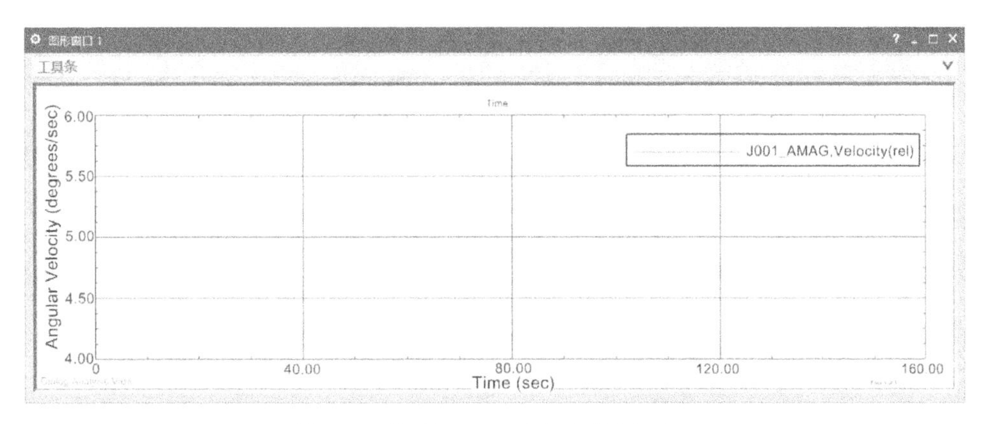

图 4-12　旋转副 J001 的角速度变化图表

2）用同样的方法生成运动副 J002、J003、J004 的角速度变化图表，分别如图 4-14、图 4-15、图 4-16 所示。

图 4-13 【绘图至电子表格】命令

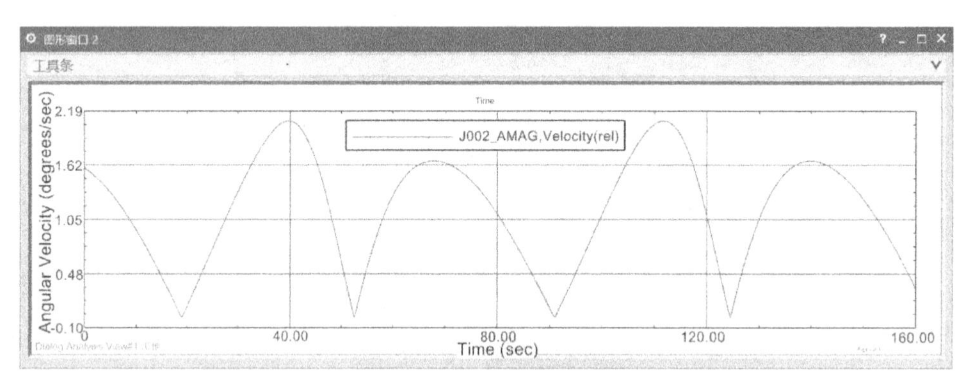

图 4-14 旋转副 J002 的角速度变化图表

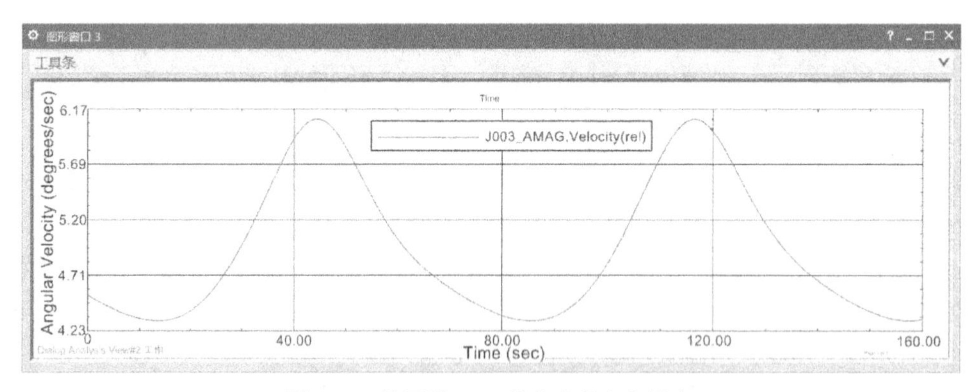

图 4-15 柱面副 J003 的角速度变化图表

曲柄（连杆 $L1$）为原动件，在其转动一周后，有两次与连杆 2 共线，如图 4-17 和图 4-18 所示。摇杆角速度为 0 的点表示摇杆（连杆 $L3$）分别处于两个极限位置。当曲柄以等角速转动一周时，摇杆将在两个极限位置之间摆动，而且能较明显地看到其从一个极限位置到另一个极限位置所需的时间间隔不一样，这就是摇杆的急回特性。

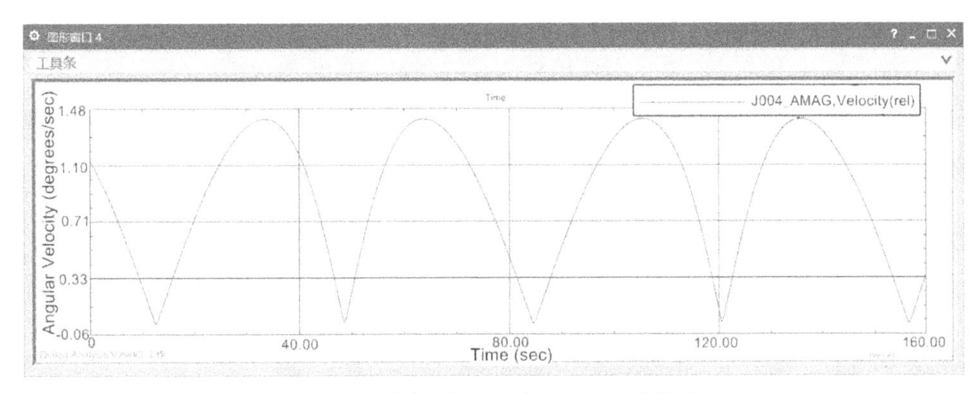

图 4-16　旋转副 J004 的角速度变化图表

当以摇杆为主动件进行运动分析时，在图 4-17、图 4-18 所示的两个位置会出现不能使曲柄转动的“顶死”现象，即死点。在一些运动中应尽量避免这种现象的出现，为了使机构能顺利地通过死点而正常运转，可以采取在曲柄上安装组合机构或者飞轮的方法，通过加大惯性作用使机构转过死点。

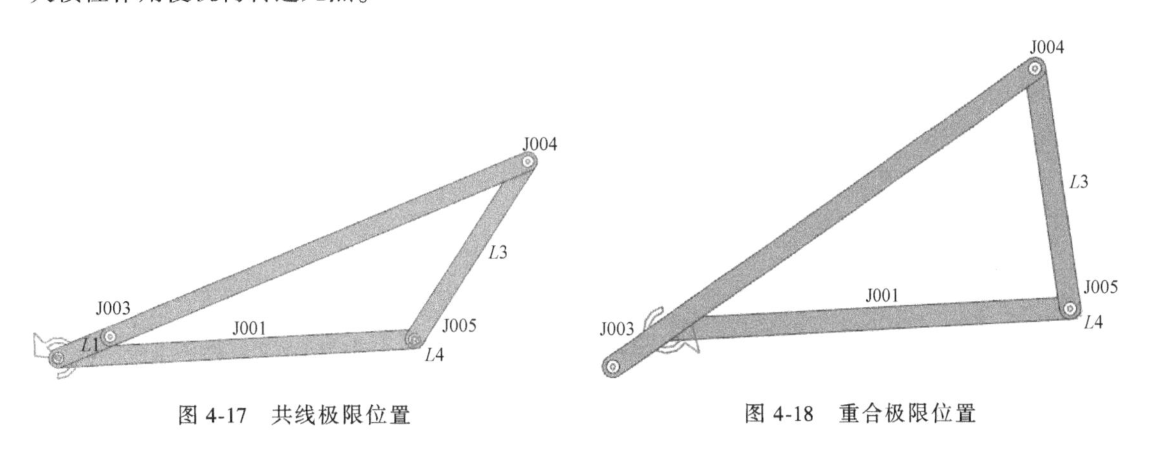

图 4-17　共线极限位置　　　　图 4-18　重合极限位置

任务 2　悬臂梁有限元分析

4.2.1　UG NX 有限元分析简介

1. 工作流程

UG NX 软件对结构进行有限元分析的通用工作流程如下：

1）在 UG NX 中打开零件模型文件。

2）启动【高级】仿真模块。为 FEM 和仿真文件规定默认求解器。

注意：也可以选择先建立 FEM 文件，然后再建立仿真文件。

3）建立解算方案。选择求解器（如【NX NASTRAN】）、分析类型（如【结构】）和解决方案类型（如【Linear Statics】）。

4）理想化部件几何体可以移去不需要的细节，如孔或圆角。分隔几何体，准备实体网格划分或建立中面。

5）使 FEM 文件激活，网格划分几何体。利用软件中默认的参数设置网格化几何体。在许多情况下系统默认的参数设置可以提供高质量的网格，可直接使用。

6）检查网格质量。可以进一步理想化部件几何体来细化网格，此外，在 FEM 中可以利用简化工具，消除模型在网格划分时可能产生的几何问题。

7）添加材料到网格。

8）当对网格效果满意时，激活仿真文件，添加载荷与约束到模型。

9）求解模型。

10）在后处理中考察结果。

2. 仿真文件

在高级仿真中，CAE 模型是一组包含了执行有限元分析时所需的全部数据的文件，如图 4-19 所示。最简单的 CAE 模型由两个文件组成：

1）仿真（SIM）文件，该文件包含载荷、约束等边界条件和专用于求解器的数据。

2）FEM 文件，该文件包含网格数据、物理属性和材料属性。FEM 文件与仿真模型保持一致，是仿真文件的组成文件。

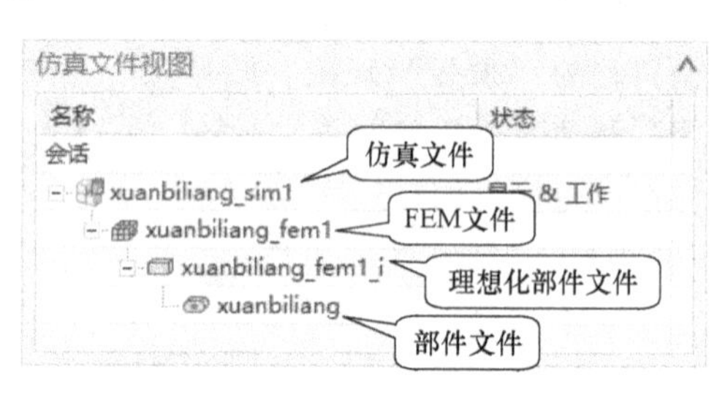

图 4-19　CAE 模型文件

可以将 CAE 模型与 CAD 部（.prt）中包含的模型几何体相关联，也可以创建理想化部件文件（_i.prt），以管理与实时 CAD 数据无关的专用于分析的几何体的修改。

4.2.2　操作步骤

下面将以悬臂梁的有限元分析来介绍使用 UG NX10.0 进行有限元分析的具体流程。悬臂梁模型如图 4-20 所示，一端侧面固定，另一端的边上施加 10N 的力，通过有限元分析工具，分析悬臂梁受力后的位移和应力。悬臂梁有限元分析的流程如图 4-21 所示。

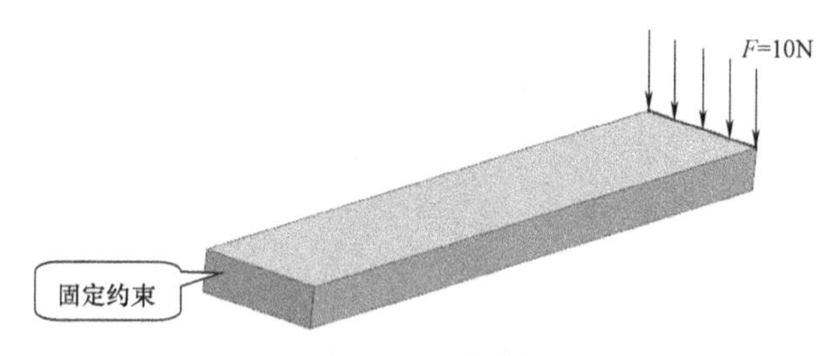

图 4-20　悬臂梁模型

1）启动 UG NX 10.0，打开文件“xuanbiliang.prt”，如图 4-22 所示。

2）单击【工具】→【材料】→【指派材料】命令，如图 4-23 所示，弹出【指派材料】对话框；首先选择悬臂梁实体为【选择体】，再选择【材料】，此例中选择【Steel】，如图 4-24 所示，最后单击【确定】。

3）单击【应用模块】选项卡中【仿真】工具栏中的【高级】命令，如图 4-25 所示，进入高级仿真模块。

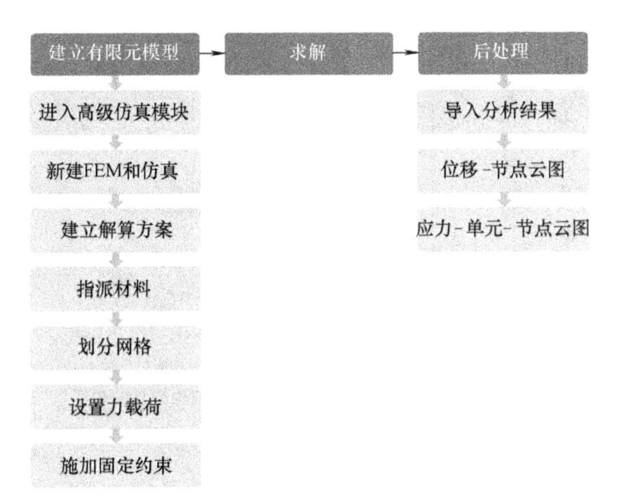

图 4-21　悬臂梁有限元分析流程

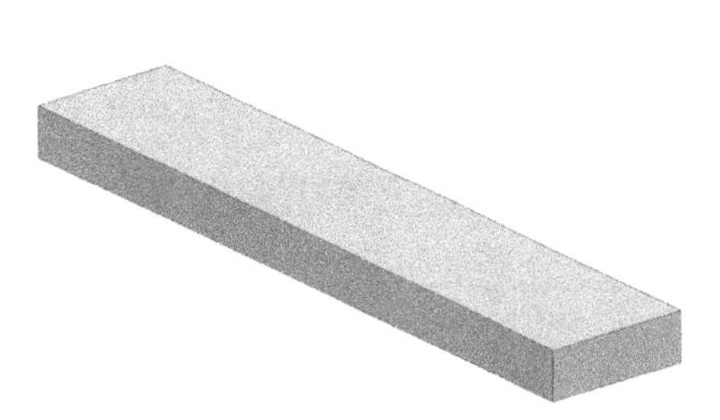

图 4-22　悬臂梁模型

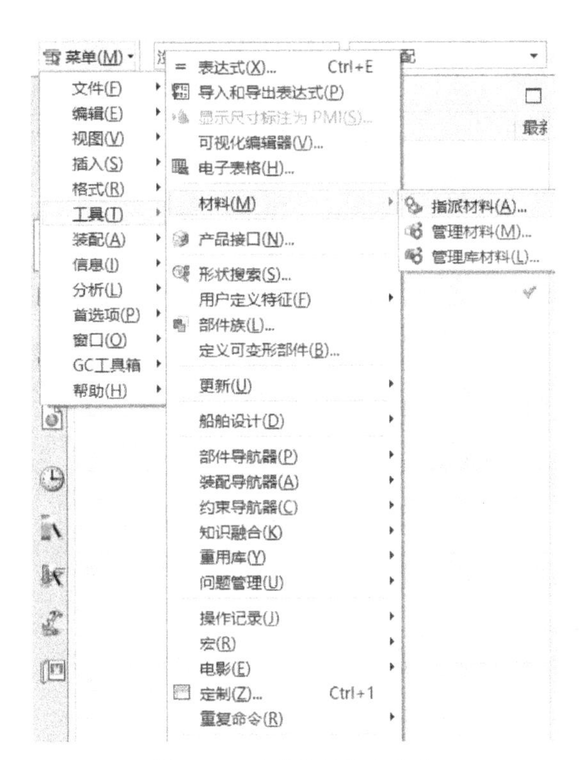

图 4-23　【指派材料】命令

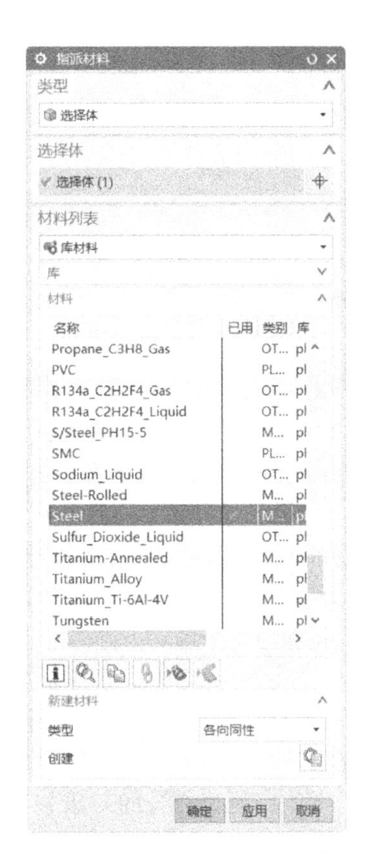

图 4-24　【指派材料】对话框

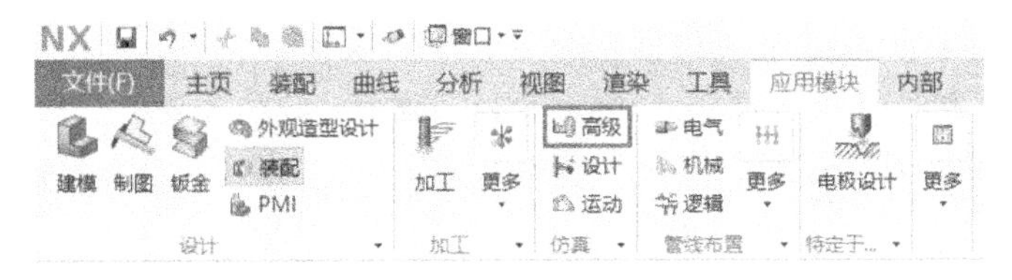

图 4-25　选择高级仿真命令

4）选择【仿真导航器】中的【xuanbiliang. prt】，单击鼠标右键，选择【新建 FEM 和仿真】命令，如图 4-26 所示，弹出【新建 FEM 和仿真】对话框，如图 4-27 所示；保持默认设置，单击【确定】，弹出【解算方案】对话框，如图 4-28 所示；同样保持默认设置，单击【确定】。

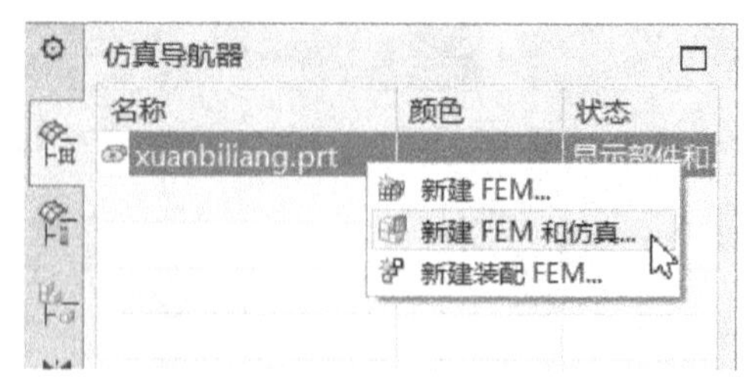

图 4-26 【新建 FEM 和仿真】命令

图 4-27 【新建 FEM 和仿真】对话框

图 4-28 【解算方案】对话框

5）双击【仿真导航器】中的【xuanbiliang_sim1. sim】，如图 4-29 所示，激活有限元模型，进入有限元模型的编辑界面。

6）单击图 4-30 所示的【激活网格划分】命令，然后单击图 4-31 所示的【3D 四面体】命令，弹出【3D 四面体网格】对话框，如图 4-32 所示。选择悬臂梁实体为【要进行网格划分的对象】，设置【单元大小】为【0. 5mm】，单击【确定】，生成图 4-33 所示的网格划分模型。

7）单击图 4-31 所示的【激活仿真】命令，或者双击【仿真导航器】中的【xuanbiliang_sim1. sim】，激活【载荷类型】、【约束类型】等命令，如图 4-30 所示。

8）单击【载荷类型】下拉菜单中的【力】命令，然后选择图 4-34 所示的边施加力，设定力的大小为

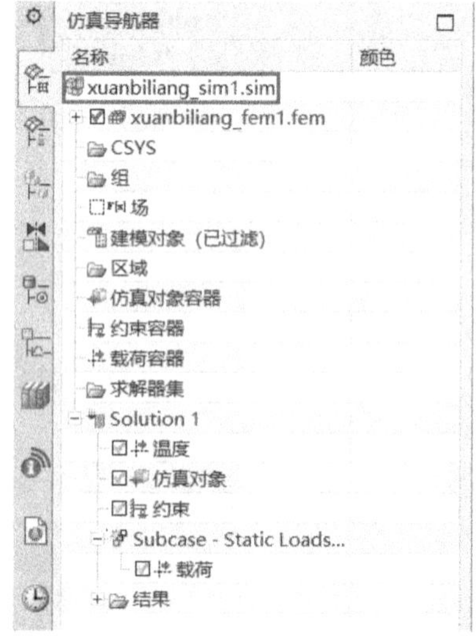

图 4-29 【仿真导航器】中的仿真文件

10N，方向为 Z 轴负向，最后单击【确定】。

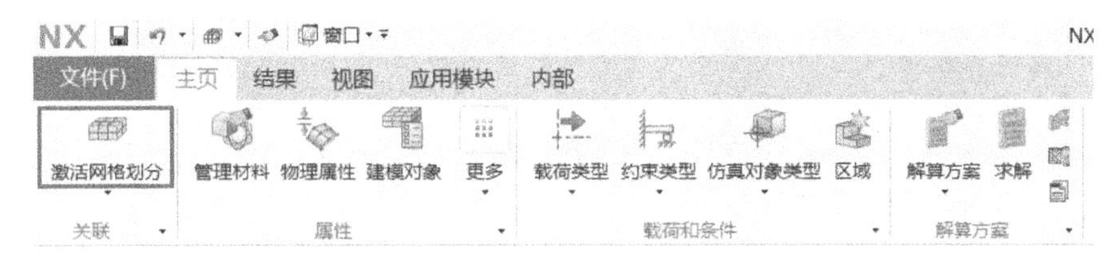

图 4-30　选择【激活网格划分】命令

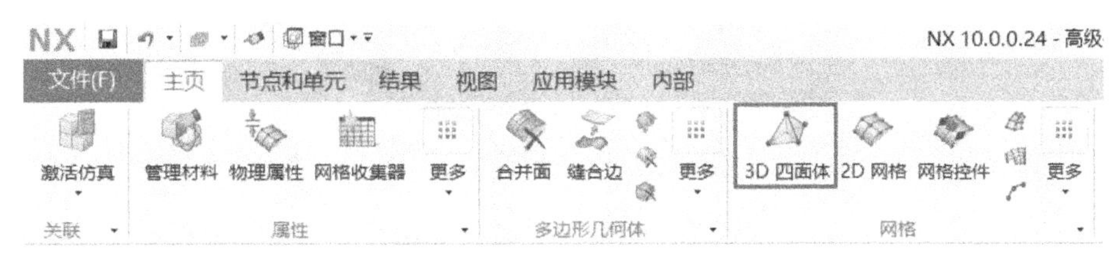

图 4-31　选择【3D 四面体】命令

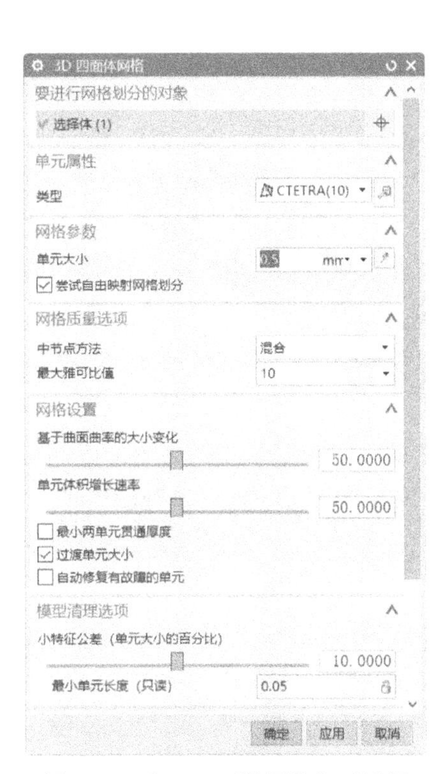

图 4-32　【3D 四面体网格】对话框

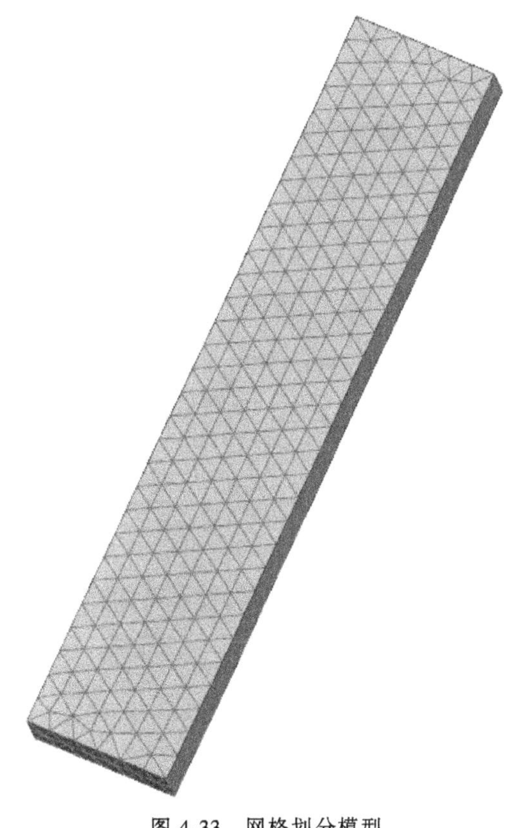

图 4-33　网格划分模型

9）单击【约束类型】下拉菜单中的【固定约束】命令，然后选择图 4-35 所示的面作为施加约束的面，再单击【确定】。

10）单击【主页】选项卡中的【求解】命令，弹出【求解】对话框，如图 4-36 所示。单击【确定】，弹出【分析作业监视器】对话框，如图 4-37 所示。单击【取消】，完成求解过程。

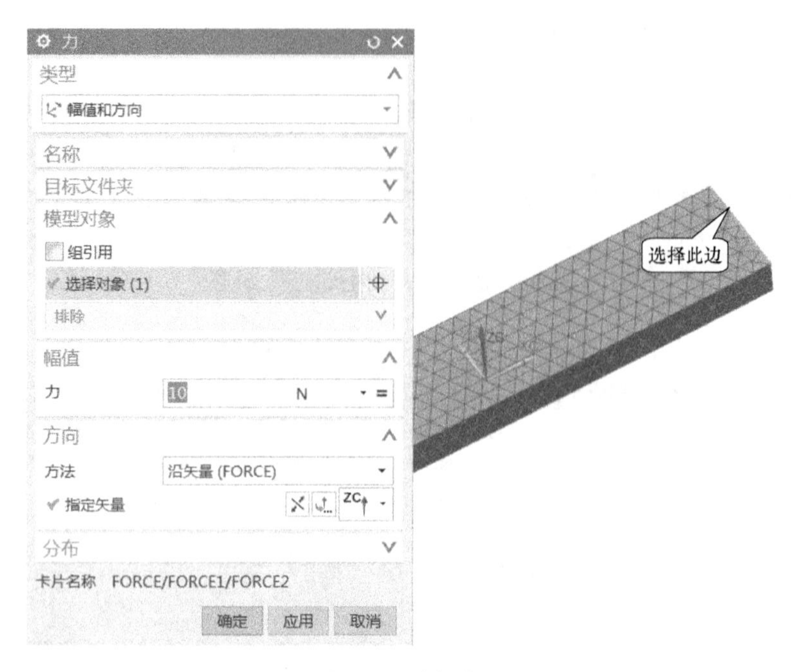

图 4-34 施加力

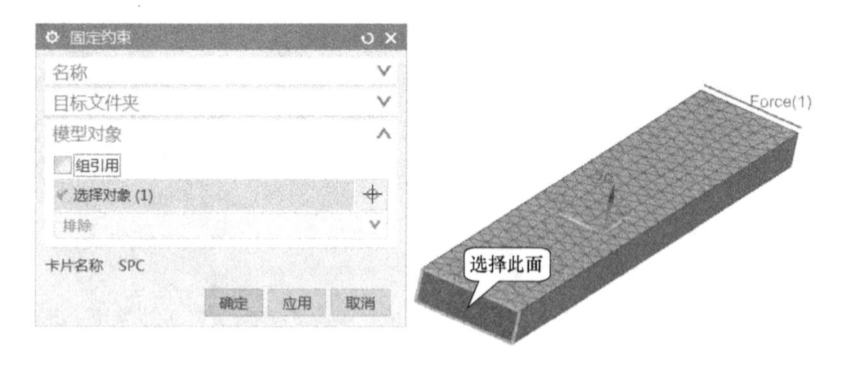

图 4-35 添加固定约束

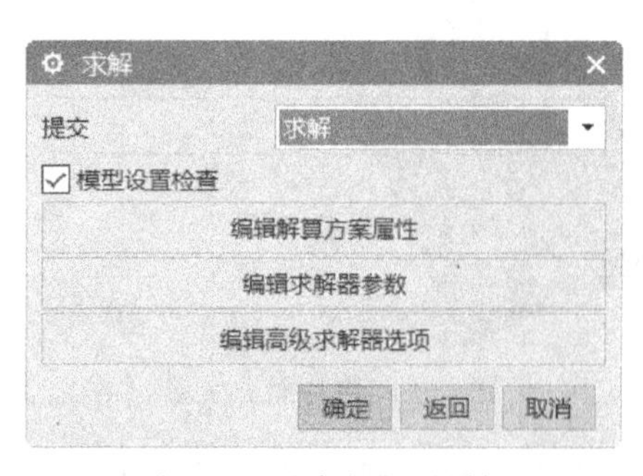

图 4-36 【求解】对话框

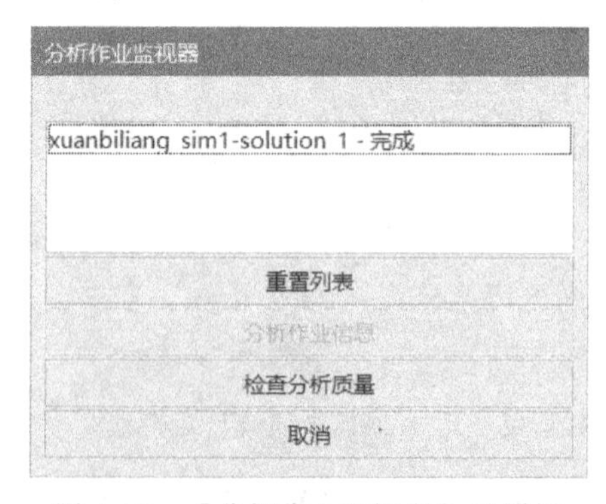

图 4-37 【分析作业监视器】对话框

提示：在步骤 8）中，为了能选中悬臂梁的边，需要将曲线规则（过滤器）设置为【多边形边】 菜单(M) 多边形边 。

4.2.3　结果分析

完成求解后，进入后处理阶段，用户可以通过生成的云图来判断应变和应力的最大值与最小值等。具体操作如下：

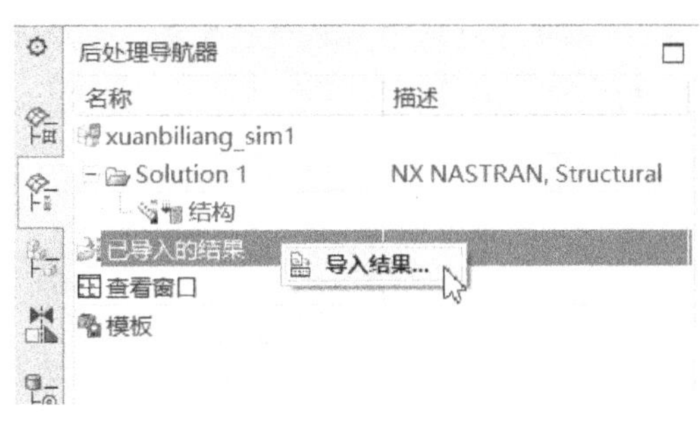

图 4-38　【导入结果】命令

1）在【后处理导航器】中选择【已导入的结果】，单击鼠标右键，选择【导入结果】命令，如图 4-38 所示，弹出【导入结果】对话框。单击“浏览”按钮，在存储目录中寻找结果文件，如图 4-39 所示，单击【确定】后即可导入求解结果。此时的【后处理导航器】窗口如图 4-40 所示。

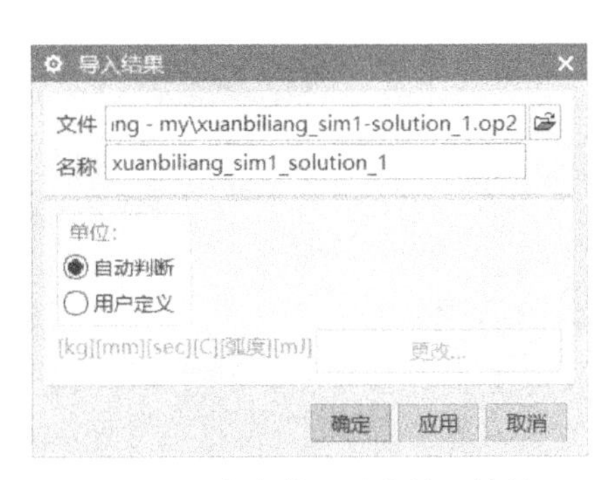

图 4-39　在存储目录中导入结果

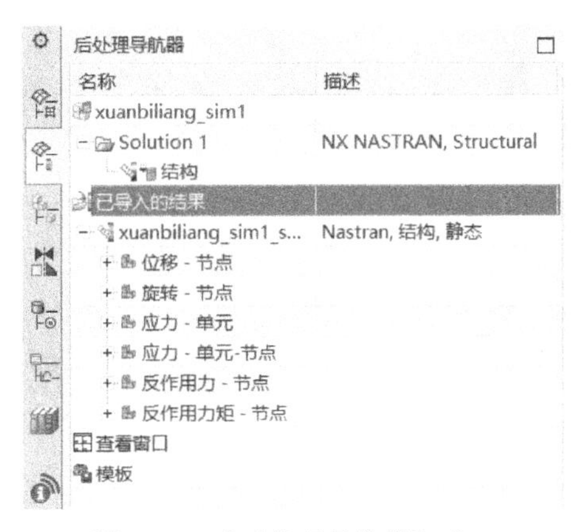

图 4-40　【后处理导航器】窗口

2）双击【后处理导航器】中的【位移-节点】，将云图显示悬臂梁模型的变形情况，如图 4-41 所示。单击【结果】选项卡中的【后处理】工具栏中的【标识结果】命令，可以根据需要显示结果的最大值和最小值。

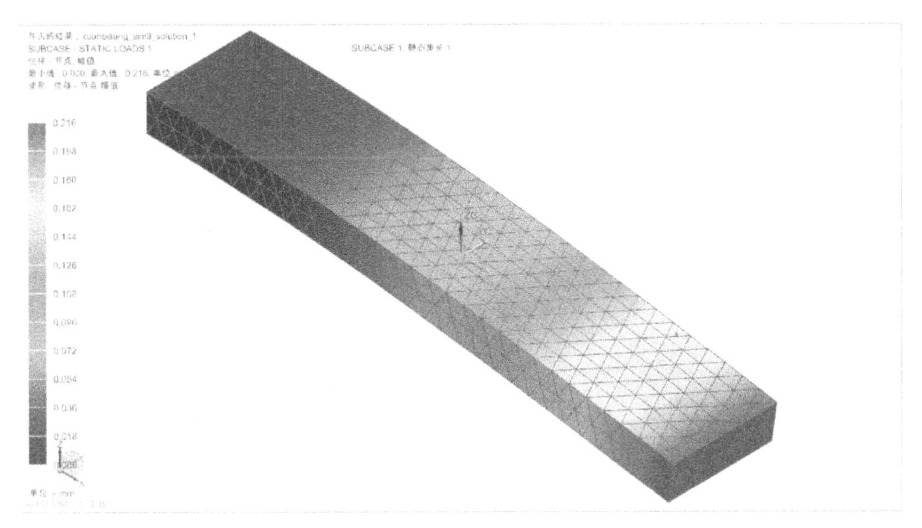

图 4-41　位移-节点云图

3）双击【后处理导航器】中的【应力-单元-节点】，将云图显示悬臂梁模型的应力情况，如图 4-42 所示。

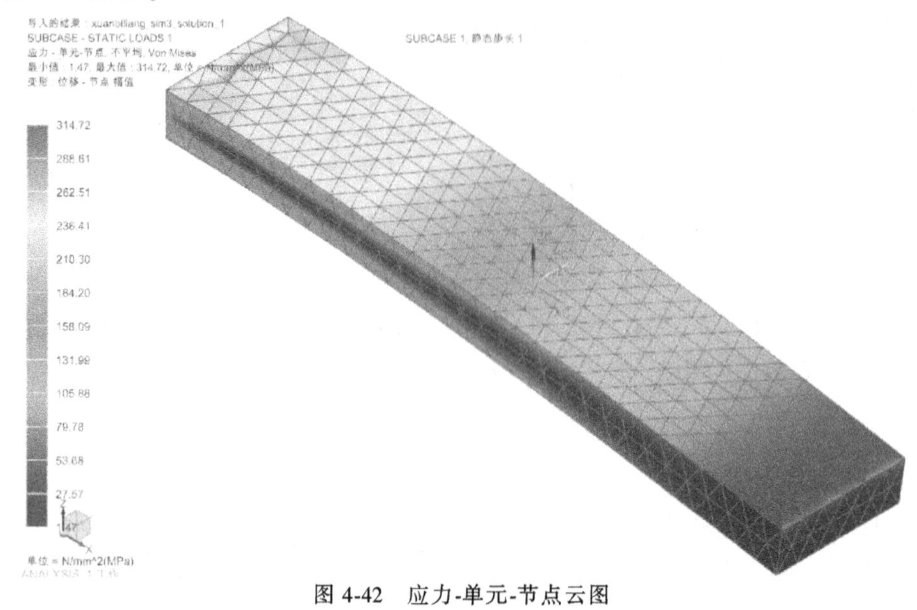

图 4-42　应力-单元-节点云图

任务 3　吊钩有限元分析

吊钩的有限元分析模型如图 4-43 所示。吊钩的受力面在中间位置的内侧面上，吊钩的固定面为端部的圆柱面。通过有限元分析工具，可分析吊钩受力后的位移和应力分布情况。

吊钩的有限元分析过程与悬臂梁的基本相同，不同之处在于，需要使用【拆分体】命令将吊钩的受力部位拆分出来。由于吊钩模型被拆分成了几个部分，因此在划分网格之前需要进行网格配对操作。吊钩有限元分析流程如图 4-44 所示。

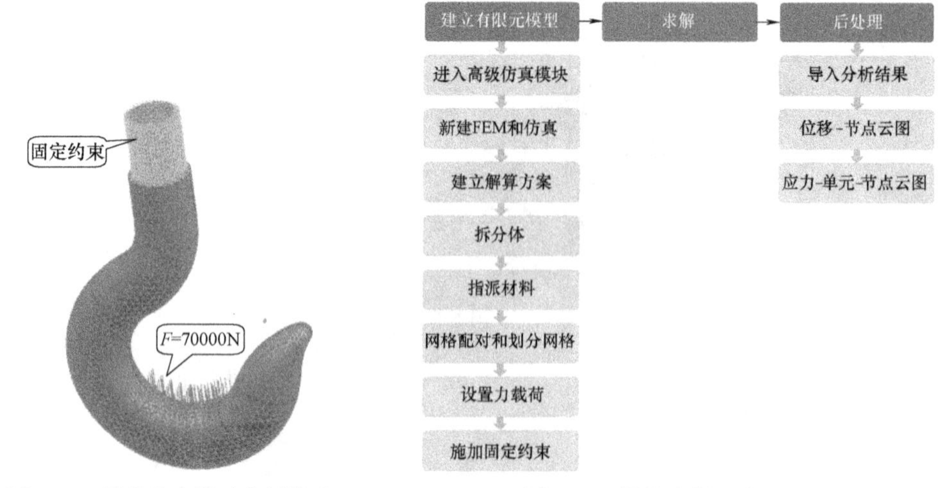

图 4-43　吊钩的有限元分析模型

图 4-44　吊钩有限元分析流程

4.3.1　操作步骤

1）启动 UG NX 10.0，打开文件“吊钩 . prt”。单击【应用模块】选项卡中【仿真】工具栏中的【高级】命令，进入高级仿真模块。

2）选择【仿真导航器】中的【吊钩 . prt】，单击鼠标右键，选择【新建 FEM 和仿真】命令，如图 4-45 所示。在弹出的【新建 FEM 和仿真】对话框中保持默认设置，单击【确定】。在弹出的【解算方案】对话框中保持默认设置，单击【确定】。

图 4-45　新建 FEM 和仿真文件

3）吊钩受力部位的面是整体，需要对其进行分割，使受力面更准确，如图 4-46 所示。

4）单击【窗口】→【吊钩_fem1_i. prt】，切换至理想模型窗口进行模型处理，如图 4-47 所示。

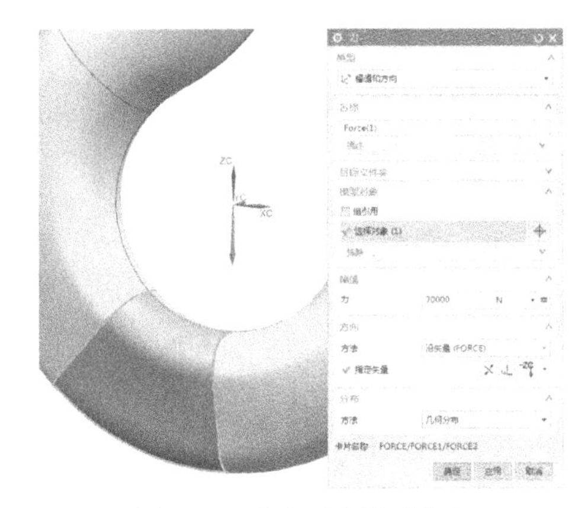

图 4-46　受力面选择不准确

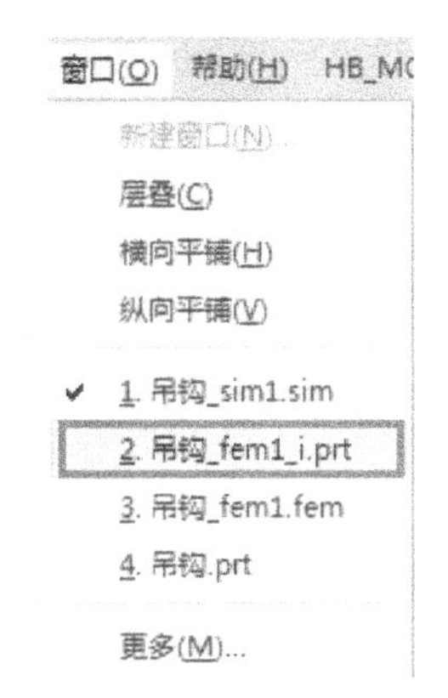

图 4-47　选择吊钩理想化部件文件

5）单击【插入】→【关联复制】→【提升】命令，弹出【提升体】对话框；选择吊钩模型后，单击【确定】，如图 4-48 所示。

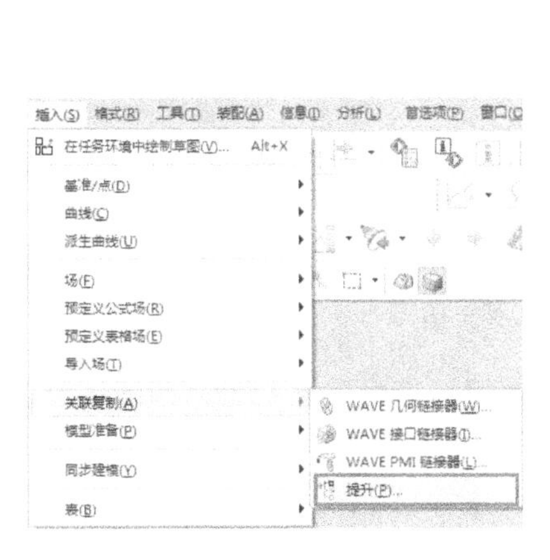

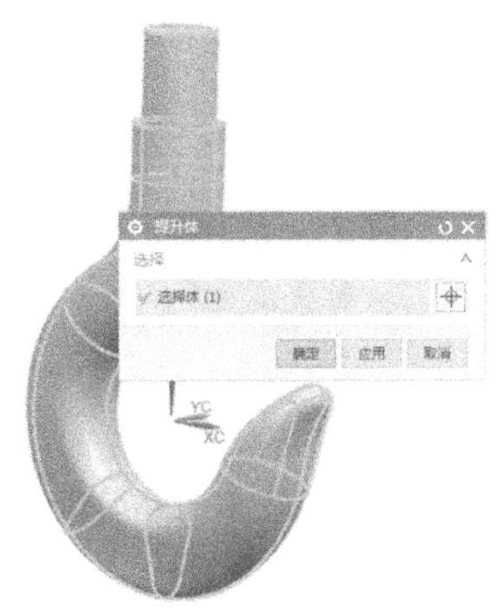

图 4-48　提升体

6）运用【等参数曲线】、【直线】等命令，创建用于拆分体的曲线和直线，如图 4-49、图 4-50 和图 4-51 所示。

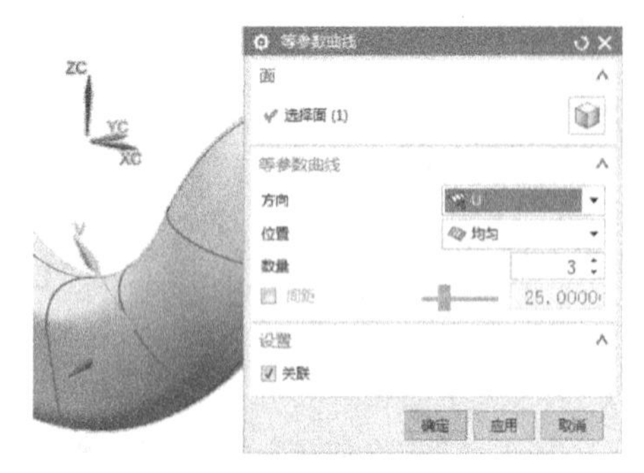

图 4-49　创建用于拆分体的 U 向曲线

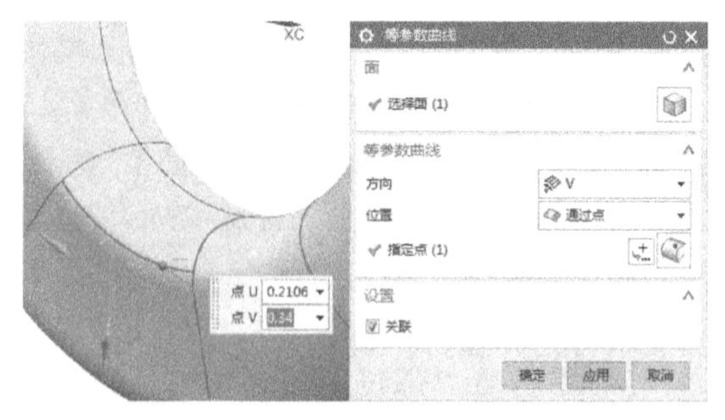

图 4-50　创建用于拆分体的 V 向曲线

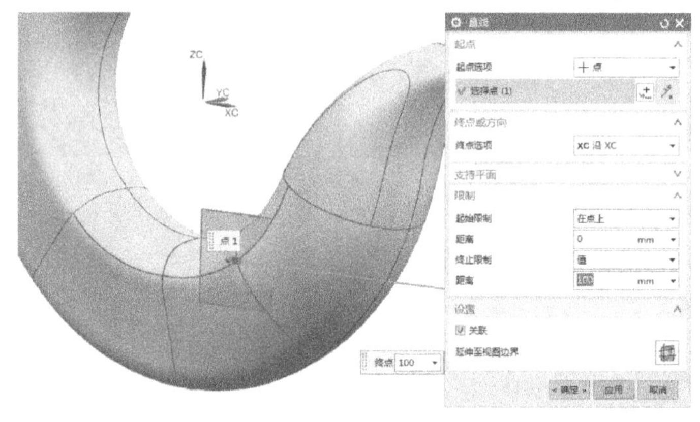

图 4-51　创建用于拆分体的直线

7）单击【插入】→【模型准备】→【修剪】→【拆分体】命令，打开【拆分体】对话框，对话框设置如图 4-52 所示。

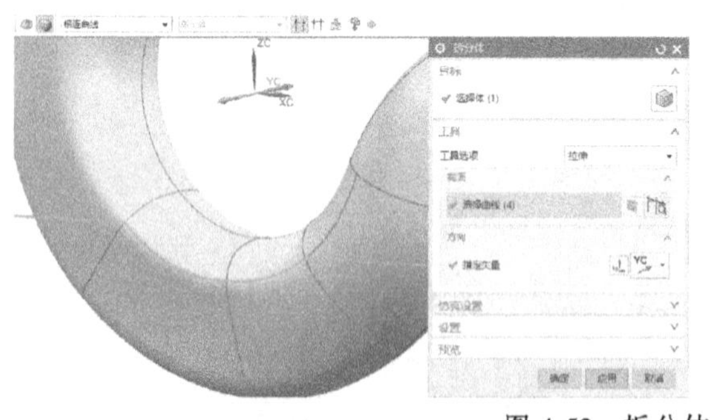

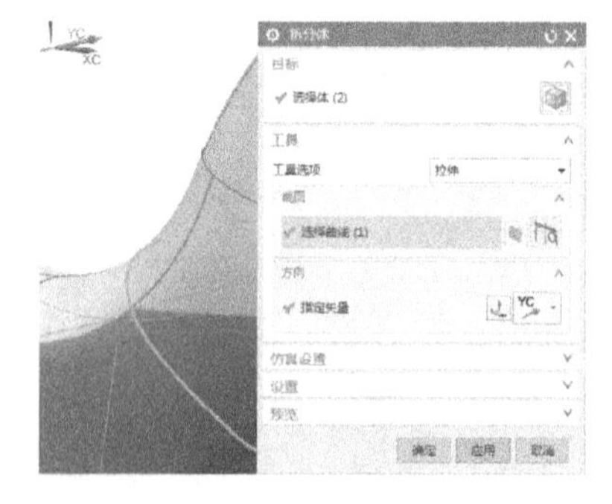

图 4-52　拆分体

8）单击【窗口】→【吊钩_fem1. fem】，切换窗口进行后续处理，如图 4-53 所示。

9）单击【工具】→【材料】→【指派材料】命令，弹出图 4-54 所示的【指派材料】对话框。首先选择吊钩整体，再设置【材料】为【Steel】，然后单击“复制选定材料”按钮，如图 4-54 所示，弹出【各向同性材料】对话框。修改材料的参数，定义吊钩的材料为 Q345，密度为 7700kg/ m^3，弹性模量为 2.1×10^5MPa，泊松比为 0.28，屈服强度为 330MPa，如图 4-55 所示。

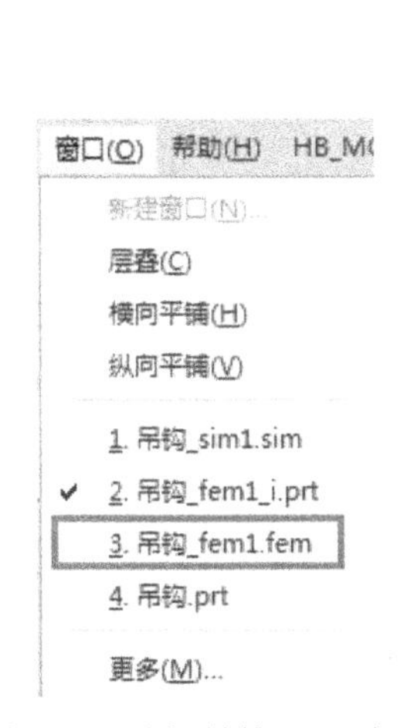

图 4-53　选择吊钩 FEM 文件

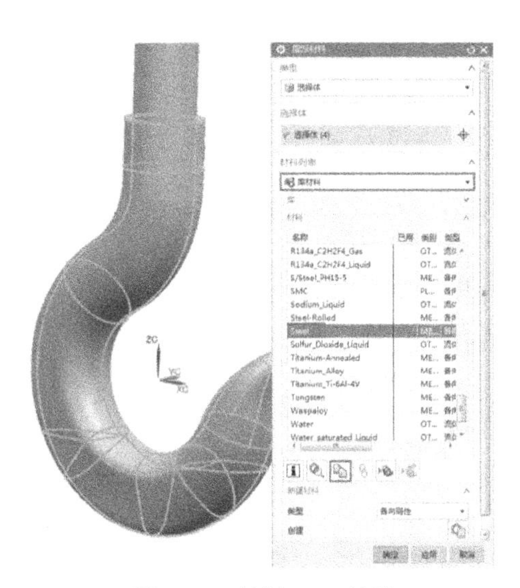

图 4-54　复制 Steel 材料

图 4-55　修改材料参数

10）选择上一步骤中创建的材料，单击【确定】，完成材料的指派，如图 4-56 所示。

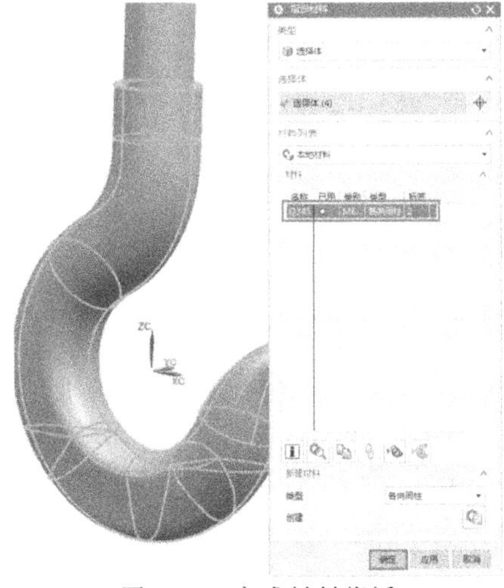

图 4-56　完成材料指派

11）单击【网格配对条件】命令（图 4-57a），进行网格配对，对话框设置如图 4-57b 所示。

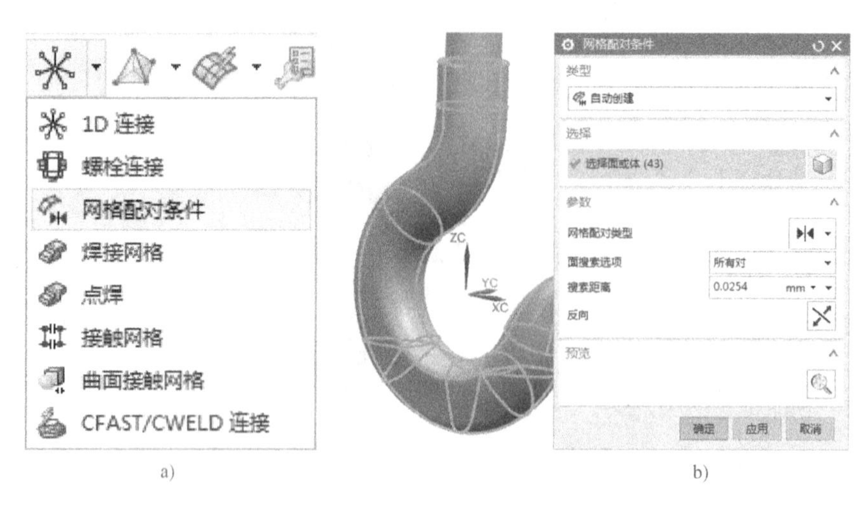

图 4-57　网格配对

12）单击【3D 四面体】命令，打开【3D 四面体网格】对话框，创建曲面网格，对话框设置如图 4-58 所示。

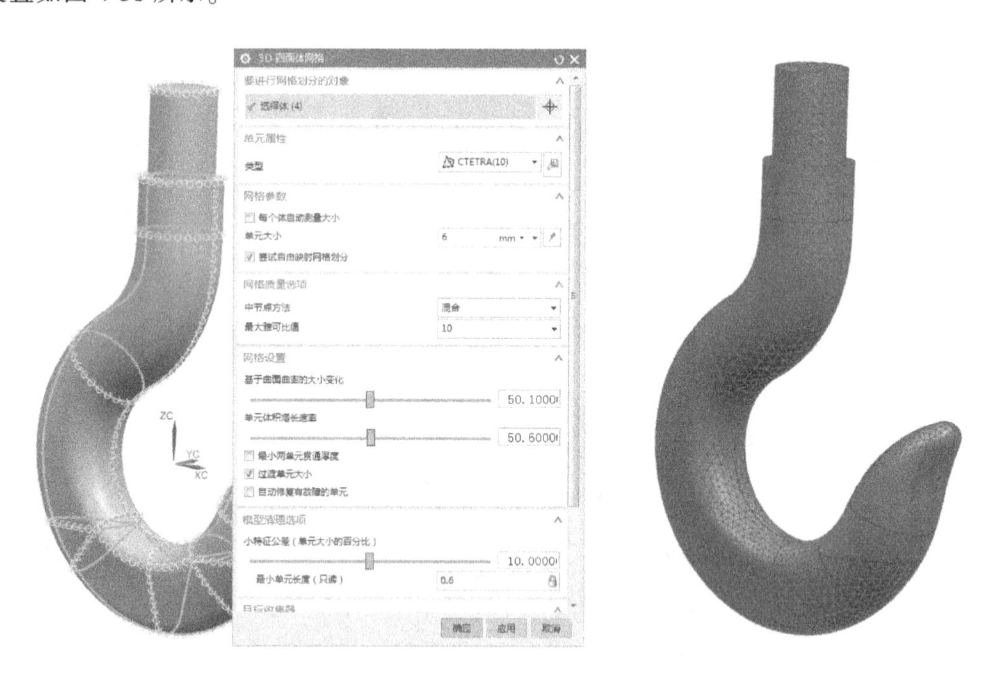

图 4-58　创建曲面网格

13）单击【窗口】→【吊钩_sim1. sim】，如图 4-59 所示，切换至仿真模型窗口。

14）在吊钩端部添加固定约束，如图 4-60 所示。

15）在吊钩钩身的弯曲部分内侧添加载荷，此处受垂直向下的力，力的大小约为 70000N，如图 4-61 所示。

16）单击【求解】命令，打开【求解】对话框，如图 4-62 所示；单击【确定】，求解过程如图 4-63 所示。分析完成后，如图 4-64 所示。

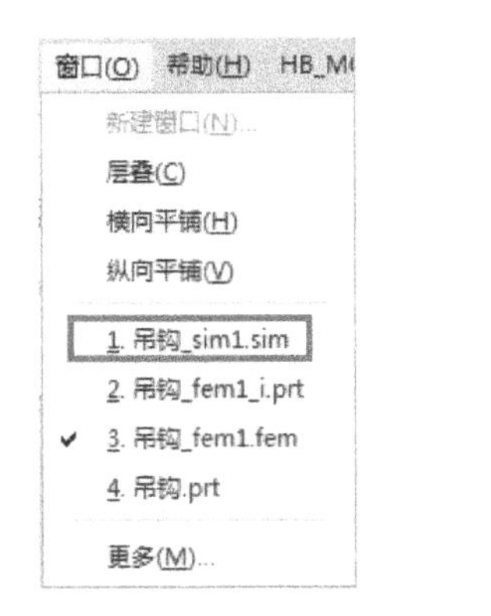

图 4-59　选择吊钩仿真文件

图 4-60　添加固定约束

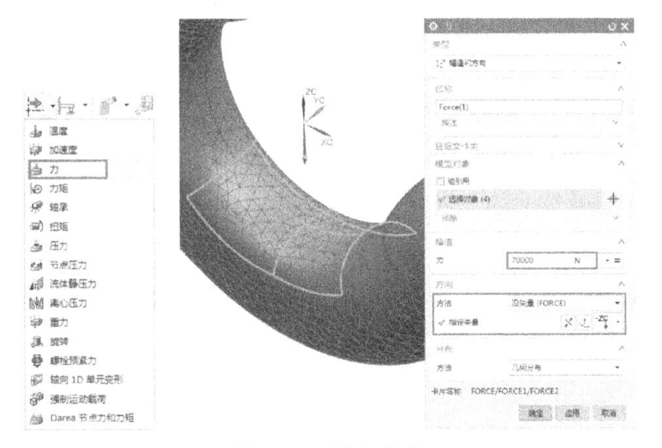

图 4-61　添加载荷

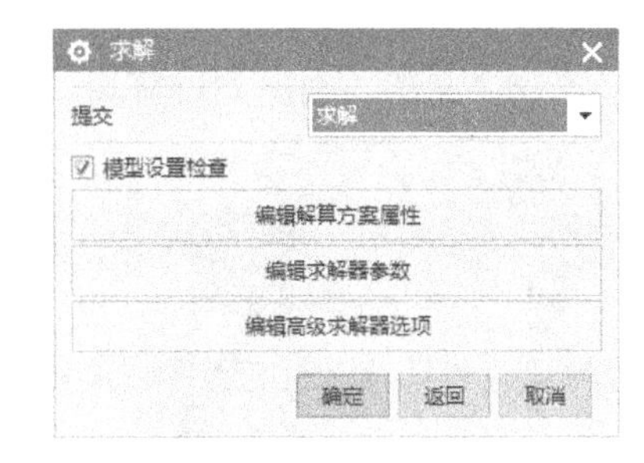

图 4-62　【求解】对话框

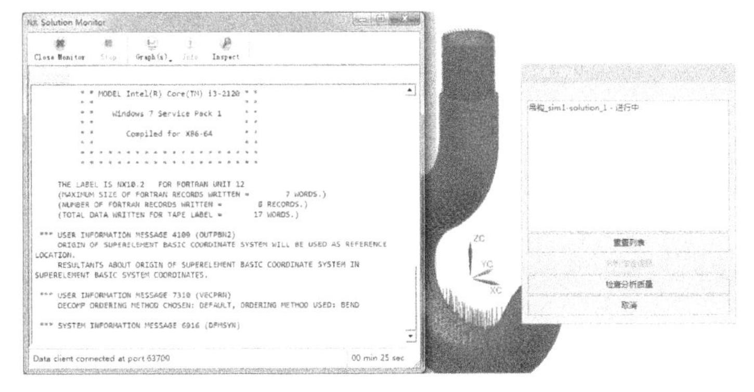

图 4-63　求解过程

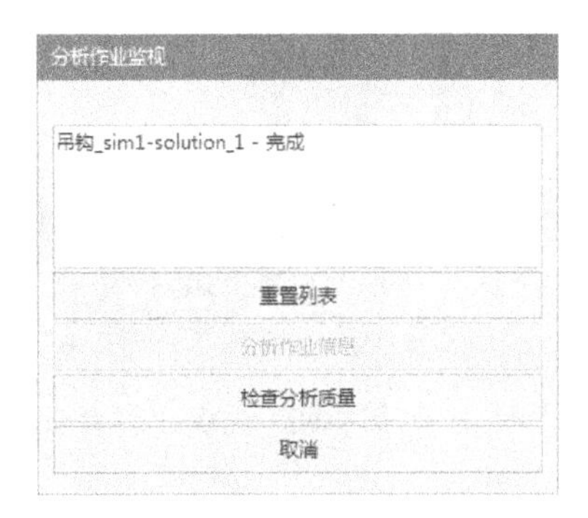

图 4-64　分析完成

4.3.2 结果分析

1）双击【后处理导航器】中的【已导入的结果】，如图 4-65a 所示，弹出【导入结果】对话框。单击“浏览”按钮，在存储目录中寻找结果文件，如图 4-65b 所示，单击【确定】后即可导入求解结果。

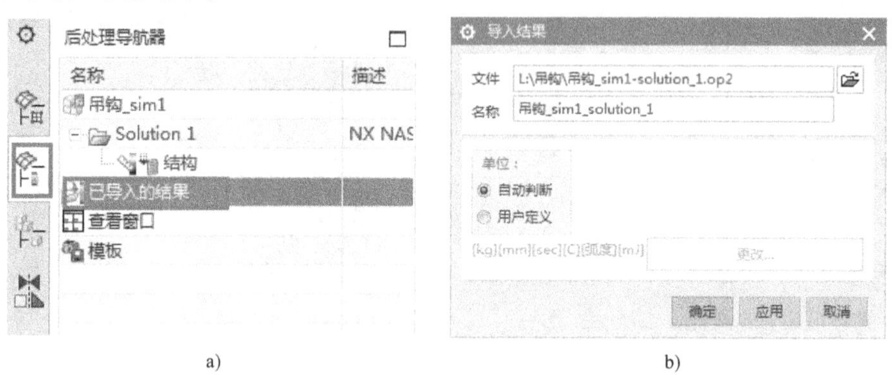

a)　　　　b)

图 4-65　导入求解结果

2）双击【后处理导航器】中的【位移-节点】，将云图显示吊钩模型的变形情况，如图 4-66 所示；双击【应力-单元】，可以查看吊钩的受力情况，如图 4-67 所示。

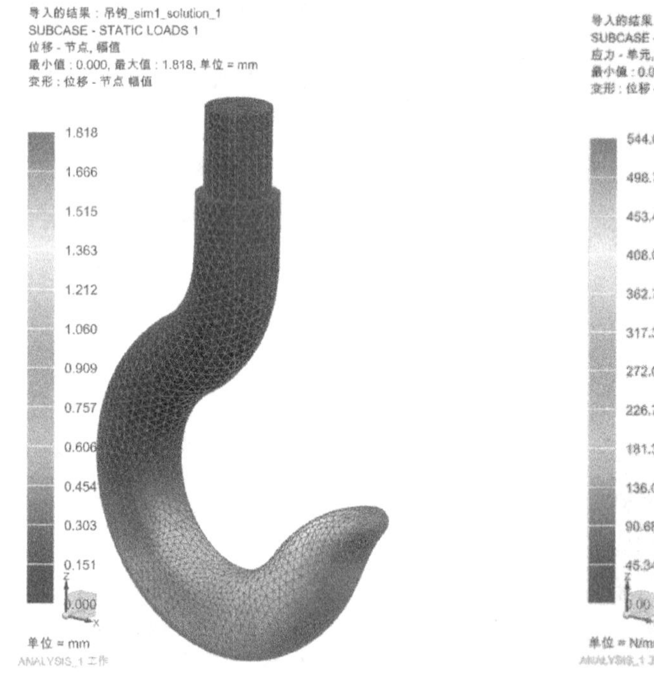

图 4-66　位移-节点云图

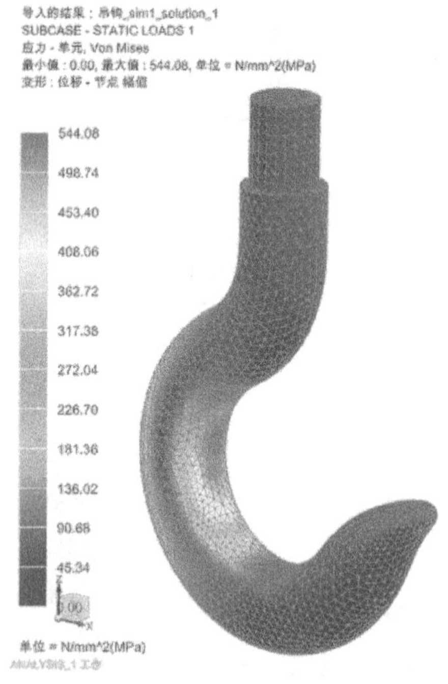

图 4-67　应力-单元云图

3）从结果分析可以看出，吊钩承重后的变形最大处为吊钩尖部，如图 4-68 所示。最大应力位于吊钩后部的内侧，如图 4-69 所示。

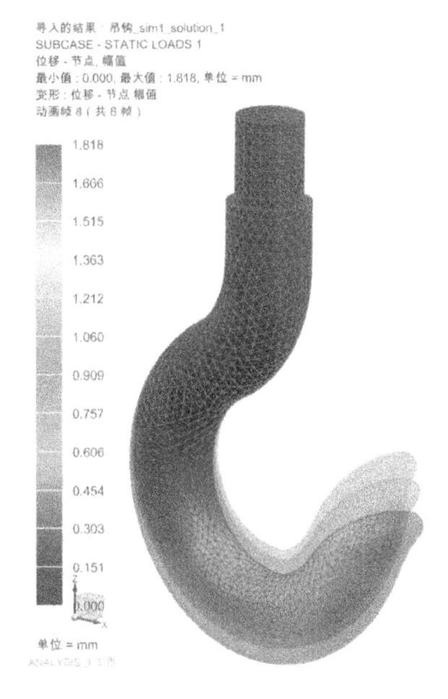

图 4-68 吊钩的位移分析结果
（该图片为变形叠加效果）

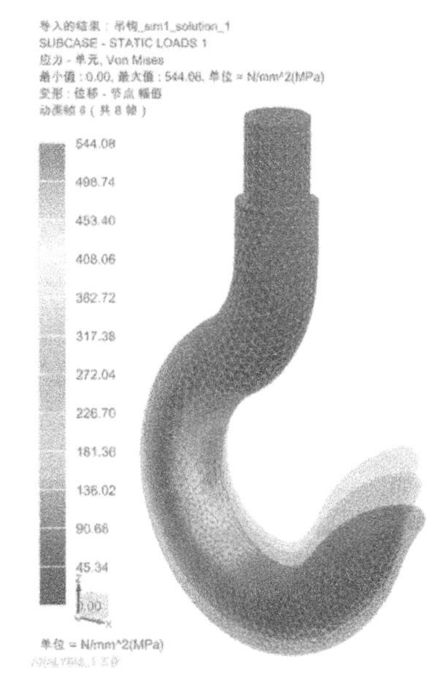

图 4-69 吊钩的应力分析结果
（该图片为变形叠加效果）

项目5　数控加工基础

任务1　数控加工设备概述

5.1.1　数控机床概述

1. 数控机床的定义

数控机床是指采用数控技术的机床，或者说是装备了数控系统的机床。国际信息联盟第五技术委员会对数控机床做了如下定义：数控机床是一种装了程序控制系统的机床。该系统能有逻辑地处理使用代码或其他符号编码及指令规定的程序。

2. 数控机床的组成

数控机床是典型的数控加工设备，一般由信息载体、伺服系统、计算机数控装置和机床四部分组成。

3. 数控机床的加工特点

数控机床是新型的自动化机床，具有广泛的通用性和很高的自动化程度。数控机床是实现柔性自动化生产最重要的环节，是发展柔性生产的基础。

适合采用数控机床加工的零件为：

1）小批量（200件以下）且多次生产的零件。

2）几何形状复杂的零件。

3）在加工中必须进行多种加工的零件。

4）切削余量大的零件。

5）必须控制公差（即公差带范围小）的零件。

6）工艺设计经常变化的零件。

7）加工过程中的错误会造成严重浪费的贵重零件。

8）需全部检测的零件等。

4. 数控机床加工的优点

（1）提高生产率　采用数控机床加工能缩短生产准备时间，增加切削加工时间的比率。同时可以采用最佳的切削参数和最佳的走刀路线，缩短加工时间，从而提高生产率。

（2）数控机床加工可以提高零件的加工精度和稳定产品质量　由于数控机床按照程序自动加工，不需要人工干预，其加工精度还可以利用软件进行校正及补偿。因此可以获得比机床本身精度还要高的加工精度和重复精度。

（3）有广泛的适应性和较大的灵活性　通过改变程序，就可加工新产品的零件，能够完成很多普通机床难以完成或根本不可能加工的复杂零件表面的加工。

（4）可以实现一机多用　一些数控机床如加工中心，可以自动换刀。一次装夹后，几乎可以完成零件的全部加工部位的加工，节约了设备和厂房占地面积。

（5）不需要专用夹具　采用普通的通用夹具就能满足数控加工的要求，节省了专用夹具的设计制造和存放的费用。

（6）节省劳动力　大大减轻了工人的劳动强度。

5. 数控机床加工的缺点

1）数控机床的初投资及设备维修等费用较高。

2）要求管理和操作人员的素质也较高。

6. 数控机床的分类及其用途

（1）按工艺用途分类

1）金属切削类数控机床。这类机床包括数控车床、数控钻床、数控铣床、数控磨床、数控镗床及加工中心。这些机床适用于单件、小批量和多品种零件的加工，具有很好的加工尺寸一致性、很高的生产率和自动化程度，还具有很高的设备柔性。

2）金属成形类数控机床。这类机床包括数控折弯机、数控组合压力机、数控弯管机、数控回转头压力机等。

3）数控特种加工机床。这类机床包括数控线（电极）切割机、数控电火花加工机床、数控火焰切割机、数控激光切割机、专用组合机床等。

（2）按运动方式分类

1）点位控制。点位控制数控机床的特点是机床的运动部件只能够实现从一个位置到另一个位置的精确运动，在运动和定位过程中不进行任何加工工序。如数控钻床、数控坐标镗床、数控焊机和数控弯管机等。

2）直线控制。直线控制数控机床的特点是机床的运动部件不仅要实现从一个位置到另一个位置的精确移动和定位，而且能实现平行于坐标轴的直线进给运动，或控制两个坐标轴实现斜线进给运动。

3）轮廓控制。轮廓控制数控机床的特点是机床的运动部件能够同时控制两个坐标轴进行联动。它不仅能控制机床运动部件的起点与终点的坐标位置，还能控制整个加工过程中每一点的速度和位移量，即控制运动轨迹，加工在平面内的直线、曲线或在空间的曲面。

（3）按控制方式分类

1）开环控制。开环控制数控机床的特征是系统中没有检测反馈装置，指令信息单方向传送，并且指令发出后，不再反馈回来。其伺服驱动部件通常为反应式步进电动机或混合式伺服步进电动机。受步进电动机的步距精度和工作频率以及传动机构的传动精度影响，开环控制系统的速度和精度都较低。但由于开环控制系统的结构简单、调试方便、容易维修、成本较低，仍被广泛应用于经济型数控机床上。典型的开环控制系统如图 5-1 所示。

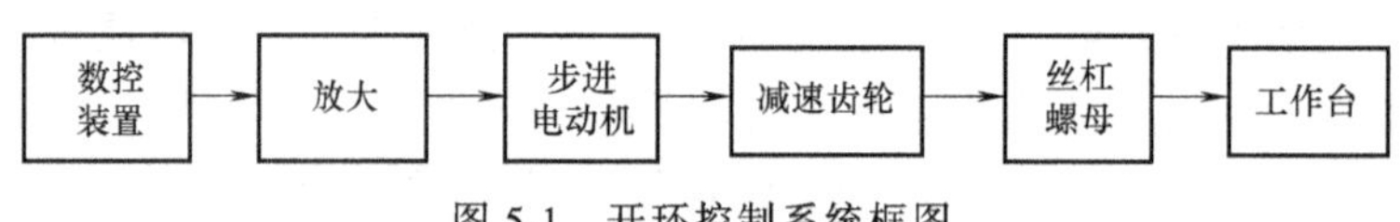

图 5-1　开环控制系统框图

2）半闭环控制。半闭环控制数控机床不直接检测工作台的位移量，而是采用转角位移检测元件测出伺服电动机或丝杠的转角，从而推算出工作台的实际位移量，再反馈到计算机中进行位置比较，用比较的差值进行控制。由于反馈环内没有包含工作台，故称为半闭环控制。半闭环控制的精度较闭环控制差，但稳定性好、成本较低、调试及维修也较容易，兼顾了开环控制和闭环控制两者的优点，因此应用比较普遍。图 5-2 所示为半闭环控制系统框图。

3）闭环控制。闭环控制数控机床利用安装在工作台上的检测元件将工作台实际位移量反馈到计算机中，与所要求的位置指令进行比较，用比较的差值进行控制，直到差值消除为止。可见，闭环控制系统可以消除机械传动部件的各种误差和工件加工过程中产生的干扰的

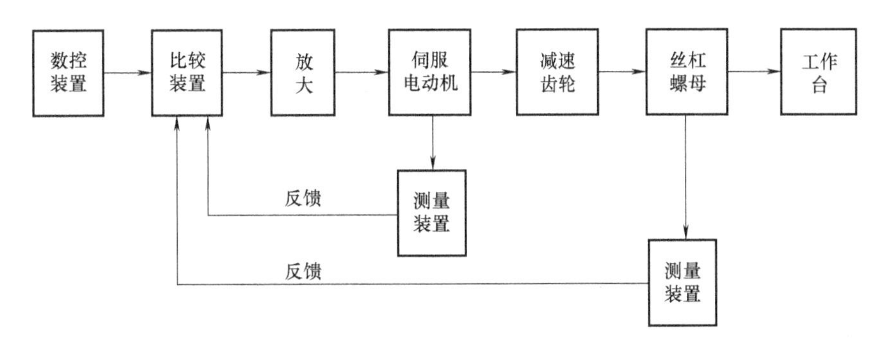

图 5-2　半闭环控制系统框图

影响，从而使加工精度大大提高。速度检测元件的作用是将伺服电动机的实际转速变换成电信号并送到速度控制电路中，进行反馈校正，保证电动机转速保持恒定不变。常用速度检测元件是测速电动机。闭环控制的特点是加工精度高、移动速度快。这类数控机床采用直流伺服电动机或交流伺服电动机作为驱动元件，电动机的控制电路比较复杂，检测元件价格昂贵，因而调试和维修比较复杂，成本高。图 5-3 所示为闭环控制系统框图。

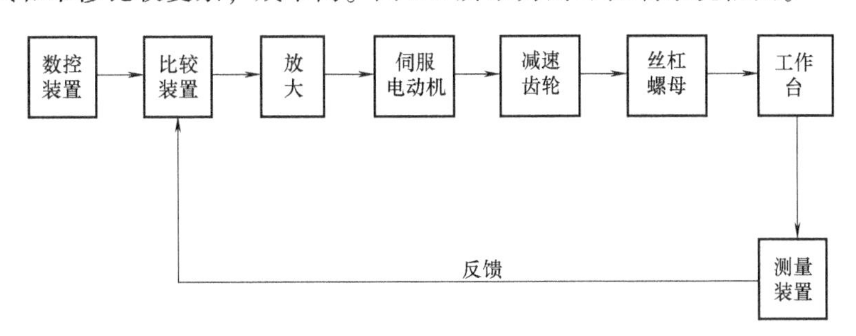

图 5-3　闭环控制系统框图

(4) 按数控机床的性能分类　分为经济型数控机床、中档数控机床和高档数控机床。

5.1.2　加工中心概述

1. 加工中心的概念

加工中心是为了适应节能、省时和省力的时代需求从而迅速发展起来的可以自动换刀的数控机床，是综合了计算机软件技术、机械技术、电动技术、现代控制理论、拖动技术、电子技术、测量及传感技术、通信诊断技术，以及刀具和编程技术的高科技产品。

加工中心的综合加工能力强，工件一次装夹后能完成较多的加工内容，加工精度较高。对于中等加工难度的批量零件，其加工效率是普通机床的 5~10 倍，特别是它能完成许多普通机床不能完成的加工，对于形状复杂、精度要求高的单件产品或在小批量多品种生产中更为适用。

随着电子技术的发展以及各种性能良好的传感器的出现和应用，使得加工中心的功能日趋完善，这些功能包括刀具寿命的监视功能、刀具磨损和损伤的监视功能、切削状态的监视功能、切削异常的监视功能、报警和自动停机功能、自动检测和自我诊断功能，以及自适应控制功能等。加工中心还能与载有随行夹具的自动托板进行连接，并能自动处理切屑，已成为柔性制造系统、计算机集成制造系统和自动化工厂的关键设备和基本单元。

2. 加工中心的发展史

加工中心最初是从数控铣床发展而来的。第一台加工中心是在 1958 年由美国的卡尼·特雷克公司首先研制成功的。它在数控卧式镗铣床的基础上增加了自动换刀装置，从而实现了工件一次装夹后即可进行铣削、钻削、镗削、铰削和攻螺纹等多种工序的集中加工。

20 世纪 70 年代以来，加工中心得到了迅速发展，出现了可换主轴箱加工中心，它备有多个可以自动更换的装有刀具的多轴主轴箱，能对工件同时进行多孔加工。

我国在“六五”期间引进技术，在“七五”期间对其进行消化吸收，使加工中心得到了大力发展。北京机床研究所于 1973 年研制出了 JCS-013 型卧式加工中心。1980 年该所引进了日本 FANUC 公司的数控系统的制造技术，并投入批量生产，为我国数控机床的进一步发展提供了先决条件，使我国的加工中心的研制出现了良好的局面。

3. 五轴联动加工中心

五轴联动加工中心有高效率、高精度的特点，工件一次装夹就可完成对五面体的加工。它配置了五轴联动的高档数控系统，可以对复杂的空间曲面进行高精度加工，能够适应越来越复杂的高档、先进模具的加工及汽车零部件、飞机结构件等精密、复杂零件的加工。五轴联动加工中心大多采用 3+2 的结构，即 *X*、*Y*、*Z* 三个直线运动轴，加上分别围绕 *X*、*Y*、*Z* 轴旋转的 *A*、*B*、*C* 三个旋转轴中的两个。这样，从大的方面分类有：*X*、*Y*、*Z*、*A*、*B*；*X*、*Y*、*Z*、*A*、*C*；*X*、*Y*、*Z*、*B*、*C* 三种形式。图 5-4 所示为六个轴的移动和旋转方向。

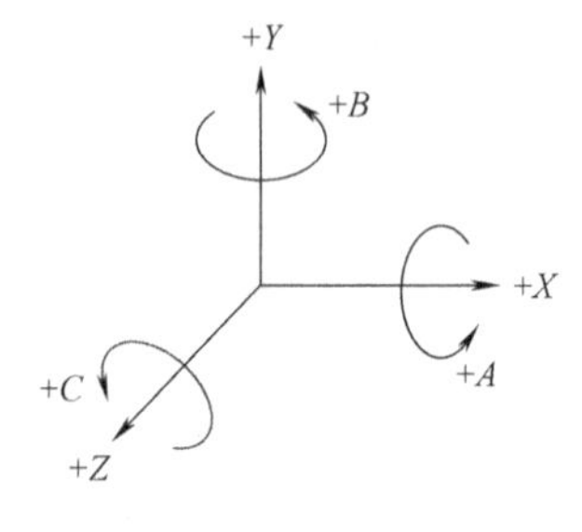

图 5-4 六个轴的移动和旋转方向

按旋转轴形式的不同，五轴联动加工中心可分为工件摆动式和主轴摆动式两种类型，如图 5-5 所示。使主轴旋转的旋转轴称为摆头，使装夹工件的工作台旋转的旋转轴称为转台。

按照旋转轴的类型，五轴机床可以分为三类：双转台五轴机床、单转台单摆头五轴机床和双摆头五轴机床。不同的结构形式会使机床在刚性、动态性能、精度和稳定性等方面产生一定差异。

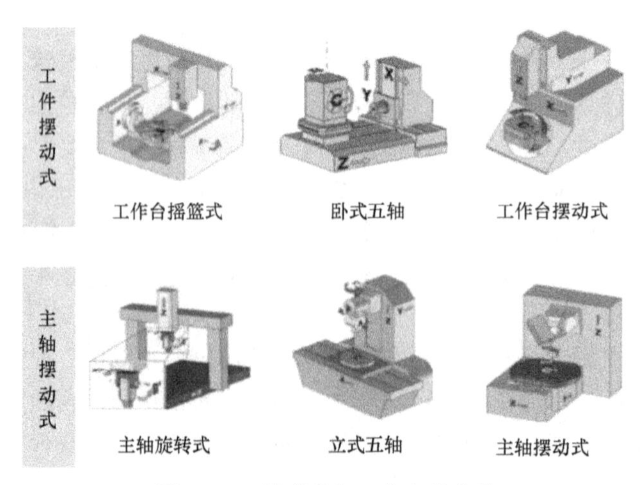

图 5-5 五轴联动加工中心的分类

（1）五轴联动加工中心的分类

1）双转台结构的五轴联动机床。它在加工工件时工件工作台需要在两个旋转方向运动，所以只适合加工小型零件，如小型整体涡轮、叶轮、小型精密模具等。由于结构最为简单，所以相对价格较为低廉，是数量最多的一类五轴联动数控机床。图 5-6 所示为典型的双转台结构的五轴联动机床，在 A 轴转台上，又叠加了一个 B 轴转台。

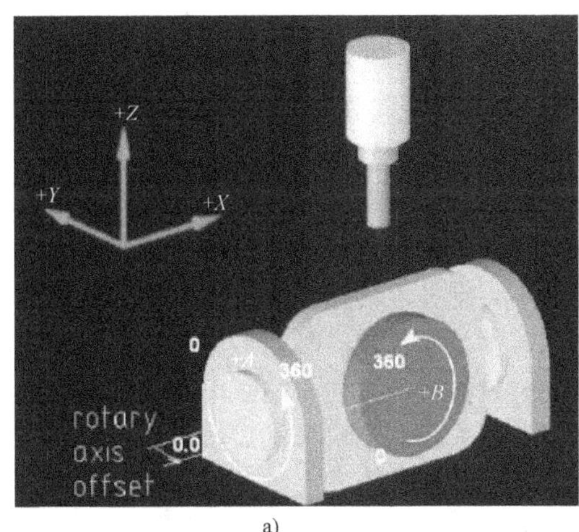

a)

b)

图 5-6　双转台结构的五轴联动机床

2）单转台单摆头结构的五轴联动机床。由于转台可以是 A 轴、B 轴或 C 轴，摆头也可以是 A 轴、B 轴或 C 轴，所以转台加摆头结构的五轴联动机床可以有各种不同的组合，能够适应不同的加工对象，如加工汽轮机的叶片时，需要 A 轴转台加上 B 轴摆头，其中 A 轴转台需要用尾架顶尖配合顶住工件，如果工件较长且直径较细，则需要两头夹住并且拉伸工件进行加工，当然这里一个必要条件是两个 A 轴转台必须严格同步旋转。加工图 5-7b 所示零件，需采用 C 轴转台加上 B 轴摆头结构的五轴联动机床，由于工件仅在 C 轴转台上旋转运动，所以工件可以很小，也可以较大，直径范围可由几十毫米至数千毫米，C 轴转台的直径

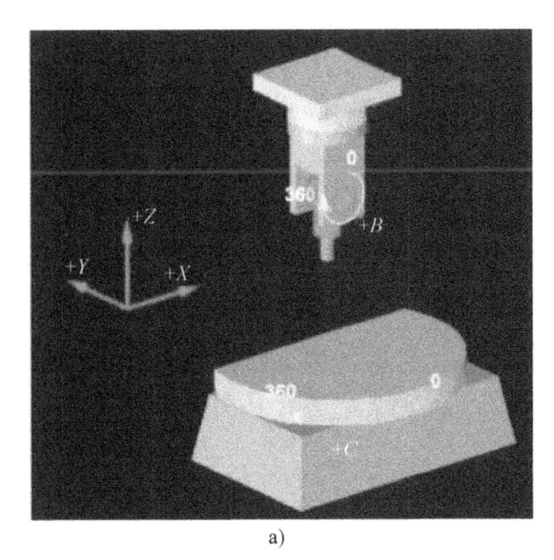

a)

b)

图 5-7　C 轴转台+B 轴摆头结构的五轴联动数控机床

也可以是 100~200mm 或 2~3m，机床的规格、质量可从几吨至十几吨甚至数十吨。这也是一类应用十分广泛的五轴联动数控机床，其价格居中，随机床规格大小、精度和性能的不同相差很大。

3）双摆头结构的五轴联动机床。其摆头中间一般有一个带有松拉刀结构的电主轴，所以双摆头自身的尺寸宜太小，一般为 400~500 mm，由于双摆头活动范围的需要，双摆头结构的五轴联动机床的加工范围不宜太小，而是越大越好。双摆头结构的五轴联动机床一般为定梁龙门式或动梁龙门式，龙门的宽度为 2000~3000 mm。早期的双摆头一般采用可调间隙的蜗杆结构或者可消除间隙的齿轮结构。机床的性能（刚性和精度）往往由双摆头传动链的刚性决定，即传动齿轮的间隙一定是负值，传动齿轮在一定弹性变形状态下工作，其变形量的大小取决于该传动环节的预加载荷。图 5-8 所示为双摆头结构的五轴联动机床，采用齿轮传动和鼠牙盘定位结构，刚性远好于一般的双摆头结构，特别适合五面体的高效加工。比较新的五轴联动机床旋转轴的结构一般采用应用零传动技术的扭矩电动机，如瑞士的米克朗和德国的德马吉公司生产的五轴联动加工中。零传动技术在旋转轴中的应用，也许是解决其传动链刚性和精度问题的最理想的技术路线，随着该技术的发展，扭矩电动机的制造成本将大大下降，其市场价格也随之下降，这一进程将促使五轴联动机床的制造技术前进一大步。

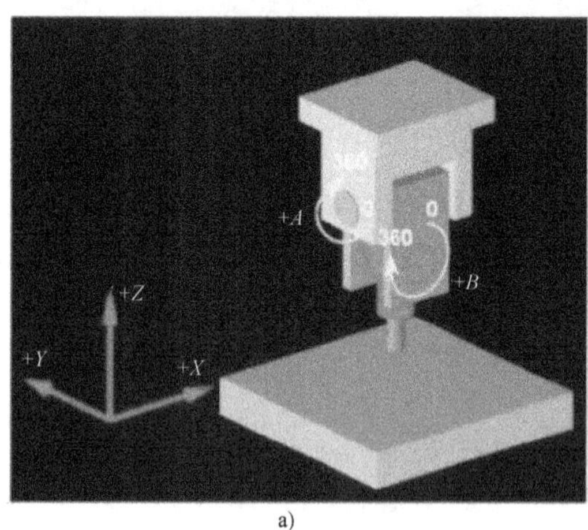

a)

b)

图 5-8　双摆头结构的五轴联动机床

（2）加工对象　五轴联动加工中心适合加工形状复杂、工序多、精度要求高的零件，或者需要多种类型的普通机床和众多刀具、夹具经多次装夹和调整才能完成加工的零件。其加工对象主要有箱体类零件、复杂曲面、异形件、盘套类零件和特殊加工。

1）箱体类零件。箱体类零件一般都需要进行多工位的孔系及平面加工，公差要求较高，特别是形位公差要求较为严格，通常需要经过铣、钻、扩、镗、铰、攻螺纹等工序，需要的刀具较多，在普通机床上加工难度大，需多次装夹、找正，加工精度难以保证。加工箱体类零件时需要多次旋转工作台以加工水平方向的四个面，因此适合采用卧式加工中心。图 5-9 所示为箱体类零件。

2）复杂曲面。复杂曲面在机械制造业，特别是航空航天工业中占有重要的地位。复杂曲面采用普通机加工方法是难以甚至无法完成的。复杂曲面零件有：各种叶轮、球面、各种曲面成形模具、螺旋桨、水下航行器的推进器以及一些其他形状的自由曲面。加工这类零件

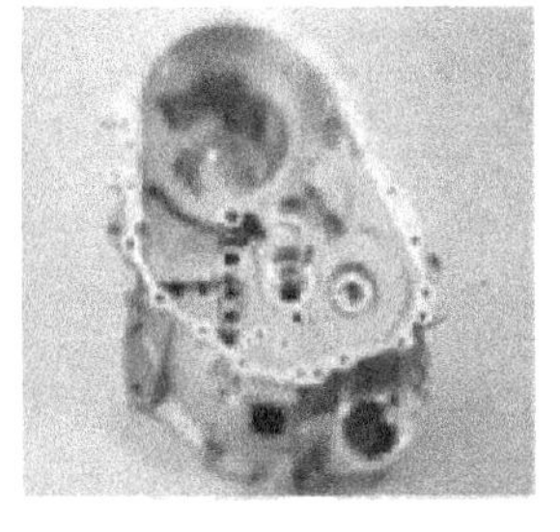
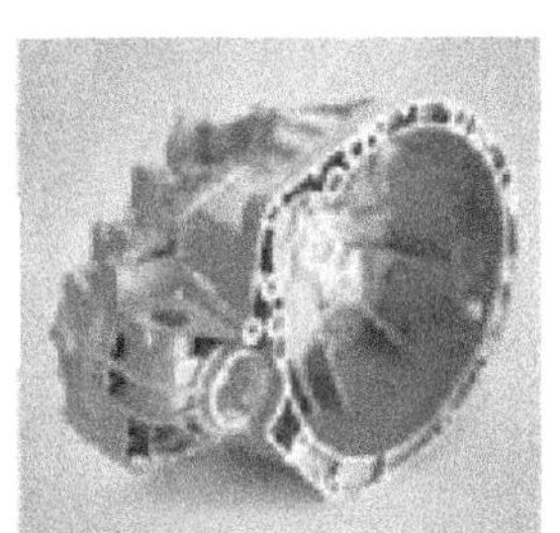

a) 汽车发动机缸盖　　b) 离合器泵体　　c) 变速箱壳体

图 5-9　箱体类零件

用五轴加工中心最为合适。复杂曲面用加工中心加工时，编程工作量较大，大多数要应用自动编程技术。

3）异形件。异形件是外形不规则的零件，大都需要点、线、面多工位混合加工。异形件的刚性一般较差，夹压变形难以控制，加工精度也难以保证，甚至某些零件用普通机床难以完成加工。用加工中心加工异形件时，应采用合理的工艺措施，进行一次或两次装夹，利用加工中心可以进行点、线、面多工位混合加工的特点完成多道工序或全部的工序内容。图 5-10 所示为异形件。

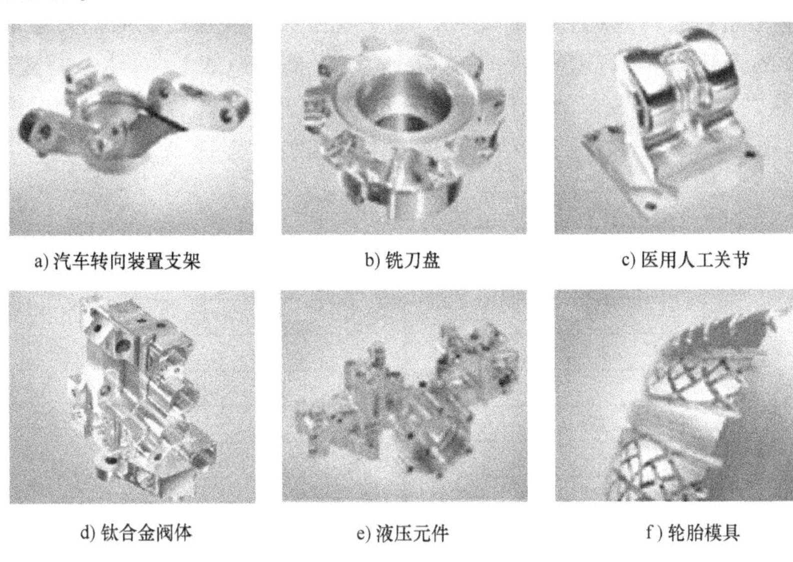

a) 汽车转向装置支架　　b) 铣刀盘　　c) 医用人工关节

d) 钛合金阀体　　e) 液压元件　　f) 轮胎模具

图 5-10　异形件

4）盘套类零件。即带有键槽、径向孔、端面有分布的孔系或曲面的盘套类或轴类零件，如带法兰的轴套，带键槽或方头的轴类零件等，还有具有较多孔的板类零件，如各种电机盖等。端面有分布孔系、曲面的盘类零件宜选择立式加工中心，有径向孔的盘类零件可选卧式加工中心。图 5-11 所示为盘套类零件。

5）特殊加工。在熟练掌握了加工中心的功能之后，配合一定的工装和专用工具，利用加工中心可完成一些特殊工艺的加工，如在金属表面上刻字、刻线、刻图案；在加工中心的主轴上装上高频电火花电源，可对金属表面进行线扫描表面淬火；加工中心装上高速磨头后，可实现小模数渐开线圆锥齿轮磨削及各种曲线、曲面的磨削等。

a) 叶盘　　b) 高压压气轮壳　　c) 压气盘

图 5-11　盘套类零件

任务 2　CAM 自动编程基础

5.2.1　CAM 软件编程的实现过程

CAM 就是应用软件来创建数控加工程序，因而通俗地称为自动编程，其最终输出的为数控加工程序。

CAM 的应用是顺应现代制造业的发展，适应数控加工技术的发展而产生和发展的。目前市场上流行的 CAM 软件有 Cimatron、PowerMILL、MasterCAM、CAXA 制造工程师和 UG NX 等。这些软件均具备了较好的交互式图形编程功能，操作过程有些类似，编程能力差别不大。不管采用哪种 CAM 软件，自动编程的基本过程如图 5-12 所示。

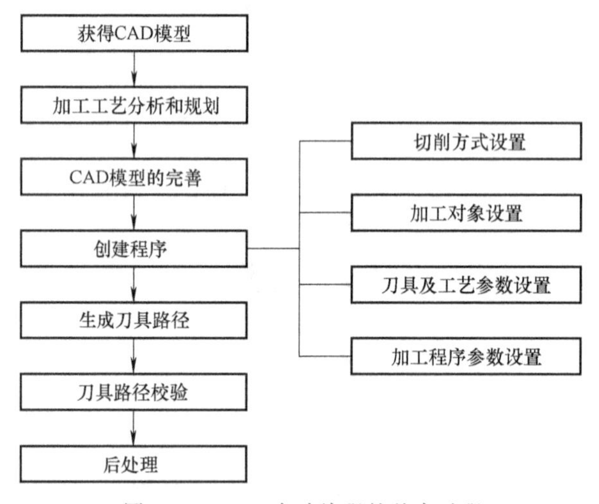

图 5-12　CAM 自动编程的基本过程

1. 获得 CAD 模型

CAD 模型是自动编程的前提和基础，任何 CAM 的程序编制必须以 CAD 模型为加工对象。获得 CAD 模型的方法通常有以下三种：

1）打开 CAD 文件。对于使用 UG NX 建模创建的文件，或者已经用于编程的文件，重新打开该文件，即可获得所需的 CAD 模型。

2）直接建模。UG NX 本身就是一个功能非常强大的 CAD/CAE/CAM 一体化软件，具有很强的建模功能，可以进行曲面和实体的建模。对于一些不是很复杂的工件，可以在编程前直接建模。

3）数据转换。对于使用其他 CAD 软件创建的模型文件，首先要将其转换成 UG NX 专用的文件格式（.PRT）。通过 UG NX 的数据转换功能，可以读取其他 CAD 软件所创建的模型。UG NX 提供了常用 CAD 软件的数据接口，并且具有标准转换接口，可以转换的文件格式有 IGES、STEP 等。

2. 加工工艺分析和规划

加工工艺分析和规划的主要内容包括：

1）加工对象的确定。通过对模型的分析，确定零件的哪些部位需要在数控铣床或者数控加工中心上加工。

2）安装位置与装夹方式的确定。分析并确定零件在机床上的安装方向、确定定位基准，并且选择合适的夹具、确定加工坐标系及原点位置。

3）加工区域规划。加工区域规划是指通过对加工对象进行分析，按其形状特征、功能特征及精度和粗糙度的要求将加工对象分成数个加工区域。对加工区域进行合理规划可以提高加工效率和加工质量。

4）加工工艺路线规划。加工工艺路线规划是指从粗加工到精加工，再到清根加工的流程及加工余量的分配。

5）加工工艺和加工方式的确定。加工工艺和加工方式的确定包括刀具选择、加工工艺参数和切削方式（刀轨形式）选择等。

3. CAD 模型的完善

即对 CAD 模型做适合于 CAM 程序编制的处理。由于建模时更多考虑零件设计的方便性和完整性，并不顾及对 CAM 编程的影响，所以要根据加工对象的确定及加工区域的规划对模型进行一些完善。通常包括以下内容：

1）加工坐标系的确定。根据零件图样及加工工艺建立编程坐标系，将工件装夹到机床中，保持编程坐标系中各坐标轴的方向与机床坐标系中相应的坐标轴方向一致，从而完成加工坐标系的建立。

2）隐藏部分对加工不产生影响的曲面，按曲面的形状进行分色或分层。这样处理可使模型看上去更为直观清楚，并且在选择加工对象时，可以通过过滤方式快速选择所需对象。

3）修补部分曲面。对于由不加工部位的存在造成的曲面空缺，应该将其补充完整。如钻孔的曲面存在狭小的凹槽部位，应该将这些曲面重新补充完整，这样获得的刀具路径规范且安全。

4）增加安全曲面，如对边缘曲面进行适当的延长。

5）对轮廓曲线进行修整。由数据转换获取的模型可能存在看似光滑其实存在断点的曲线，看似一体的曲面在连接处不能相交。通过修整或者创建轮廓线构造出最佳的加工边界曲线。

6）构建刀具路径限制边界。对于规划的加工区域，需要使用边界来限制加工范围时，需要先构建出边界曲线。

7）创建夹具。对于可能会在加工过程中产生干涉的夹具，应创建准确的夹具，以确保加工过程安全。

4. 创建程序

创建程序可以视为是对工艺分析和规划的具体实施，它是利用 CAD/CAM 软件进行数控加工编程的主要操作内容，直接影响数控加工程序的生成质量。在创建程序的过程中需要进行各种参数设置，其中包括：

1）切削方式设置。切削方式设置用于指定刀轨的类型及相关参数。

2）加工对象设置。加工对象设置是指用户通过交互手段选择被加工的几何体或其中的加工分区、毛坯、避让区域等。

3）刀具及工艺参数设置。刀具及工艺参数设置是针对每一个加工工序选择适合的加工刀具并在 CAM 软件中设置相应的工艺参数，包括主轴转速、切削进给量、切削液控制等。

4）加工程序参数设置。加工程序参数设置包括进、退刀位置及方式，切削用量，行间距，加工余量和安全高度等。这是 CAM 软件参数设置中最主要的一部分内容。

5. 生成刀具路径

在完成参数设置后，即可将设置结果提交 CAM 系统进行刀轨的计算。这一过程是由 CAM 软件自动完成的。

6. 刀具路径校验

为确保程序的安全性，必须对生成的刀轨进行检查和校验，检查有无明显过切或加工不到位，同时检查是否会发生刀具与工件及夹具的干涉。校验的方式有：

1）直接查看。通过视角的转换以及对模型的旋转、放大和平移，直接查看生成的刀具路径，观察其切削范围有无越界，或有无明显异常的刀具轨迹。

2）手工检查。对刀具轨迹进行逐步观察。

3）实体模拟切削。进行仿真加工，直接在计算机屏幕上观察加工效果，可以直观地检查是否产生过切或者干涉。

4）机床仿真。采用与实际加工完全一致的机床结构，模拟机床动作，这个加工过程与实际机床加工十分类似。

对于检查过程中发现问题的程序，应调整参数设置并重新进行计算，再做校验。

7. 后处理

后处理实际上是一个编辑处理文本的过程，其作用是将计算出的刀轨以规定的标准格式转化为数控加工代码并输出保存。

在后处理生成数控加工程序之后，还需要检查程序文件，特别对程序开头和结尾部分的语句进行检查，如有必要可以修改。这个文件可以通过传输软件传输到数控机床的控制器中，由控制器按程序语句驱动机床加工。

在上述过程中，编程人员的工作主要集中在加工工艺分析和规划、创建程序这两个阶段，其中加工工艺分析和规划决定了刀轨的质量；创建程序则是软件操作的主要内容。

5.2.2 数控加工工艺分析和规划

数控加工工艺分析和规划的主要内容包括加工对象及加工区域的规划、加工工艺路线的规划、加工工艺和加工方式的规划三个方面。

1. 加工对象及加工区域的规划

加工对象及加工区域的规划是将加工对象分成不同的加工区域，以便于分别采用不同的加工工艺和加工方式进行加工，目的是提高加工效率和质量。

常见的需要进行分区域加工的情况有以下几种：

1）加工表面形状差异大，需要分区加工。例如：加工表面由水平平面和自由曲面组成，显然，对这两种类型的加工表面可以采用不同的加工方式，以提高加工效率和质量。即对水平平面采用平底铣刀加工，刀轨的行间距可超过刀具的半径，以提高加工效率；而对自由曲面则应使用球头刀加工，行间距远小于刀具半径，以保证表面光洁。

2）加工表面不同区域尺寸差异较大，需要分区加工。例如：对于较为宽阔的型腔，可采用尺寸较大的刀具进行加工，以提高加工效率；而对于较小的型腔或转角区域，大尺寸刀具不能进行彻底加工，应采用尺寸较小的刀具，以确保加工的完整性。

3）加工表面要求的精度和表面粗糙度差异较大时，需要分区加工。例如：对于同一表面的配合部位，精度要求较高，需要以较小的步距进行加工；而对于其他精度和表面粗糙度要求较低的表面，可以以较大的步距加工，以提高加工效率。

4）为有效控制加工残余高度，应针对曲面的变化采用不同的刀轨形式和行间距进行分区加工。

2. 加工工艺路线的规划

在设计数控加工工艺路线时，首先要考虑加工顺序的安排，加工顺序的安排应根据零件的结构和毛坯状况，以及定位安装与夹紧的需要来考虑，重点是保证定位夹紧时工件的刚性，以利于保证加工精度。加工顺序的安排一般应遵循以下原则：

1）上道工序的加工不能影响下道工序的定位与夹紧。

2）加工工序应由粗加工到精加工逐步进行，加工余量由大到小。

3）先进行内腔加工工序，后进行外形的加工工序。

4）尽可能将采用相同定位和夹紧方式或用同一把刀具加工的工序安排在一起，以减少换刀次数与挪动夹紧元件的次数。

5）对于同一次安装中进行的多道工序，应先安排对工件刚性破坏较小的工序。

另外，数控加工的工艺路线设计还要考虑数控加工工序与普通加工工序的衔接。数控加工的工艺路线设计常常是对几道数控加工工艺过程的设计，而不是指对从毛坯到成品的整个加工工艺过程的设计。由于数控加工工序常常穿插于零件加工的整个工艺过程中，因此工艺路线设计一定要全面，要瞻前顾后，使整个工艺过程协调统一。要保证协调衔接，最好的办法是建立下一工序向上一工序提出工艺要求的机制。例如：是否留加工余量，以及留多少；规定定位面与定位孔的精度要求及形位公差；确定对校形工序的技术要求；确定对毛坯的热处理状态的要求等。目的是使工序之间能相互满足加工需要，且明确质量目标及技术要求，使交接验收有依据。

3. 加工工艺和加工方式的规划

加工工艺和加工方式的规划是对加工工艺路线的细节进行设计。其主要内容包括：

1）刀具选择。针对不同的加工区域和加工工序选择合适的刀具。刀具的正确选择对加工质量和效率有较大的影响。

2）刀轨形式选择。针对不同的加工区域、加工类型和加工工序选择合理的刀轨形式，以确保加工的质量和效率。

3）误差与残余高度控制。确定与编程有关的误差环节和误差控制参数，根据刀具参数和加工表面特征确定合理的刀轨行间距，在保证精度与表面质量的前提下，尽可能提高加工效率。

4）切削工艺控制。切削工艺控制包括切削用量控制（切削深度、刀具进给速度、主轴旋转方向和转速控制等）、加工余量控制、进刀与退刀控制、冷却控制等诸多内容，是影响加工精度、表面质量和加工损耗的重要因素。

5）安全控制。安全控制包括安全高度、避让区域等涉及加工安全因素的控制。

加工工艺分析与规划是数控加工编程中较为灵活的部分，受机床、刀具、加工对象（几何特征、材料等）等多种因素的影响。在某种程度上，可以认为加工工艺分析与规划是加工经验的体现，因此要求编程人员在工作中不断总结和积累经验，使工艺分析与规划更加高效和合理。

任务3　数控加工准备工作

5.3.1　机床操作注意事项

1）工作前按照规定穿戴好防护用品，扎好袖口，不准戴围巾，所有操作人员应戴好工作帽，女生须将头发塞入工作帽内。

2）操作前，必须熟知每个按钮的作用以及操作的注意事项。注意机床各个部位警示牌上所警示的内容。机床周围的工具要摆放整齐，要便于拿放。加工前，必须关上机床的防护门。

3）检查切削液、液压油和润滑油的液量，发现不足应及时添加；气动系统的压力应保持为0.5~0.6MPa。

4）操作前，检查所有压力表，检查操作面板上的开关、指示灯及安全装置是否正常，在需手工润滑的地方添加润滑油。

5）检查机床各坐标轴回零是否正常，先空转10~15min以上，一切正常后方可操作。

6）严禁私自对机床参数进行修改，以防机床运行不正确而造成不必要的事故。

7）在手动进给时，一定要明确正负方向，认准按键后方可操作。

8）自动换刀前，首先检查主轴上显示的刀号，此时刀库对应的刀座上不能安装有刀具，其次检查刀库是否乱刀（刀库上的标号与控制器内的刀不对应），避免主轴与刀柄相撞。

9）在运行程序之前，要先检查程序有无差错，设置好刀补，使工件零点和编程零点重合。

10）进行加工前，确认工件、刀具是否装夹正确、紧固牢靠。装卸较重物件需要多人搬运时，动作要协调，应注意安全，以免发生事故，装卸时不得碰伤机床。

11）禁止将任何工具或量具随意放置于机床移动部位和控制板上，工作台上严禁放置重物，如毛坯、手锤、扳手等，并严禁敲击。

12）加工中，需自始至终地监控机床运行，坚守岗位，精心操作，不做与工作无关的事；离开机床前要停机；发现异常情况应及时按下急停开关并报告相关人员，清查原因，排除故障后方可重新运行加工。

13）不准戴手套操作，严禁用气枪对人吹气及玩耍等。

14）在机床以自动模式运行时，不要随意碰触任何按钮。

15）在机床运行过程中，不得用手触摸工件和刀具，严禁打开机床的防护门，以免发生危险。

16）测量工件、清除切屑、调整工件、装卸刀具时，必须将工作台停在安全位置，且在停机状态进行，以免发生事故。

17）加工完毕，应将刀库中的刀具卸下，并涂防锈油，把刀具调整卡或程序编号入库。

18）装卸工件时，将工作台退到安全位置；使用扳手紧固工件时，用力方向应避开刀具，以防扳手打滑时撞到刀具、工件或夹具。

19）装拆铣刀时要用专用衬套将其套好，请勿直接用手握住铣刀。

20）关闭机床主电源前，必须先关闭控制系统；非紧急状态下不能使用急停开关；切断系统电源、关好门窗后方可离开。

5.3.2　工件的装夹和夹具与刀具的安装

机床夹具是用于装夹工件（和引导刀具）的一种装置，其作用是定位工件，以使工件获得相对于机床和刀具的正确位置，并将工件可靠地夹紧。

1. 工件的装夹

工件装夹的内容包括：

（1）定位　使工件相对于刀具及机床具有正确的加工位置，保证其被加工表面达到工序所规定的各项技术要求。

（2）夹紧　工件定位后，由夹紧装置施力于工件，将其固定夹牢，使工件在加工过程中保持正确的位置。

（3）定位与夹紧的关系　定位与夹紧是工件安装中两个有联系的过程，应先定位后夹紧，同时要注意夹紧不能破坏定位。

工件装夹的方法主要有以下两种：

（1）用找正法装夹　把工件直接放在机床工作台上或放在单动卡盘、机用虎钳等机床附件中，然后按加工要求进行加工面位置的划线，再按划出的线痕进行找正，实现装夹。

这类装夹方法的特点是劳动强度大、生产率低、要求工人技术等级高；定位精度较低，由于常常需要增加划线工序，所以增加了生产成本；只需使用通用性很好的机床附件和工具，因此适用于加工各种不同零件的各种表面，特别适合单件、小批量生产。

（2）用夹具装夹　工件装在夹具上，不再进行找正，便能直接得到准确的加工位置。这种装夹方式避免了找正法因划线定位而消耗的工时，还可以避免工件的加工误差分散范围扩大，且夹装方便。

2. 夹具安装

铣床夹具以其底板平面放置在铣床工作台上，保证定位表面在垂直面内与走刀方向成一定位置关系。铣床夹具底平面上都设置有两个定向键，如图5-13所示，定向键嵌在铣床工作台的T形槽内并与之配合，以确定夹具上定位元件在水平面内与走刀方向的位置关系。位置确定后，由T形螺钉将夹具紧固。

由于定位表面与铣床夹具安装表面（底平面、定向键侧面）的位置误差和定向键与 T 形槽的配合间隙，都会使定位表面相对于走刀方向位置不准确，产生安装误差。为了控制安装误差，可提高定位元件与安装元件的位置精度以及安装元件与连接元件的配合精度。为了提高配合精度，可使定向键的一面与 T 形槽接触。安装精度要求更高时，可用找正法安装夹具，可直接找正定位面，如有困难，可在夹具上做出找正面以供找正。

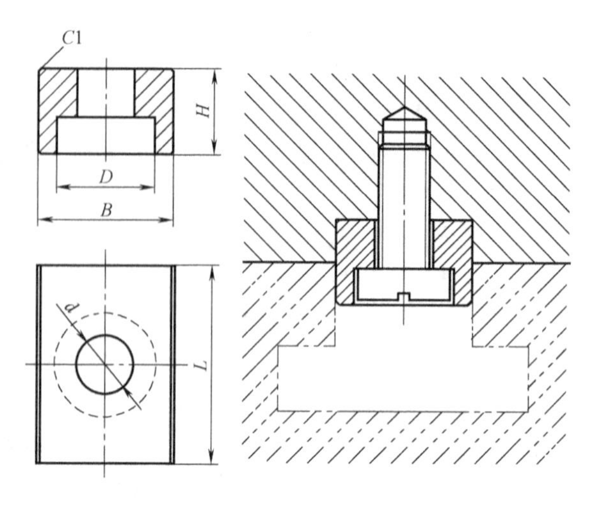

图 5-13　夹具定向键

3. 刀具安装

（1）注意事项

1）首先要遵守安装设备对刀具的最大重量、最大长度和最大直径的要求。

2）根据各种刀具的类型和直径选用适当的夹头安装刀柄。

3）刀柄要注意防锈，以免影响加工精度和损坏主轴锥孔内壁。

4）在领用刀具时，需检查其外观（崩刃、缺损及表面粗糙度等），并用千分尺检查刀具直径或厚度。

5）装刀前，需将刀头和夹头里的铁屑、异物等吹洗干净，并检查拉钉和刀头锥面是否正常。

6）在装组合刀具时，应检查刀具直径，特别是返磨刀具，注意其返磨次数。

7）刀具安装不能松动，确认刀具在刀柄里安装牢固，并控制刀具的圆跳动公差，以免影响加工精度和损坏主轴。

（2）装刀步骤

1）选择刀具。根据加工程序要求选择相应的刀具。

2）选择刀柄。根据刀具要求选择合适的刀柄，选择时需检查刀头锁紧螺母及刀杆是否正常。

3）装刀。按相应的刀具长度装刀，刀具够长的情况下刀具的伸出长度尽量短，装夹的部分尽量长。

4）校正。使用百分表进行校正，保证刀具的圆跳动公差在 0.02mm 以内，若不合格，需重新装刀后再校正。

5）测量。用高度尺、百分表或其他量具测量刀具装夹后的伸出长度，并记录相关数据。

5.3.3　程序校验与首件试切

程序清单必须经过校验和首件试切后才能正式使用。校验的方法是将程序内容输入或传送到数控装置中，机床空刀运转，对于平面工件，可以用笔代刀，以坐标纸代替工件，画出加工路线，以检查机床的运动轨迹是否正确。若数控机床有图形显示功能，可以采用模拟刀具切削过程的方法进行检验。但这些过程只能检验运动是否正确，不能检查工件的加工精度，因此必须进行零件的首件试切。首件试切时，应采用单程序段的运行方式进行加工，监视加工状况，调整切削参数和状态。

在首件试切前要注意以下几点：

1）检查机床坐标系里是否有数值，坐标值是否要清除。

2）查看刀补页面，清除与加工无关的数值。

3）进给倍率调至最慢，快速进给也调到较慢的数值。

4）将切削深度坐标在原基础上抬高，让程序第一刀只能切 0.1mm 的深度。

5）核准刀具的有效切削长度，保证刀具和工件、夹具不发生干涉。

6）在程序刚开始运行时，应将食指和中指同时分别放在进给和进给停止键上，当刀尖到达工件表面上方大约 10mm 时按停止键，查看绝对坐标值是否正确。

7）试切一刀后，要抬起刀具并查看刀痕是否有问题，然后再开始正常运行。

项目 6　五轴定向加工

任务1　认识五轴定向加工

标准的坐标系是一个右手笛卡儿坐标系。基本坐标轴为 X、Y、Z 三个直线轴，对应每一根直线轴的旋转轴分别用 A、B、C 轴来表示，如图6-1所示。

五轴指 X、Y、Z 三个直线轴及任意两个旋转轴。相对于常见的三轴（X、Y、Z 三个直线轴）加工而言，五轴加工是指加工几何形状比较复杂的零件时，需要加工刀具能够在五个自由度上进行定位和联动。

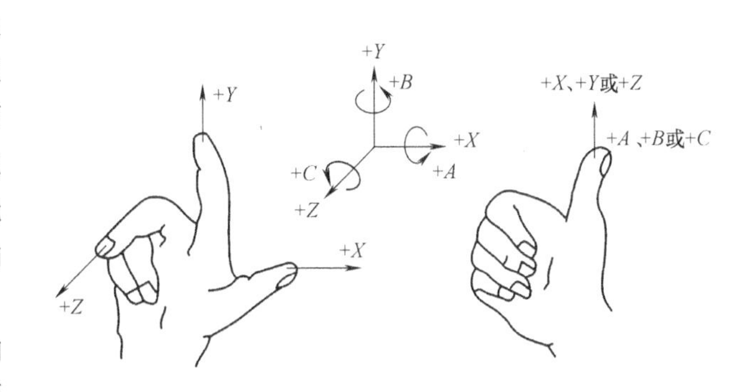

图6-1　右手笛卡儿坐标系

“3+2”加工是指在一个三轴铣削程序执行时，用五轴机床的两个旋转轴将切削刀具固定在一个倾斜的位置，也称为定向五轴加工，因为第四个轴和第五个轴用来确定刀具在固定位置上的方向，而不是在加工过程中连续不断地操控刀具。五轴定向加工的原理实质上就是三轴功能在特定角度（即定位）上的实现。简单地说，就是当机床转了特定角度以后还是以普通三轴的方式进行加工。

五轴定向加工是在 A、C 轴锁死状态下进行的加工，其加工强度和精度都比五轴联动加工好，加工效率高，可以满足一些斜面和斜孔的加工。

五轴定向加工的主要优势在于可以使用更短和刚性更高的切削刀具，刀具可以与工件表面形成一定角度，主轴头可以伸得更低，离工件更近。使用较短的刀具时，允许更快的进给率，刀具只产生很小的偏差。这意味着在更短的加工时间内，可以得到更好的表面加工精度和更精确的尺寸。当然，还有其他的优势，如刀具移动的距离更短，程序代码更少和使用设备更少。在一些情况下，建议先使用五轴定向加工技术完成粗加工，再使用五轴联动进行精加工。

提示： 在五轴定向加工中，应注意刀具与工件和夹具的干涉问题，注意机床各部件与刀柄和刀具的干涉问题。

任务2　五轴定向加工实例

6.2.1　金字塔外形加工的工艺分析

（1）金字塔工件分析　工件尺寸为95mm×95mm×60mm，如图6-2a所示，形状比较简单，容易加工，不易产生变形。

（2）毛坯选用　毛坯尺寸为100mm×100mm×85mm，如图6-2b所示。

（3）加工条件　金字塔的四条底边都已经加工到位，无须再加工。对于加工精度要求不高的金字塔模型，可以用三轴球头刀铣曲面的方法来加工，这样铣削出来的三角形侧面有

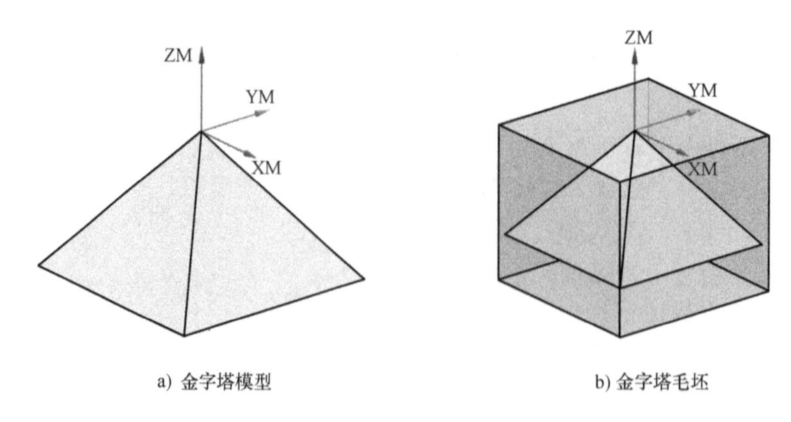

a) 金字塔模型　　b) 金字塔毛坯

图 6-2　金字塔

刀痕；对于加工精度要求较高的金字塔模型，就必须要用立铣刀的底刃，采用铣平面的方法加工每个三角形侧面，同时要求有较高的主轴转速。本例选用立式五轴联动机床，采用五轴定向加工的方式进行金字塔外形的加工。

（4）加工工序　首先，铣削金字塔的一个侧壁，选用 Φ16mm 面铣刀，刀具号设定为 1。采用【平面铣】类型中【底壁加工】的方式进行加工，不需要留加工余量。然后，使用【变换】命令将加工第一个侧壁的刀轨进行复制，得到加工其他三个侧壁的刀轨。

6.2.2　金字塔外形加工的编程实现

金字塔模型外形加工的编程步骤主要由五部分组成，如图 6-3 所示。

图 6-3　金字塔外形加工的编程步骤

1. 导入工件模型

1）打开 UG NX 软件，新建文件 “jinzita. prt”。

2）单击【文件】→【导入】→【Parasolid】命令，选择配套模型文件 “jinzita. x_t”，导入金字塔模型的实体和片体。

3）单击【文件】→【导入】→【STEP214】命令，选择文件 “jinzita. stp”，导入金字塔模型上的横轴曲线和竖轴曲线，如图 6-4 所示。

4）加工坐标系的原点设置在金字塔的顶点处。

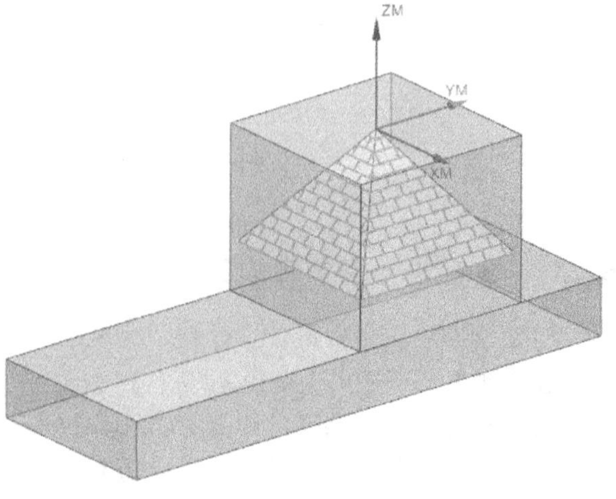

图 6-4　金字塔模型

2. 设置加工环境

单击【应用模块】选项卡中的【加工】命令，弹出【加工环境】对话框；选择图 6-5 所示的选项，单击【确定】按钮，进入到加工应用模块中。

3. 创建几何体

1）打开【工序导航器】，单击“几何视图”图标按钮，如图 6-6 所示，再双击【MCS_MILL】，弹出图 6-7a 所示的【MCS】对话框；观察工件实体上的加工坐标系，单击【确定】按钮。

图 6-5　【加工环境】对话框

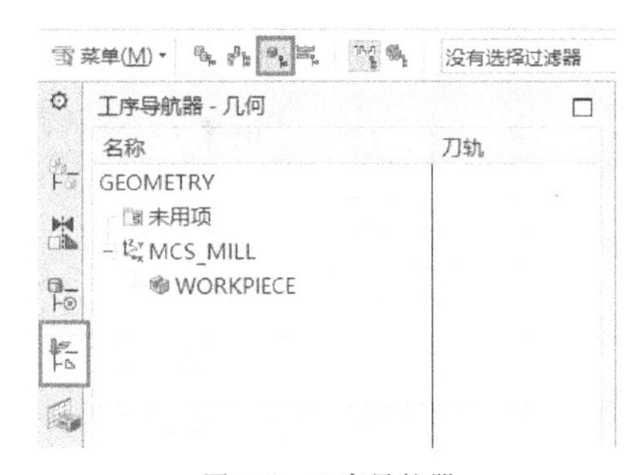

图 6-6　工序导航器

2）双击【工序导航器】中的【WORKPIECE】，弹出图 6-7b 所示的【工件】对话框。单击【指定部件】按钮，弹出【部件几何体】对话框，选择金字塔模型后单击【确定】

a)【MCS】对话框

b)【工件】对话框

图 6-7　【MCS】和【工件】对话框

按钮，如图 6-8 所示。单击【指定毛坯】按钮，弹出【毛坯几何体】对话框，选择毛坯后单击【确定】按钮，如图 6-9 所示。单击【指定检查】按钮，弹出【检查几何体】对话框，选择长方体后单击【确定】按钮，如图 6-10 所示。单击“显示”按钮，可以查看设置的部件、毛坯和检查几何体。

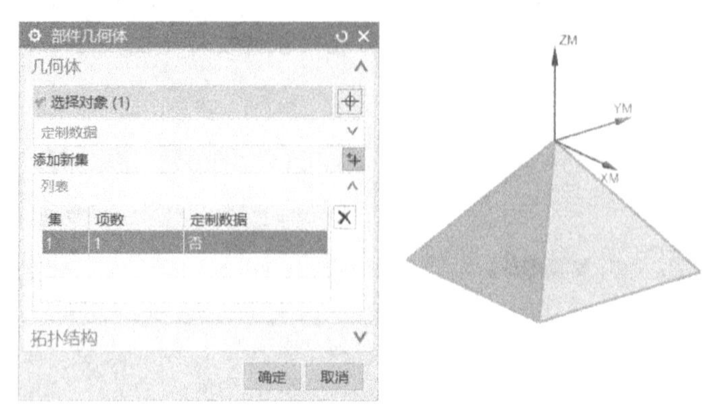

图 6-8　指定部件

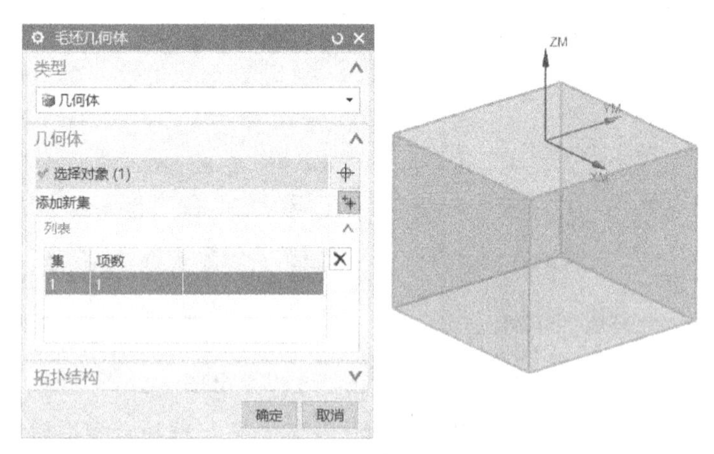

图 6-9　指定毛坯

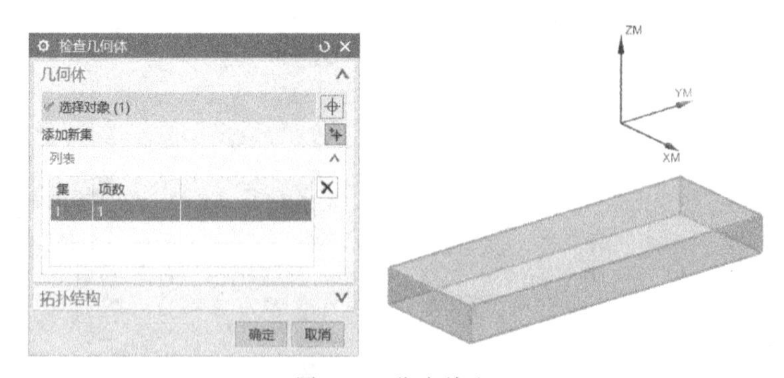

图 6-10　指定检查

4. 创建刀具

1）创建 1 号刀具。单击工具栏中的“创建刀具”图标按钮，在弹出的【创建刀具】对话框中设置【类型】为【mill_planar】、【刀具子类型】为【MILL】（第一个图标选项），在【名称】文本框中输入【D16】，如图 6-11a 所示。单击【确定】按钮，进入【铣刀-5 参数】对话框，对话框中的参数设置如图 6-11b 所示。

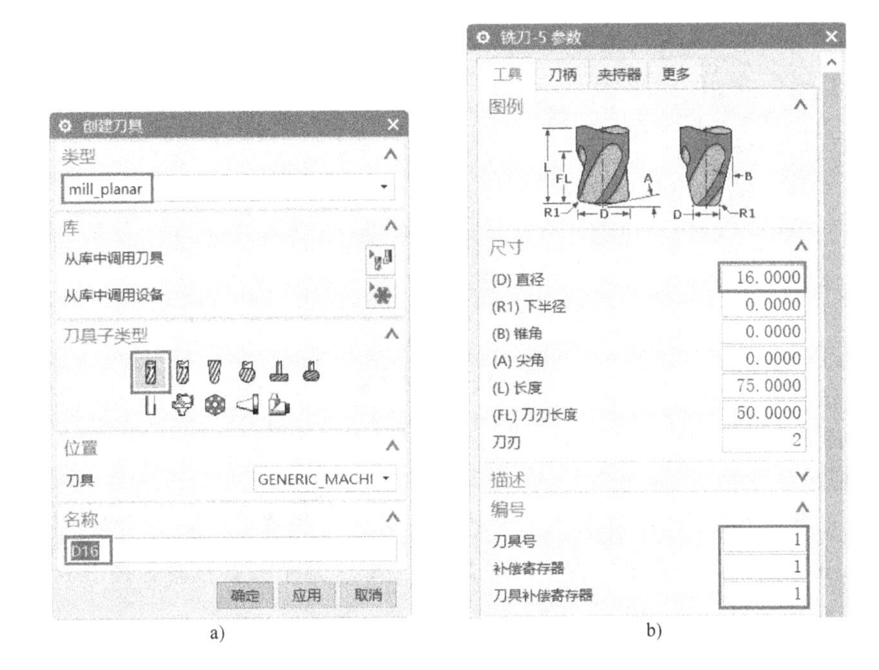

图 6-11　创建 1 号刀具

2）创建 2 号刀具。操作步骤与创建 1 号刀具相似，对话框中的参数设置如图 6-12 所示。

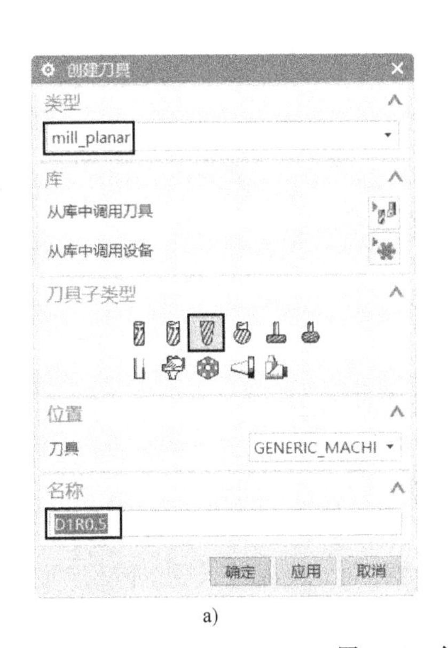

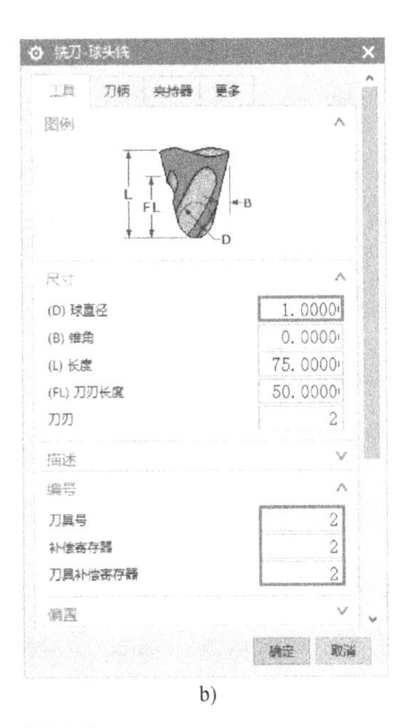

图 6-12　创建 2 号刀具

3）单击“机床视图”图标按钮，在【工序导航器-机床】中选择刀具，则图形窗口中会出现对应的刀具，如图 6-13 所示。

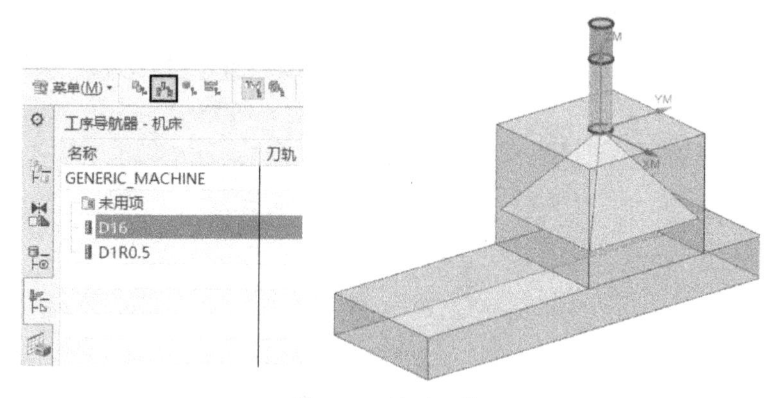

图 6-13　显示刀具

5. 创建加工操作

（1）铣削金字塔的一个侧壁

1）单击工具栏中的“创建工序”图标按钮，弹出【创建工序】对话框；设置【类型】为【mill_planar】、【工序子类型】为“底壁加工”，其余参数设置如图 6-14 所示，单击【确定】按钮。

图 6-14　创建工序

2）进入【底壁加工】对话框，单击【指定切削区底面】按钮，如图 6-15a 所示。进入【切削区域】对话框，选择金字塔的一个侧面，如图 6-15b 所示，单击【确定】按钮。

3）在【底壁加工】对话框中，设置【每刀切削深度】为【1】；单击【切削参数】按钮，在弹出的【切削参数】对话框中单击【空间范围】选项卡，设置【毛坯】为【毛

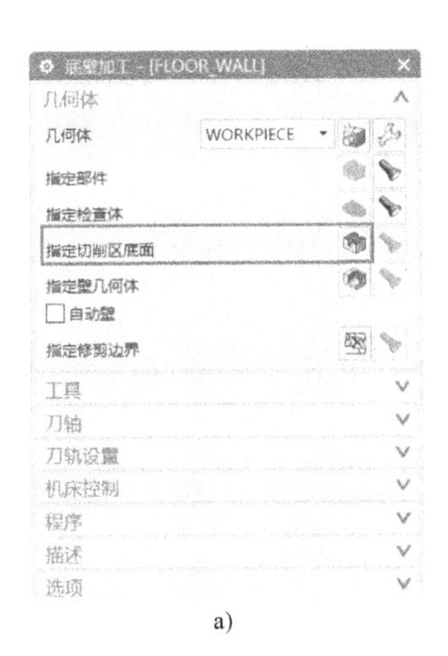

a)

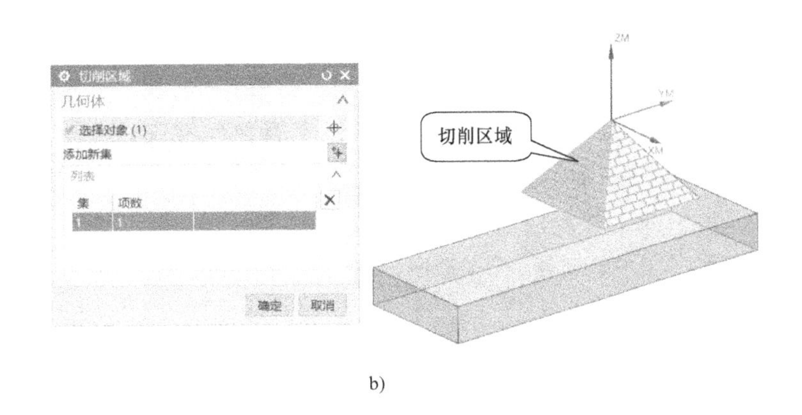

b)

图 6-15　指定切削区域

坯几何体】、【将底面延伸至】为【毛坯轮廓】，其余参数保持默认设置，如图 6-16 所示，单击【确定】按钮。

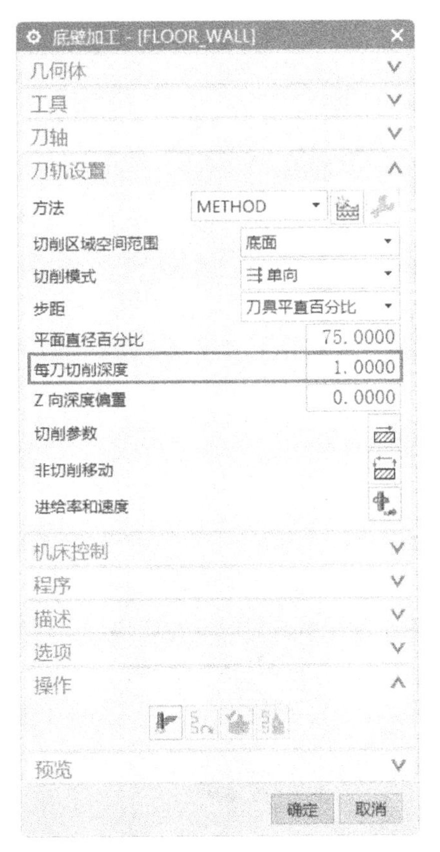

图 6-16　设置切削参数

4）单击【底壁加工】对话框中的【进给率和速度】按钮，进入【进给率和速度】对话框；设置【主轴速度（rpm）】为【5000】、切削进给率为 2000mm/min，其余参数保持默认设置，如图 6-17 所示。

5）单击【底壁加工】对话框中的“生成”按钮，生成图 6-18a 所示的刀轨。单击“确认”按钮，弹出【刀轨可视化】对话框，如图 6-18b 所示，选择【3D 动态】选项卡，单击“播放”按钮，出现仿真加工的过程，如图 6-18c 所示。

6）单击【底壁加工】对话框中的【确定】按钮后，【工序导航器-程序顺序】中会出现【FLOOR_WALL】程序。

（2）铣削金字塔的其他三个侧壁　金字塔的四个侧面是一样的，使用【变换】命令，可以将一个侧面的刀轨复制到其他三个面上。

1）打开【工序导航器-程序顺序】，选择【FLOOR_WALL】程序后单击鼠标右键，在弹出的菜单中单击【对象】→【变换】命令，如图 6-19a 所示。

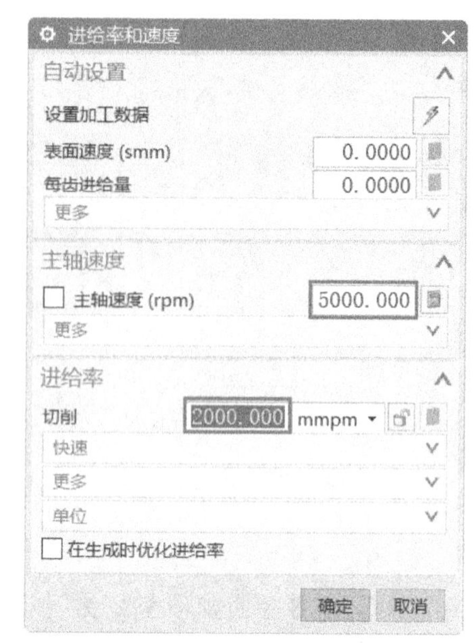

图 6-17　进给率和速度设置

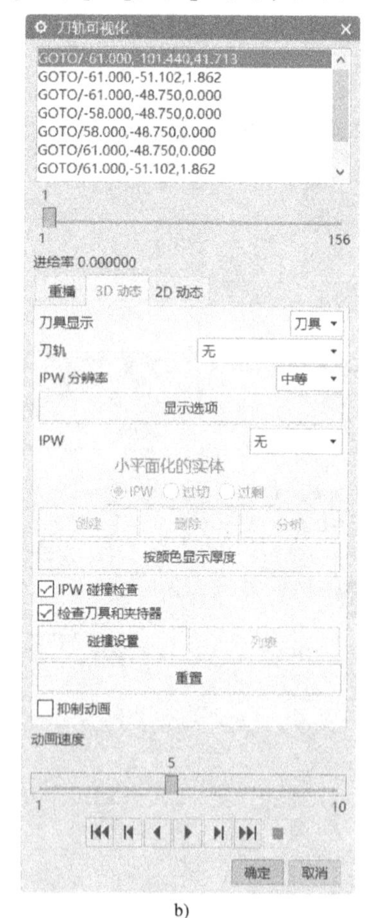

b)

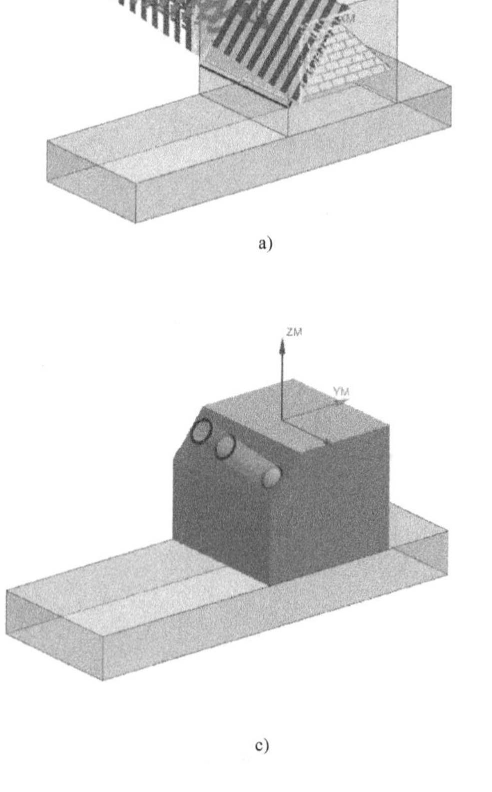

a)

c)

图 6-18　生成刀轨和 3D 动态仿真

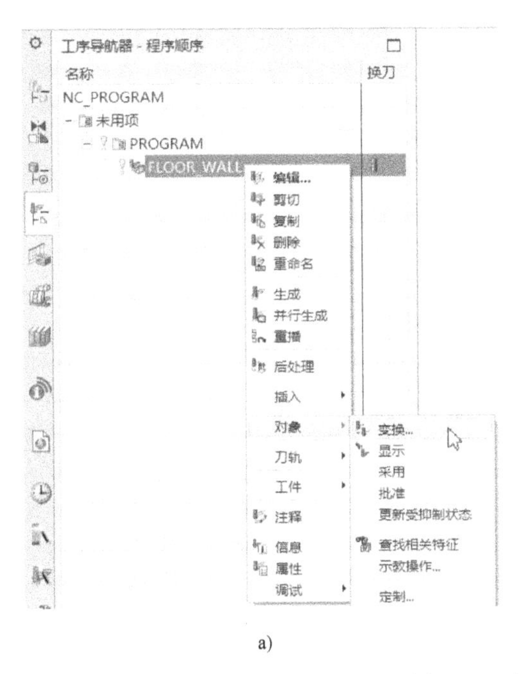

a)

b)

图 6-19　变换刀轨

2）在弹出的【变换】对话框中设置【类型】为【绕直线旋转】、【直线方法】为【点和矢量】、【指定点】为金字塔的顶点、【指定矢量】为 Z 轴，其余参数设置如图 6-19b 所示，最后单击【确定】按钮。

3）生成的刀轨和仿真加工结果如图 6-20 所示。

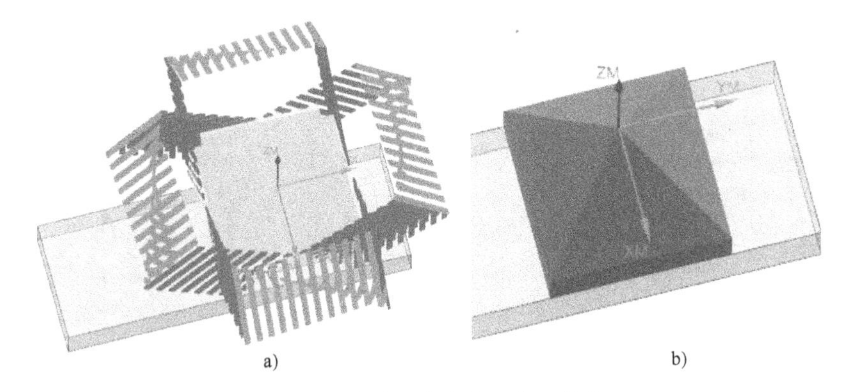

a)　　　　b)

图 6-20　生成刀轨和仿真加工结果

6. 生成 NC 程序

1）在【工序导航器-程序顺序】中选择图 6-21a 所示的四个程序后单击鼠标右键，在弹出的菜单中选择【后处理】命令。

2）在打开的【后处理】对话框中，选择与机床使用的数控系统相对应的【后处理器】，选择输出程序文件的保存目录和文件名，如图 6-21b 所示。单击【确定】按钮，出现图 6-22 所示的警告弹窗；单击【确定】按钮，生成的 NC 代码如图 6-23 所示。

提示：保存的金字塔外形加工程序文件（.prt 格式文件），在项目 7 中将会用于五

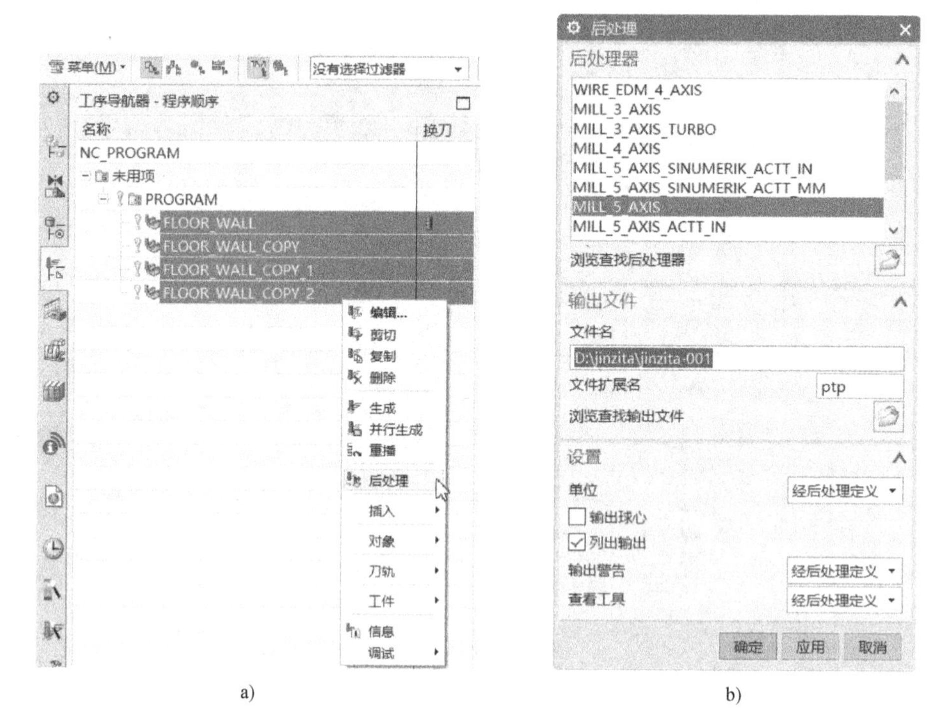

a)　　　　　　　　　　b)

图 6-21　后处理

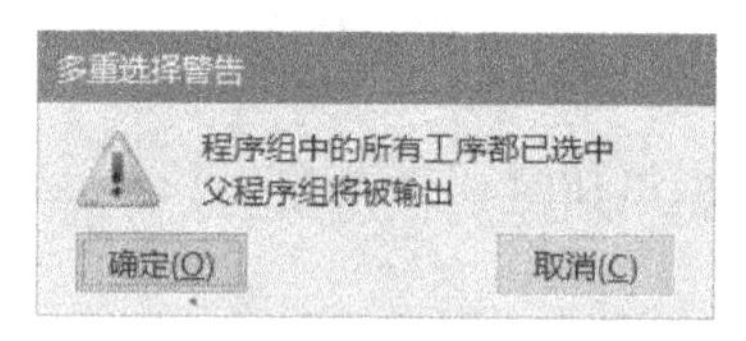

图 6-22　警告弹窗

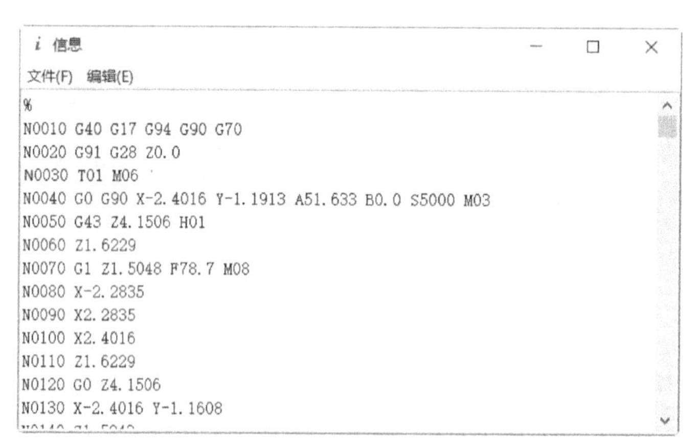

图 6-23　生成 NC 代码

轴联动曲线加工。

6.2.3　金字塔外形加工的实操验证

1）将工件毛坯装夹在机床工作台上，选择金字塔外形加工程序，按下机床操作面板上的【INPUT】键，读入该程序，如图6-24所示。

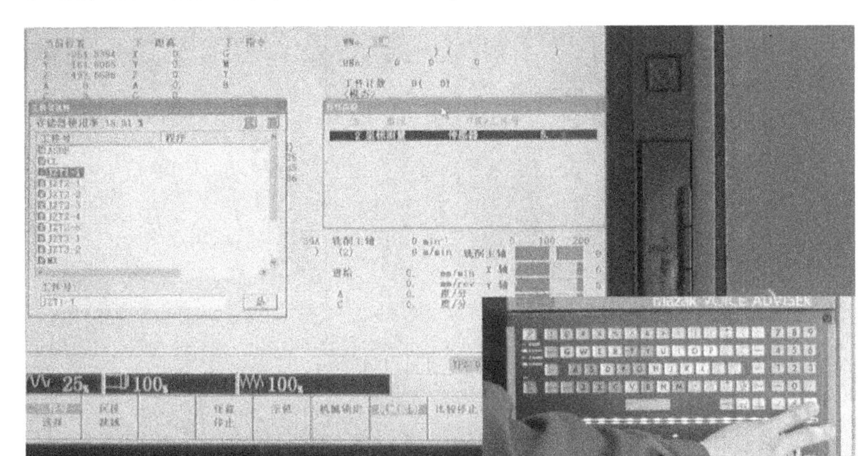

图6-24　调入程序

2）按下循环启动键，开始加工。机床A轴出现转角，开始铣削金字塔的一个侧面，如图6-25所示。在铣削过程中一定要注意，一个新的程序在第一次使用时，G00和G01的进给速率要降低至10%。第一次使用的程序，无法确认刀具与工件或刀具与夹具是否会发生碰撞，所以速度一定要降下来。当确认不会发生碰撞和干涉等现象时，可以将进给速率提高到100%。金字塔外形需要加工四个面，其余三个面的加工程序是由第一个面的加工程序变化复制得到的。一般情况下，加工第一个面不发生干涉和碰撞，加工其余三个面时也不会发生。

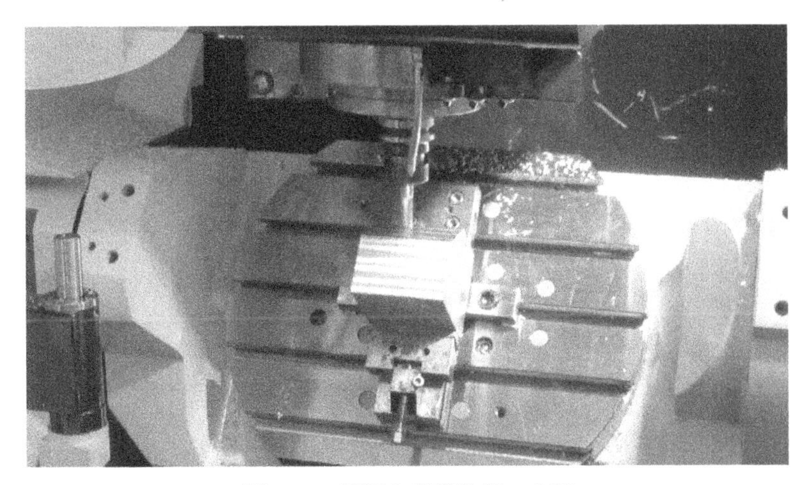

图6-25　铣削金字塔的第一个面

3）第一个面加工结束后，工作台回到初始位置，即A轴和C轴都要回零，如图6-26所示。然后旋转到下一个要加工的平面，以同样的方式进行第二个面的加工，如图6-27所示。重复以上的操作，直至加工完四个面，图6-28所示为第三个面的加工，图6-29所示为四个面加工完成后的金字塔模型。加工结束后，A轴和C轴回到零点。

图 6-26　*A* 轴和 *C* 轴回零

图 6-27　铣削金字塔的第二个面

图 6-28　铣削金字塔的第三个面

图 6-29　金字塔模型外形加工完成

项目 7　五轴曲线加工

任务1　认识五轴联动加工

1. 五轴联动加工简介

五轴联动数控机床是一种科技含量高、精密度高、专门用于加工复杂曲面的机床，这种机床系统对一个国家的航空、航天、军事、科研、精密器械、高精医疗设备等行业有着举足轻重的影响力。

2. 五轴联动加工与五轴定向加工的区别

五轴联动加工与五轴定向加工的加工对象不同，五轴联动加工适合于曲线和曲面加工，五轴定向加工（也称为3+2加工）适合于平面加工。

五轴定向加工的优势有：可以使用更短的、刚性更高的切削刀具；刀具可以与表面形成一定的角度，主轴头可以伸得更低，离工件更近；刀具移动距离更短，程序代码更少。

五轴定向加工的局限性有：五轴定向加工通常被认为是设置了一个对主轴的常量角度。复杂工件可能要求主轴有多个倾斜角度以覆盖整个工件，但这样会导致刀具路径重叠，从而增加加工时间。

五轴联动加工的优势有：加工时无需特殊夹具，降低了夹具的成本，避免了多次装夹，能提高模具加工精度；减少了夹具的使用数量；加工中省去许多特殊刀具，从而降低了刀具成本；在加工中能增加刀具的有效切削刃长度，减小切削力，提高刀具使用寿命，降低成本。

五轴联动加工的局限性有：相比五轴定向加工，其主轴刚性差；有些情况不宜采用五轴方案，如刀具太短，或刀柄太大，使任何倾斜角的工况下都不能避免振动；相比三轴加工，加工尺寸误差大。

任务2　五轴联动曲线加工实例

7.2.1　金字塔刻线加工的工艺分析

金字塔表面上的竖轴曲线和横轴曲线，构成了金字塔表面的砖形纹路，如图7-1所示。

刻线刀具选用直径为1mm的球头铣刀，该刀具在项目6中的任务2中已经创建完成。

金字塔表面刻线采用【可变轮廓铣】的加工方法来实现。首先，刻金字塔其中一个侧壁上的竖轴曲线。然后，通过【变换】命令复制刀轨，得到刻另外三个侧壁上竖轴曲线的刀轨。最后，刻金字塔上的横轴曲线。金字塔上每一层的横轴曲线都是首尾相接的，四个侧壁上的横轴曲线可以一次刻完。

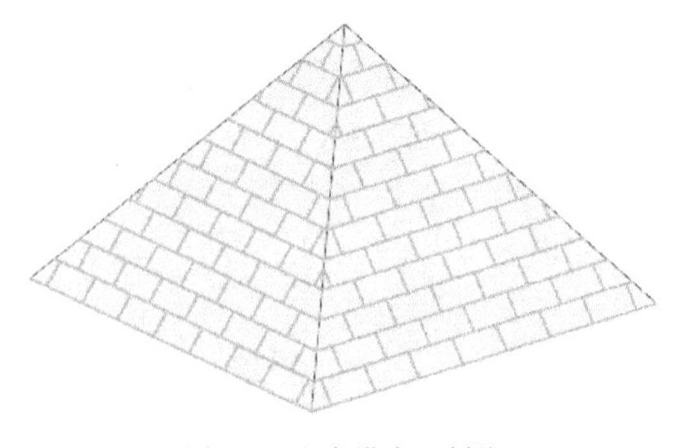

图7-1　金字塔表面刻线

7.2.2　金字塔刻线加工的编程实现

1. 刻金字塔上的竖轴曲线

1）打开金字塔外形加工程序文件，单击“创建工序”按钮，弹出【创建工序】对话框；设置【类型】为【mill_multi-axis】、【工序子类型】为“可变轮廓铣”，其余参数设置如图 7-2 所示，单击【确定】按钮。

2）弹出图 7-3 所示的【可变轮廓铣】对话框，设置【驱动方法】为【曲线/点】后，弹出图 7-4 所示的【驱动方法】弹窗，单击弹窗中的【确定】按钮。

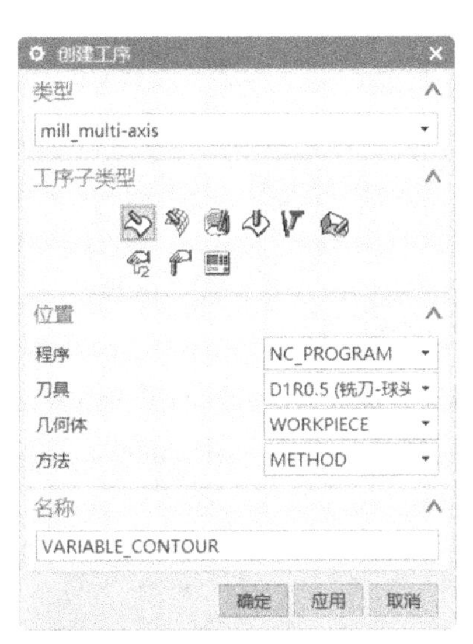

图 7-2　【创建工序】对话框

图 7-3　【可变轮廓铣】对话框

3）弹出【曲线/点驱动方法】对话框，选择金字塔最上面的一条竖线后，单击【添加新集】按钮，然后选择第二条竖线，如图 7-5 所示。用同样的方式继续选择金字塔同一个面上的其余竖线，如图 7-6 所示，全部选择完毕后单击【确定】按钮。

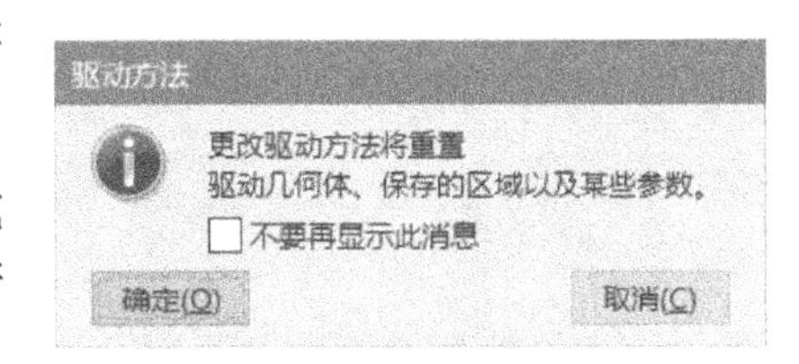

图 7-4　【驱动方法】弹窗

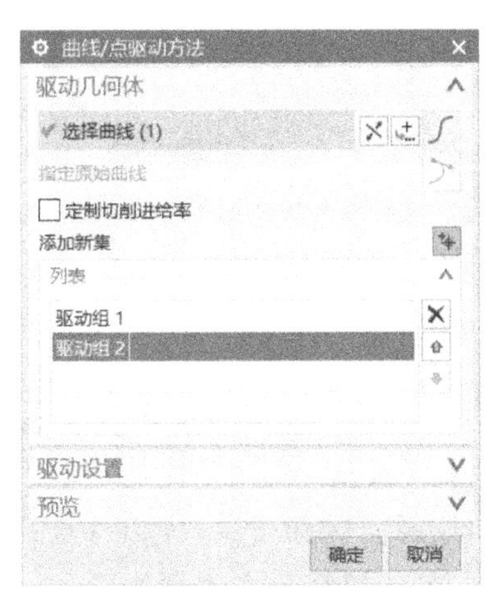

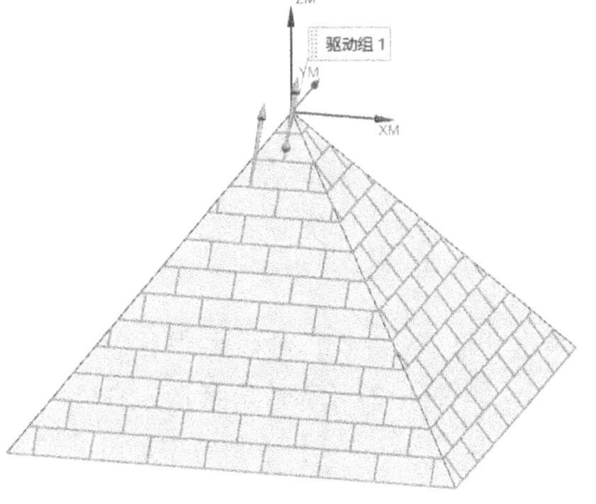

图 7-5　设置驱动几何体

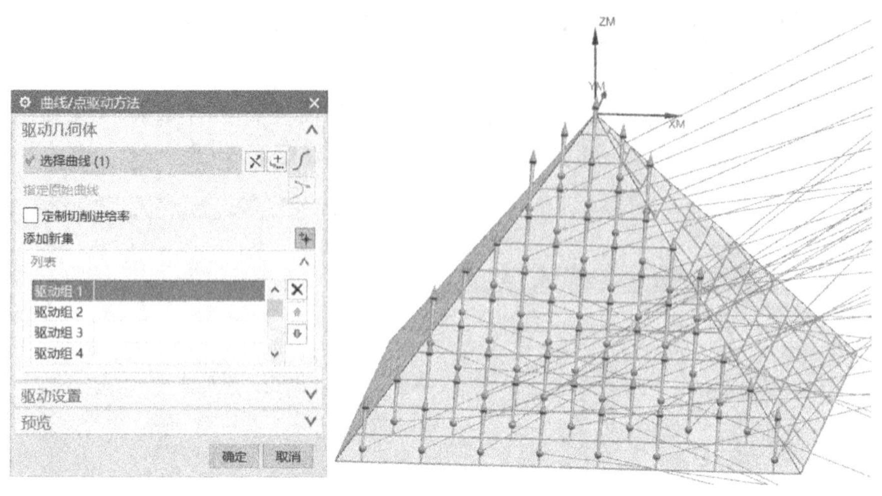

图 7-6 完成驱动几何体设置

4）在【可变轮廓铣】对话框中设置【轴】为【远离点】，如图 7-7a 所示。单击【指定点】按钮，在弹出的【点】对话框中的【Z】文本框中输入【-200】，如图 7-7b 所示，单击【点】对话框的【确定】按钮。

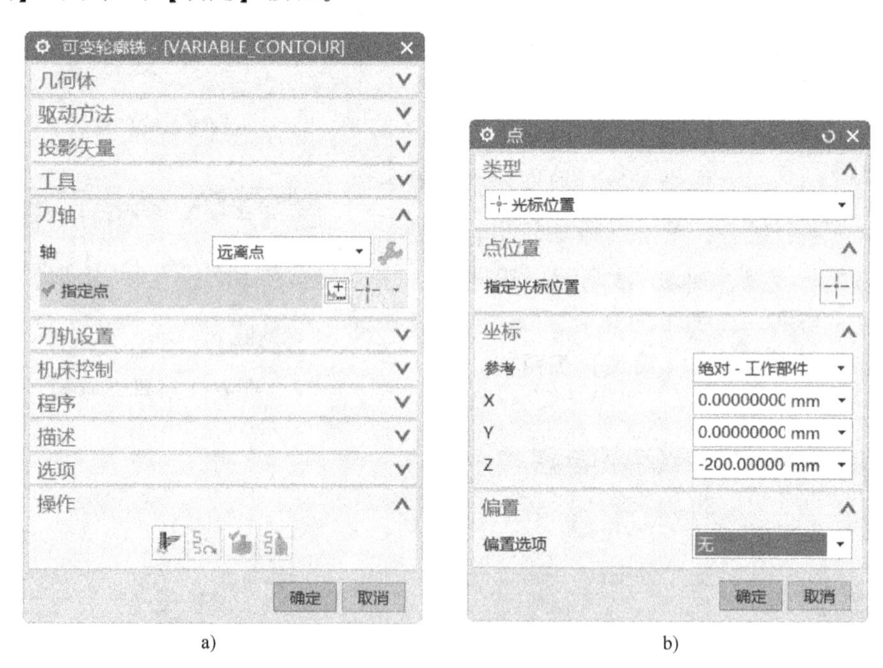

图 7-7 设置刀轴参数

5）单击【可变轮廓铣】对话框中【刀轨设置】选项组中的【切削参数】按钮，在【切削参数】对话框中的【部件余量】文本框中输入【-0.1】，如图 7-8a 所示，单击【确定】按钮。单击【刀轨设置】选项组中的【进给率和速度】按钮，弹出【进给率和速度】对话框，在【主轴速度】文本框中输入【5000】，在【切削】文本框中输入【3000】，单击【主轴速度】文本框右侧的按钮，然后单击【确定】按钮，如图 7-8b 所示。

a)

b)

图 7-8　设置切削参数以及进给率和速度

6）单击【可变轮廓铣】对话框中【操作】选项组中的“生成”按钮，生成图 7-9a 所示的刀轨。单击“确认”按钮，弹出【刀轨可视化】对话框，选择【3D 动态】选项卡，单击“播放”按钮，开始切削加工仿真，仿真结果如图 7-9b 所示。

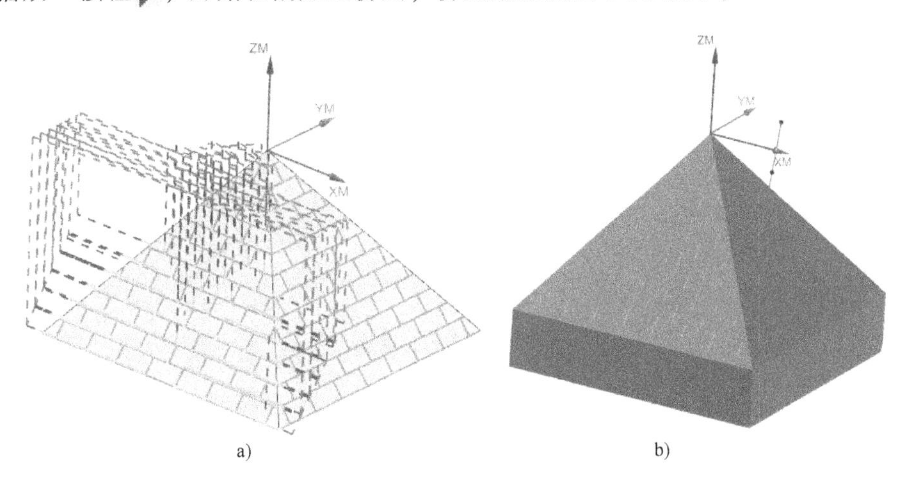

a)　　　　　　　　　　b)

图 7-9　生成刀轨和 3D 动态仿真

7）单击【刀轨可视化】对话框中的【确定】按钮，然后单击【可变轮廓铣】对话框中的【确定】按钮，在【工序导航器-程序顺序】中出现【VARIABLE_CONTOUR】程序，如图 7-10a 所示。

8）选择【VARIABLE_CONTOUR】程序后单击鼠标右键，在弹出的菜单中单击【对象】→【变换】命令。在【变换】对话框中设置【类型】为【绕直线旋转】、【直线方法】为【点和矢量】、【指定点】为金字塔的顶点、【指定矢量】为 Z 轴，其余参数设置如图 7-10b 所示，最后单击【确定】按钮。

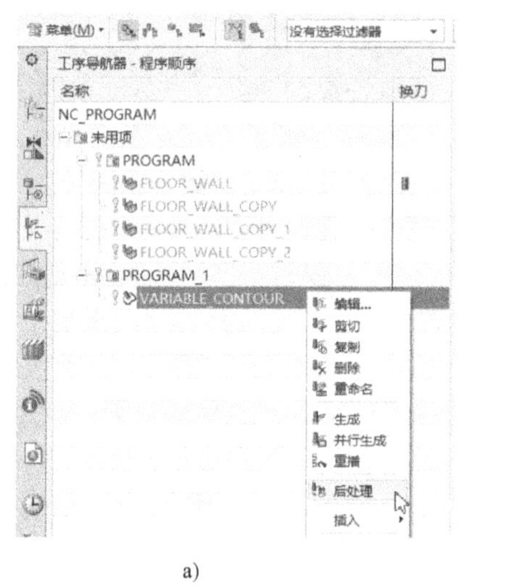

a)

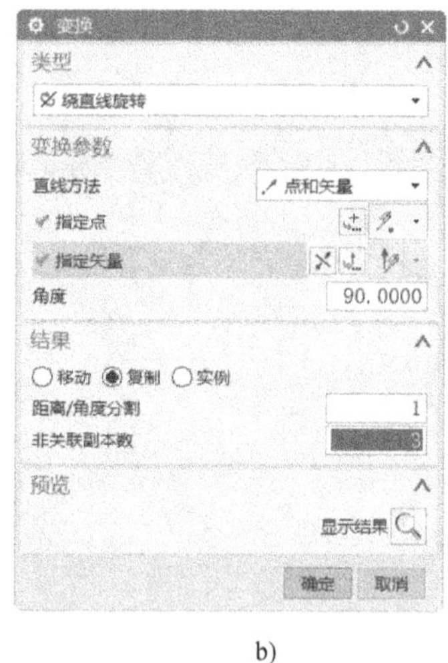

b)

图 7-10　复制刀轨

9）复制生成的刀轨和仿真加工结果如图 7-11 所示。

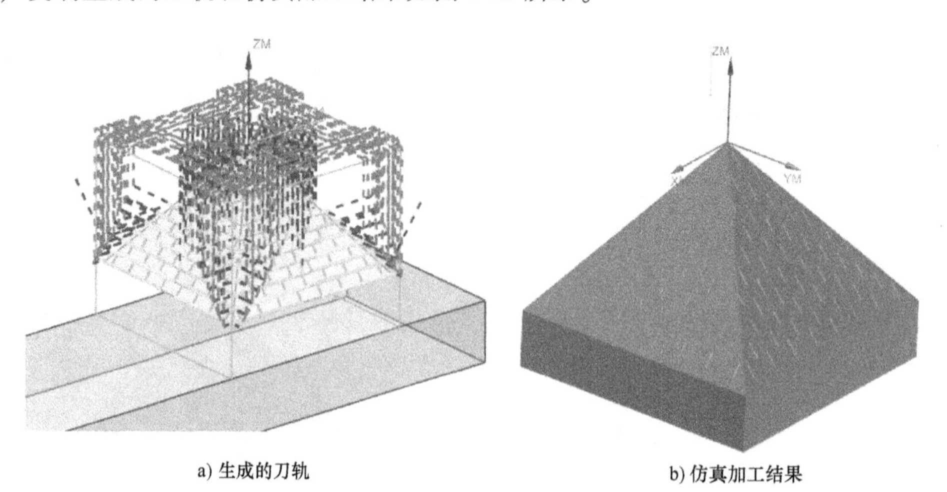

a) 生成的刀轨　　b) 仿真加工结果

图 7-11　生成刀轨和仿真加工结果

2. 刻金字塔上的横轴曲线

1）单击“创建工序”按钮，弹出【创建工序】对话框；设置【类型】为【mill_multi-axis】、【工序子类型】为“可变轮廓铣”，其余参数设置如图 7-12 所示，单击【确定】按钮。

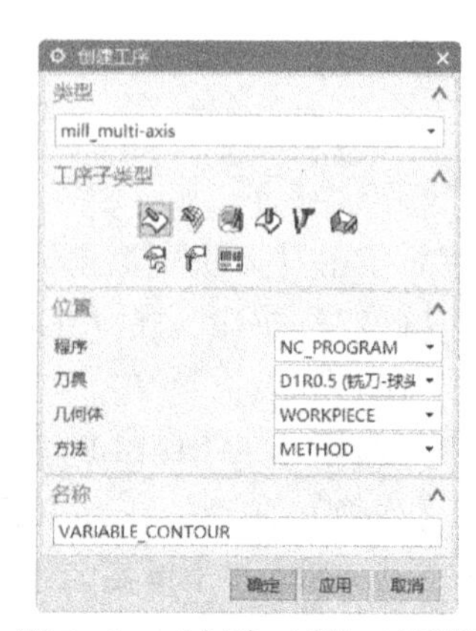

图 7-12　【创建工序】对话框

2）在弹出的【可变轮廓铣】对话框中设置【驱动方法】为【曲线/点】，弹出图 7-4 所示的【驱动方法】弹窗，单击【确定】按钮。

3）在弹出的【曲线/点驱动方法】对话框中，选择金字塔最上面第一圈的四条直线后，单击【添加新集】按钮，然后选择第二圈的四条直线，如图 7-13 所示。用同样的方式继续选择金字塔上的其他横线，如图 7-14 所示，最后单击【确定】按钮。

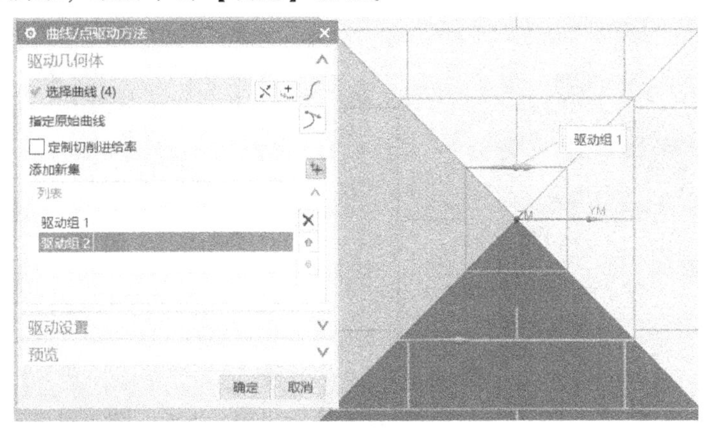

图 7-13　设置驱动几何体

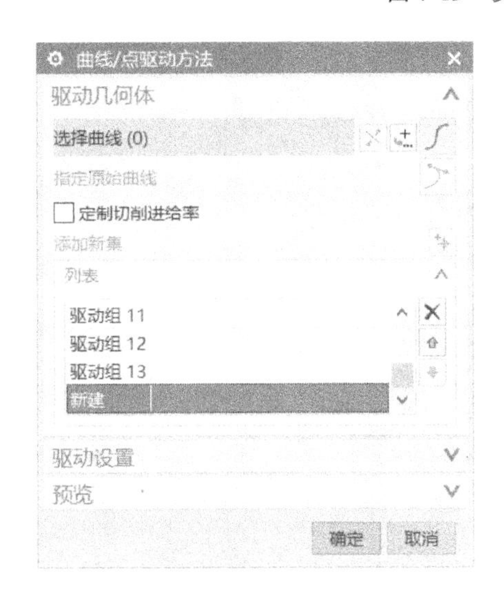

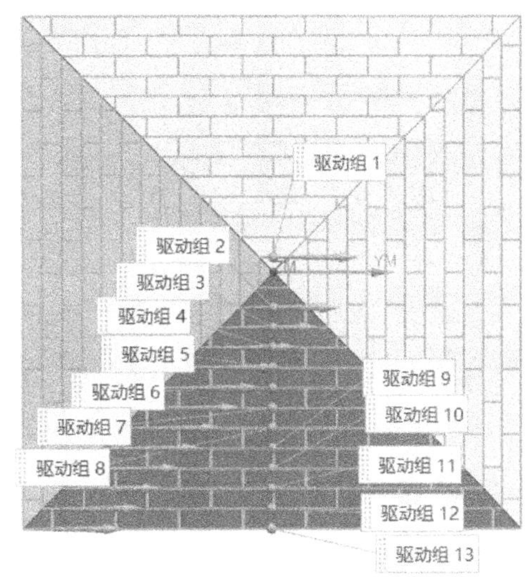

图 7-14　设置驱动几何体完毕

4）重复刻金字塔坚轴曲线操作中的步骤 4）和 5），设置【可变轮廓铣】对话框中的【刀轴】和【刀轨设置】选项。

5）单击【可变轮廓铣】对话框中【操作】选项组中的“生成”按钮，生成图 7-15a 所示的刀轨。单击“确认”按钮，弹出【刀轨可视化】对话框，选择【3D 动态】选项卡，单击“播放”按钮，开始切削加工仿真，仿真结果如图 7-15b 所示。

6）单击【刀轨可视化】对话框中的【确定】按钮，然后单击【可变轮廓铣】对话框中的【确定】按钮，在【工序导航器-程序顺序】中出现【VARIABLE_CONTOUR_1】程序。

3. 生成 NC 代码

1）在【工序导航器-程序顺序】中选择图 7-16 所示的五个程序后单击鼠标右键，在弹出的菜单中单击【后处理】命令。

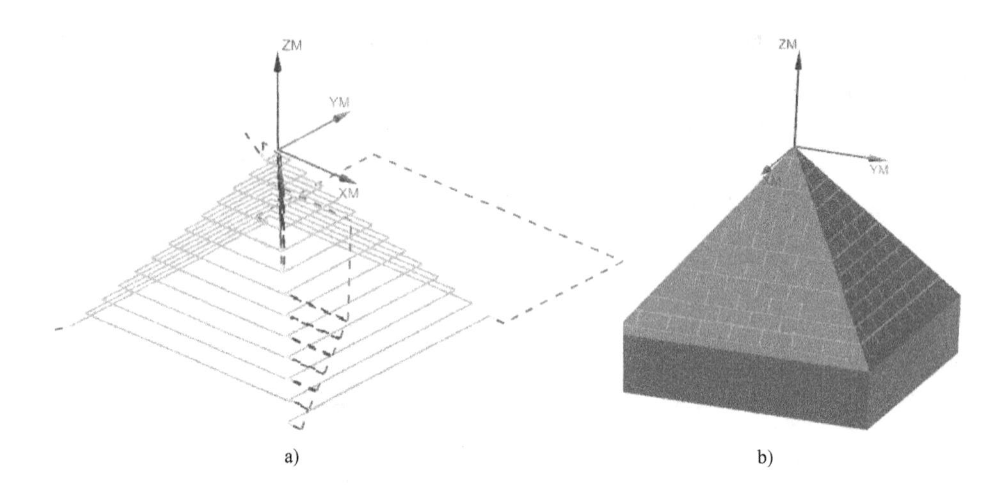

图 7-15　生成刀轨和 3D 动态仿真结果

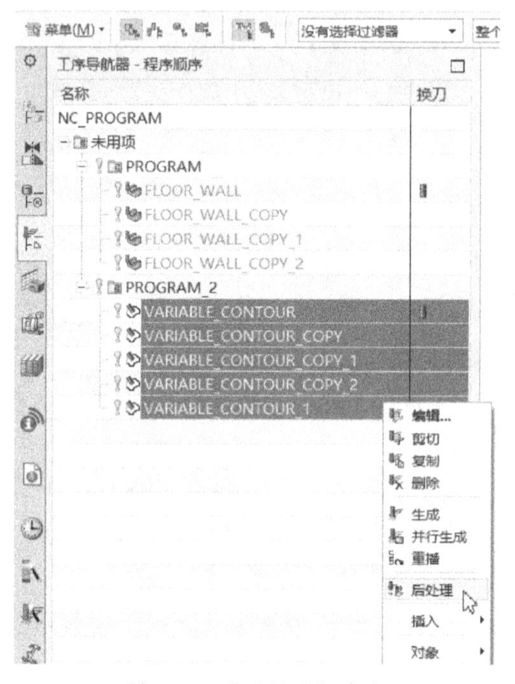

图 7-16　【后处理】命令

2）在弹出的【后处理】对话框中选择与机床使用的数控系统相对应的【后处理器】，设置输出文件的保存目录和文件名，如图 7-17a 所示，单击【确定】按钮。出现图 7-17b 所示的警告弹窗，单击【确定】按钮，生成的 NC 代码如图 7-18 所示。

7.2.3　金字塔刻线加工的实操验证

将刻线程序导入到机床系统中，按下机床操作面板上的循环启动键，自动将刀具换成刻线刀具。金字塔空间曲线加工为五轴联动加工，加工时机床的 A 轴和 C 轴都会摆动，图 7-19 所示为金字塔刻线加工过程。刻线加工后的金字塔工件如图 7-20 所示。

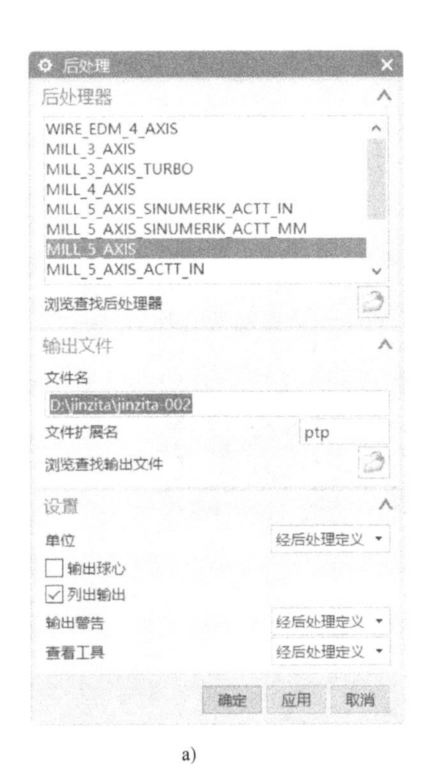

a)

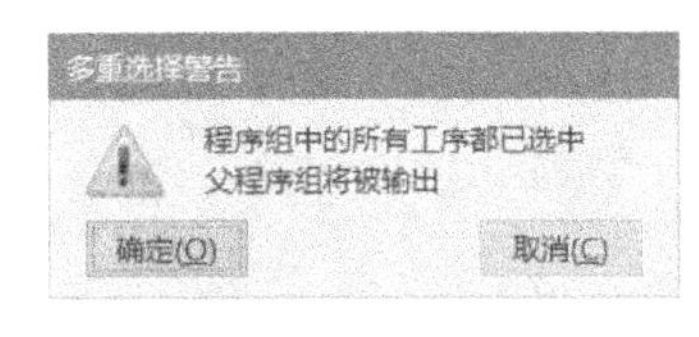

b)

图 7-17　警告弹窗和【后处理】对话框

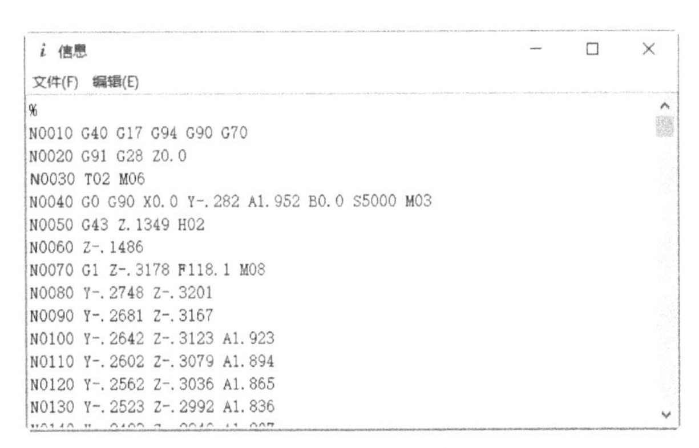

图 7-18　生成 NC 代码

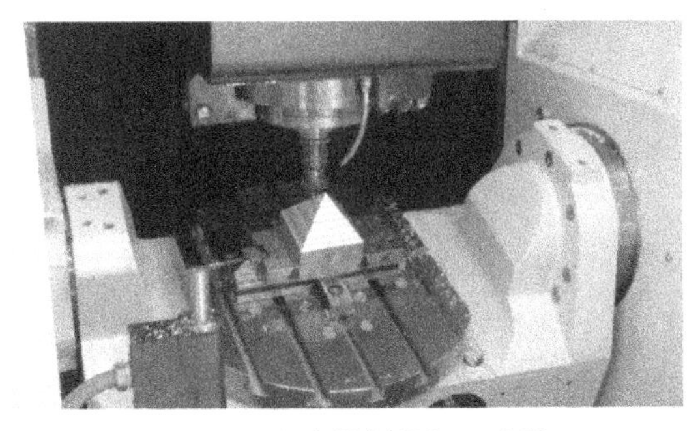

图 7-19　金字塔刻线加工过程

图 7-20　刻线加工后的金字塔工件

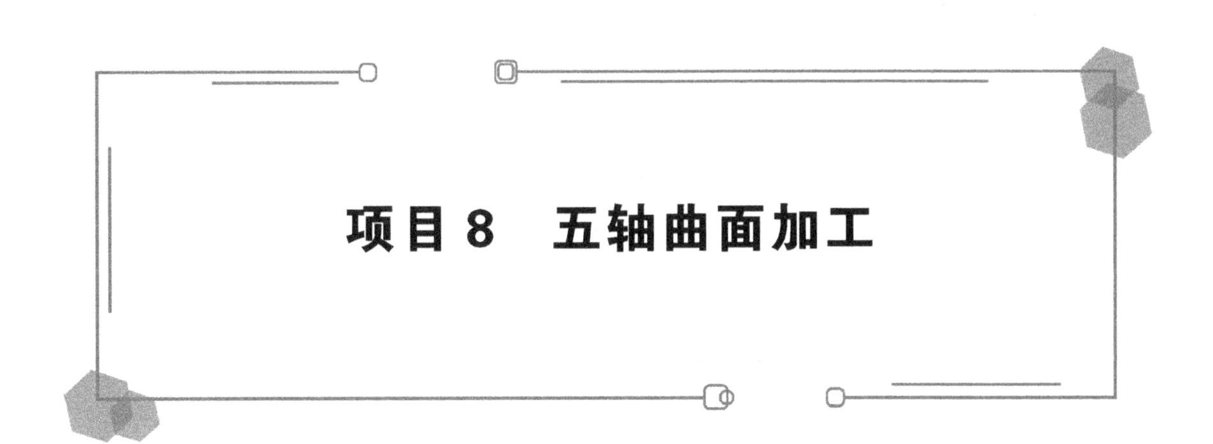

项目 8　五轴曲面加工

任务 1　三叉异形零件加工

启动 UG NX10.0，单击【文件】→【导入】→【Parasolid】命令，选择“三叉异形零件.x_t”文件，导入模型，如图 8-1 所示。该模型下面是一个圆台，上面有三个圆柱形的分叉，三个叉柱内均有盲孔。任意角度均有倒扣位结构，因此需进行多轴加工。

8.1.1　三叉异形零件加工工艺分析

1. 零件分析

该零件为异形件，有倒扣位，需采用多轴加工。

2. 毛坯选用

通过综合分析零件的建模数据，应采用台阶轴作为毛坯，如图 8-2 所示。

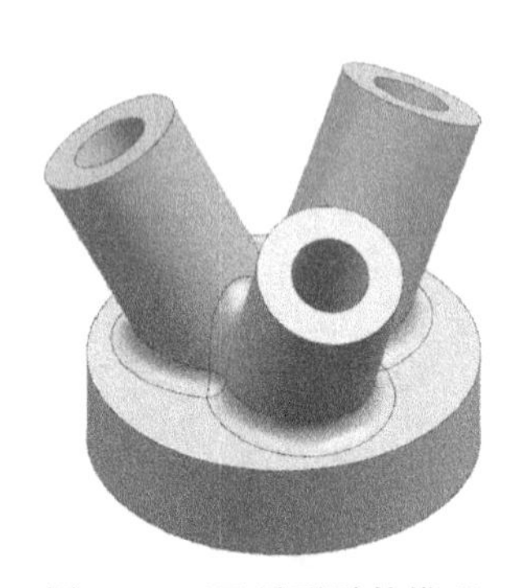

图 8-1　三叉异形零件模型

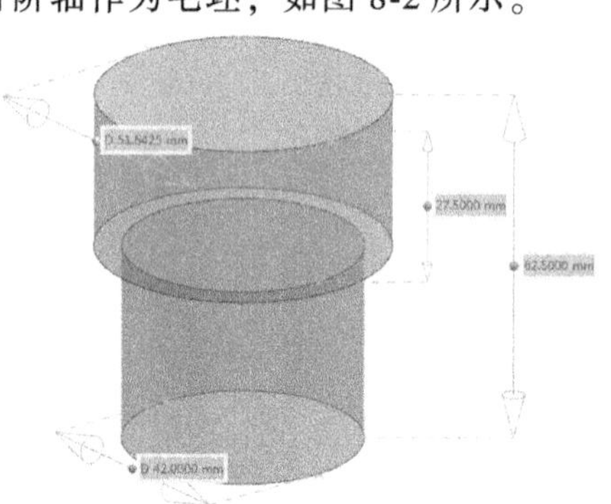

图 8-2　毛坯

3. 三叉异形零件加工工序

三叉异形零件加工的工序见表 8-1。

表 8-1　三叉异形零件加工工序

工序	类型	工序子类型	刀具	部件余量/mm
开粗	mill_contour	型腔铣（CAVITY_MILL）	D6	0.2
	hole_making	孔铣（HOLE_MILLING）	D6	0.2
	mill_contour	型腔铣（CAVITY_MILL）	D3	0.2
半精加工	mill_planar	平面铣（PLANAR_MILL）	D6	0.1
	hole_making	孔铣（HOLE_MILLING）	D6	0.1
	mill_multi-axis	可变轮廓铣（VARIABLE_CONTOUR）	D6	0.1
	mill_multi-axis	可变轮廓铣（VARIABLE_CONTOUR）	R1.5	0.1
精加工	mill_planar	平面铣（PLANAR_MILL）	D6	0
	hole_making	孔铣（HOLE_MILLING）	D6	0
	mill_multi-axis	可变轮廓铣（VARIABLE_CONTOUR）	D6	0
	mill_multi-axis	可变轮廓铣（VARIABLE_CONTOUR）	R1.5	0
	mill_planar	平面铣（PLANAR_MILL）	D6C45	0
切离	mill_multi-axis	可变轮廓铣（VARIABLE_CONTOUR）	D6	0

8.1.2　三叉异形零件加工编程准备

在创建三叉异形零件的加工程序之前，需要做图8-3所示的准备工作。

图8-3　三叉异形零件的加工编程准备

1. 零件模型的数据分析

单击【分析】→【几何属性】命令，在【几何属性】对话框中设置【分析类型】为【动态】，对圆台、叉柱、盲孔及叉柱结合部位的圆角进行分析。单击【测量距离】命令分析零件的高度。分析需精确、到位，为刀具的选择和工艺安排等提供必要的数据支撑，如图8-4和图8-5所示。分析结果为：总高为35.4987mm，圆台直径为40mm，叉柱外径为15mm，盲孔直径为8mm，叉柱与圆柱座之间均采用半径为2mm的圆角。

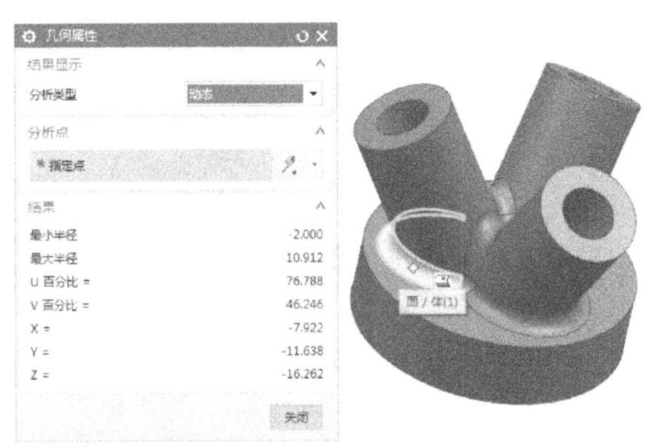

图8-4　几何属性分析

图8-5　通过【测量距离】命令分析高度

2. 创建毛坯

1）打开【拉伸】对话框，选择圆台的边线为截面曲线，沿$-Z$轴拉伸，设置【结束】为【值】、【距离】为【35mm】，设置【偏置】为【单侧】、【结束】为【1mm】，完成下半部分坯料制作，如图8-6所示。

2）通过将三叉柱顶面投影至圆台底面后，绘制一个相切且包含三个小圆的大圆，并进行拉伸，单侧偏置1mm，顶部增加2mm，对话框设置如图8-7所示。

3）将完成的两段圆柱，通过【合并】命令进行合并，设置一定的

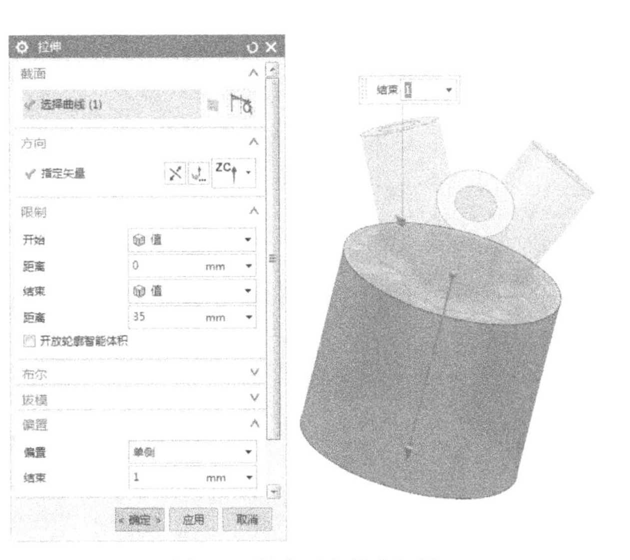

图8-6　创建下半部分坯料

透明度，并移除参数，完成坯料造型，创建的毛坯如图 8-8 所示。

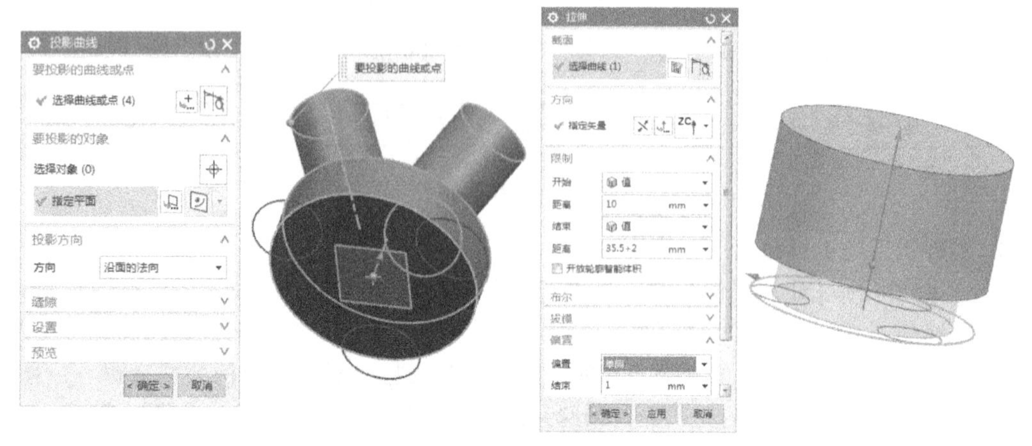

图 8-7　创建上半部分坯料

3. 设置机床坐标系

双击【工序导航器-几何】中的【MCS_MILL】，在【MCS 铣削】对话框中指定毛坯顶部圆心为 MCS（机床坐标系）原点，各对话框设置如图 8-9 所示。

4. 设置工件

1）双击【工序导航器-几何】中的【WORKPIECE】，弹出【工件】对话框，如图 8-10 所示。

2）单击【指定部件】按钮，选择三叉异形零件模型，如图 8-11a 所示。

3）单击【指定毛坯】按钮，选择创建的毛坯，如图 8-11b 所示。单击【确定】按钮，完成工件的创建。

图 8-8　毛坯制作完成

图 8-9　机床坐标系设置

5. 创建刀具

1）单击“创建刀具”按钮，打开【创建刀具】对话框，创建刀具【D6】，参数设置如图 8-12 所示。

图 8-10　【工件】对话框

a) 指定部件　　b) 指定毛坯

图 8-11　设置工件几何体

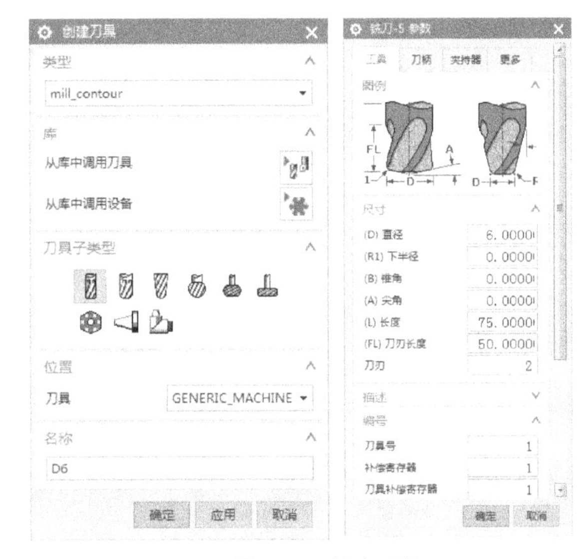

图 8-12　创建刀具 D6

2）打开【创建刀具】对话框，设置【类型】为【mill_contour】、【刀具子类型】为【MILL】，创建刀具【D3】，参数设置如图 8-13 所示。

3）打开【创建刀具】对话框，设置【类型】为【mill_contour】、【刀具子类型】为【BALL_MILL】，创建刀具【R1.5】，用于圆角加工，参数设置如图 8-14 所示。

4）打开【创建刀具】对话框，设置【类型】为【mill_contour】、【刀具子类型】为【CHAMFER_MILL】，创建刀具【D6C45】，用于毛刺加工，参数设置如图 8-15 所示。

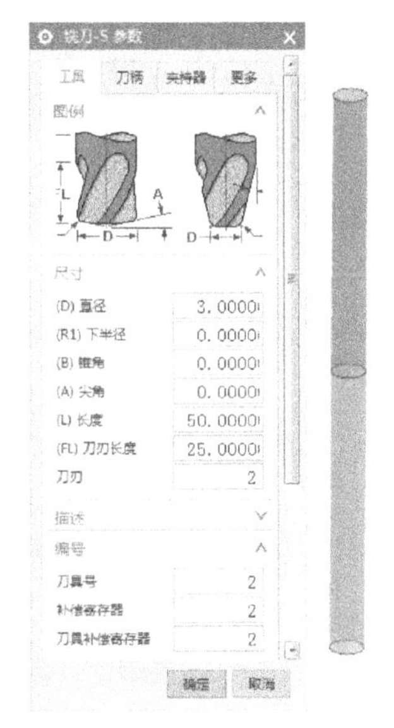

图 8-13　创建刀具 D3

8.1.3　三叉异形零件加工编程实现

1. 三叉异形零件整体开粗

1）单击“创建工序”按钮，弹出【创建工序】对话框，设置【类型】为【mill_contour】、【工序子类型】为【型腔铣】，其余参数设置如图 8-16a 所示，单击【确定】

按钮。在【型腔铣】对话框中设置【切削模式】为【跟随周边】、【步距】为【刀具平直百分比】、【平面直径百分比】为【65】、【公共每刀切削深度】为【恒定】、【最大距离】为【0.5mm】，如图 8-16b 所示。

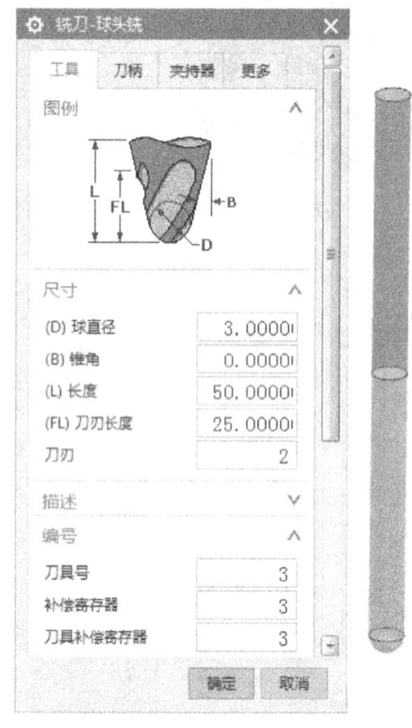

图 8-14 创建刀具 R1.5

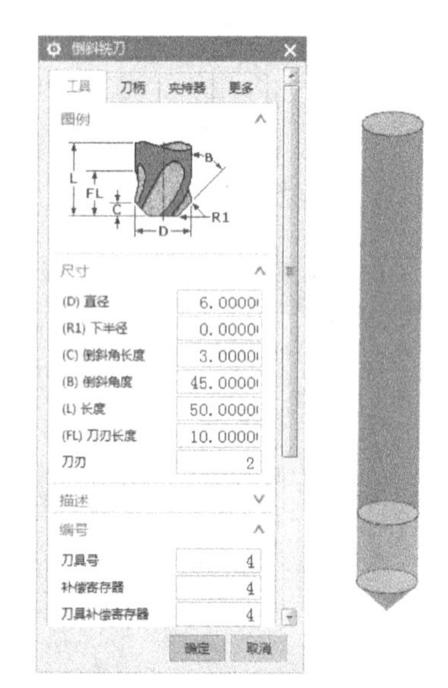

图 8-15 创建刀具 D6C45

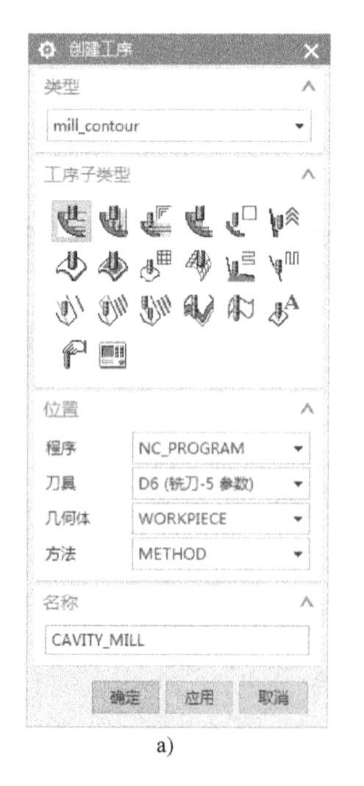

a)

b)

图 8-16 创建型腔铣工序

2）单击【型腔铣】对话框中的【切削层】按钮。在【切削层】对话框中删除下半部分的切削范围，如图 8-17 所示，单击【确定】按钮。

3）单击【型腔铣】对话框中的【切削参数】按钮，在【切削参数】对话框中选择【策略】选项卡，设置【刀路方向】为【向内】，勾选【岛清根】；选择【余量】选项卡，设置【部件侧面余量】为【0.2】，其余参数保持默认，如图 8-18 所示，单击【确定】按钮。

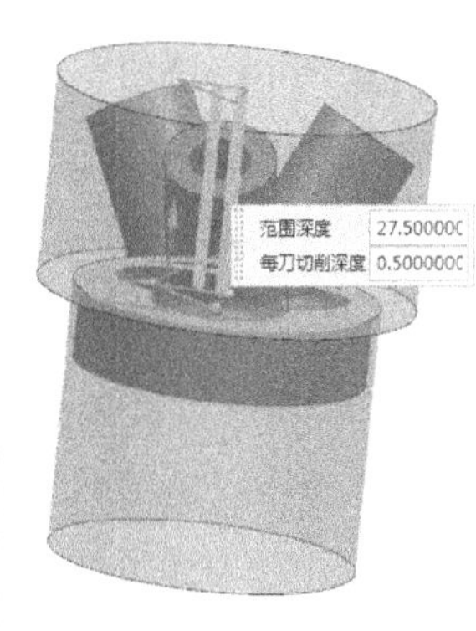

图 8-17　定义切削层

4）单击【型腔铣】对话框中的【非切削移动】按钮，弹出【非切削移动】对话框，参数设置如图 8-19 所示，单击【确定】按钮。

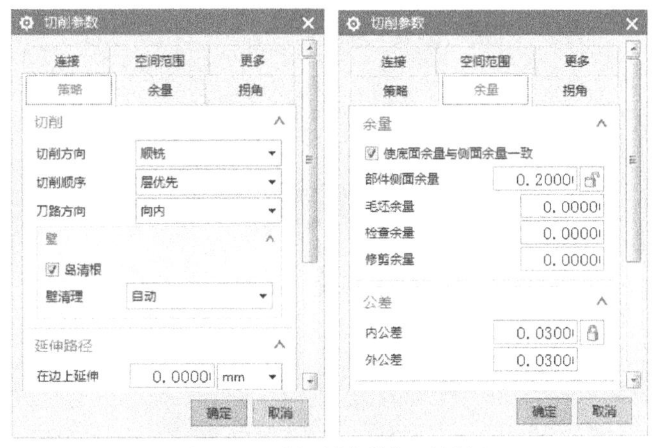

图 8-18　【切削参数】对话框

图 8-19　【非切削移动】对话框

5）单击【型腔铣】对话框中的【进给率和速度】按钮，弹出【进给率和速度】对话框，设置切削进给率为2000mm/min、【主轴速度（rpm）】为【5000】，单击“基于此值计算进给和速度”按钮，自动计算出【表面速度】和【每齿进给量】，如图8-20所示，最后单击【确定】按钮。

6）单击【型腔铣】对话框中【操作】选项组中的“生成”按钮，进行刀轨的生成，如图8-21a所示。单击“确认”按钮，弹出【刀轨可视化】对话框，选择【2D动态】选项卡，单击【碰撞设置】按钮，并在其设置对话框中勾选【碰撞时暂停】，单击【确定】按钮，回到【刀轨可视化】对话框。单击“播放”按钮，开始切削加工仿真，仿真结果如图8-21b所示。

图8-20 【进给率和速度】对话框

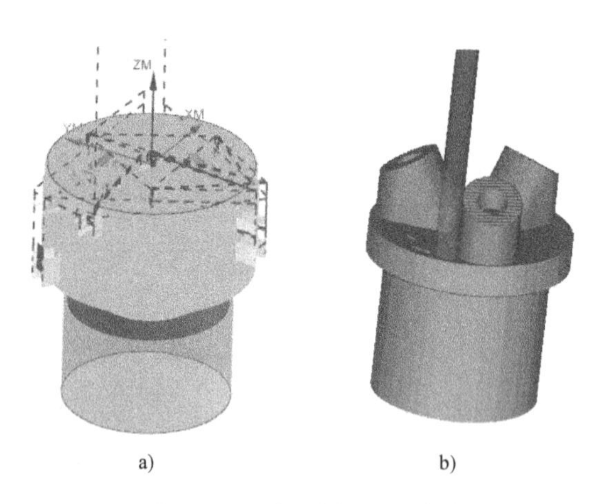

图8-21 生成刀轨和动态仿真

2. 三叉异形零件叉柱盲孔开粗

1）单击“创建工序”按钮，在【创建工序】对话框中设置【类型】为【hole_making】、【工序子类型】为【孔铣】，其余参数设置如图8-22，单击【确定】按钮。

2）在弹出的【孔铣】对话框中单击【指定特征几何体】按钮，选择三个盲孔为特征几何体，如图8-23所示，单击【确定】按钮。

3）在【孔铣】对话框中设置【切削模式】为【螺旋】、【螺距】为【0.25mm】，如图8-24所示。

4）单击【孔铣】对话框中的【切削参数】按钮，在【切削参数】对话框中选择【余量】选项卡，设置【部件侧面余量】为【0.2】，其余参数保持默认，如图8-25所示，单击【确定】按钮。

5）单击【孔铣】对话框中的【非切削移动】按钮，弹出【非切削移动】对话框，选择【转移/快速】选项卡，设置【安全设置选项】为【圆柱】、【指定点】为底座圆台圆心、【指定矢量】为 Z 轴、【半径】为【35】，如图 8-26 所示，单击【确定】按钮。

图 8-22　创建孔铣工序

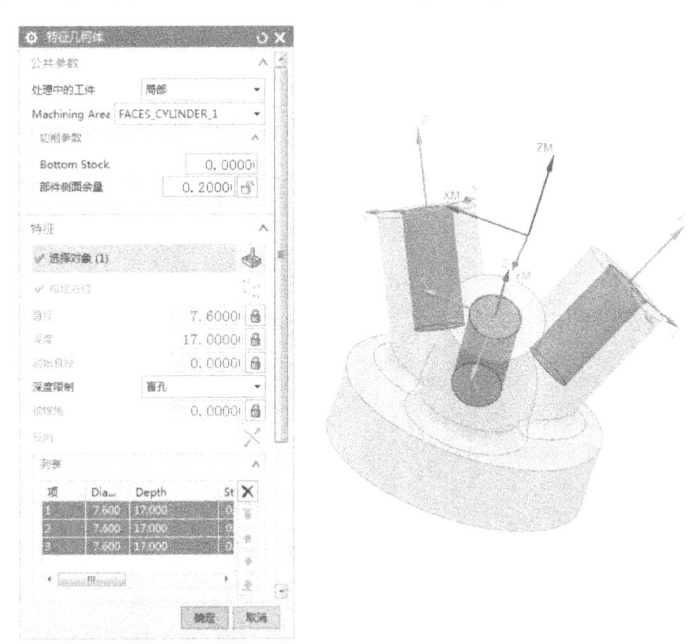

图 8-23　指定特征几何体

图 8-24　刀轨设置

图 8-25　【切削参数】对话框

6）单击【孔铣】对话框中的【进给率和速度】按钮，在【进给率和速度】对话框中设置切削进给率为 1500mm/min、【主轴速度（rpm）】为【5000】，单击“基于此值计算进给和速度”按钮，自动计算出【表面速度】和【每齿进给量】，如图 8-27 所示，单击【确定】按钮。

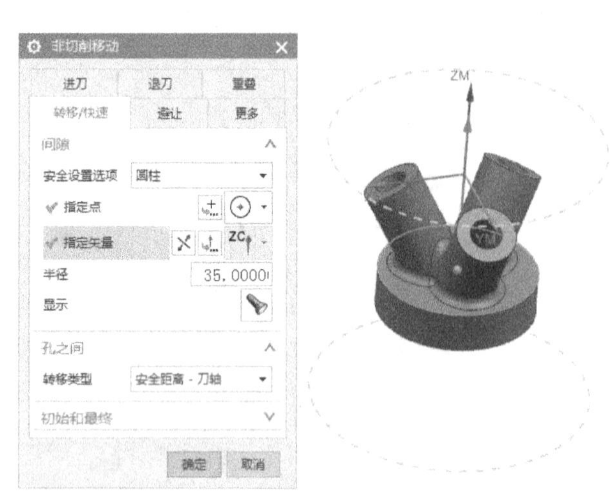

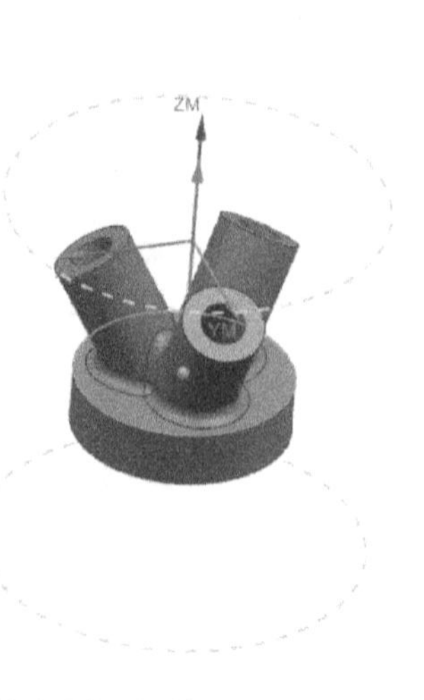

图 8-26　【非切削移动】对话框

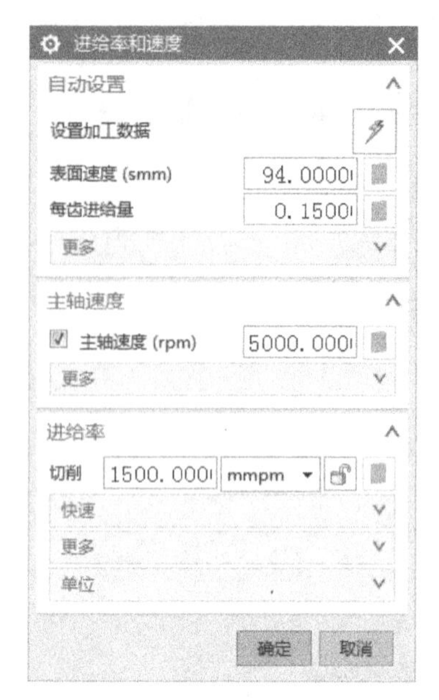

图 8-27　【进给率和速度】对话框

7）单击【孔铣】对话框中【操作】选项组中的“生成”按钮，生成图 8-28a 所示的刀轨。单击“确认”按钮，弹出【刀轨可视化】对话框，选择【2D 动态】选项卡，单击【碰撞设置】按钮，在弹出的对话框中勾选【碰撞时暂停】，单击【确定】按钮回到【刀轨可视化】对话框；单击“播放”按钮，开始切削加工仿真，仿真结果如图 8-28b 所示。

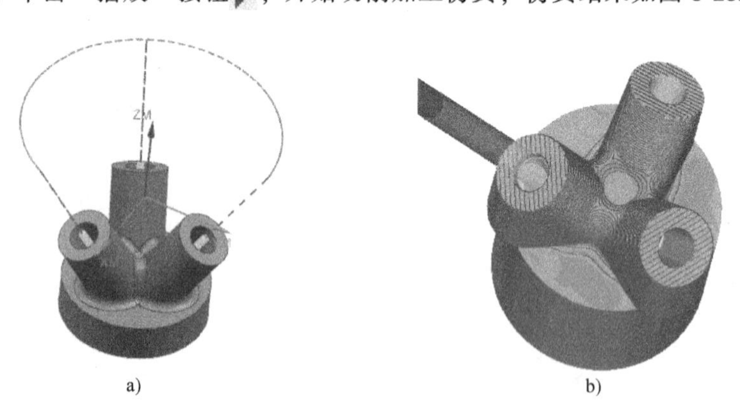

a)　　　　b)

图 8-28　生成刀轨和动态仿真

3. 三叉异形零件定轴二次开粗

1）选择之前创建的两个刀轨，单击“确认刀轨”按钮，进入【刀轨可视化】对话框，将【生成 IPW】设置为【中等】，勾选【将 IPW 保存为组件】，单击“播放”按钮进行仿真。仿真完成后，单击【创建】按钮，完成 IPW 的创建，如图 8-29 所示。

2）复制并粘贴零件整体开粗的刀轨程序，如图 8-30 所示。

3）双击复制的刀轨程序，打开【型腔铣】对话框，单击【指定切削区域】按钮，进行切削区域的指定，如图 8-31 所示。

图 8-29　创建 IPW

4）在【型腔铣】对话框中，将【工具】选项组中的【刀具】设置为【D3】，【刀轴】设置为 Y 轴，如图 8-32 所示。

图 8-30　复制刀轨

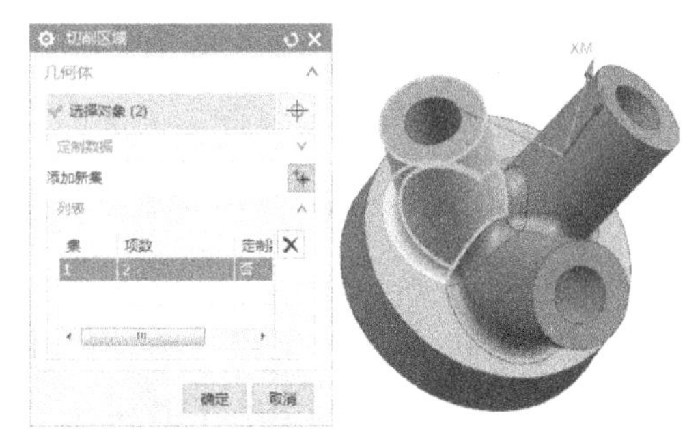

图 8-31　指定切削区域

5）单击【型腔铣】对话框中的【切削层】按钮，在弹出的对话框中可以通过添加新集设置切削层，删除选中面以下部分，设置【每刀切削深度】为 0.25mm，如图 8-33 所示，单击【确定】按钮。

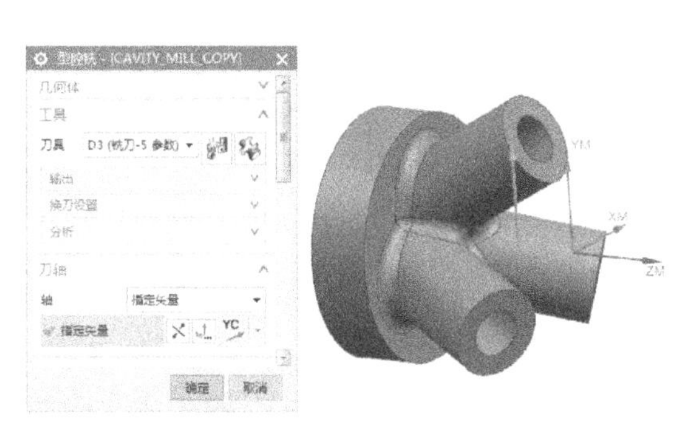

图 8-32　刀具及刀轴设置

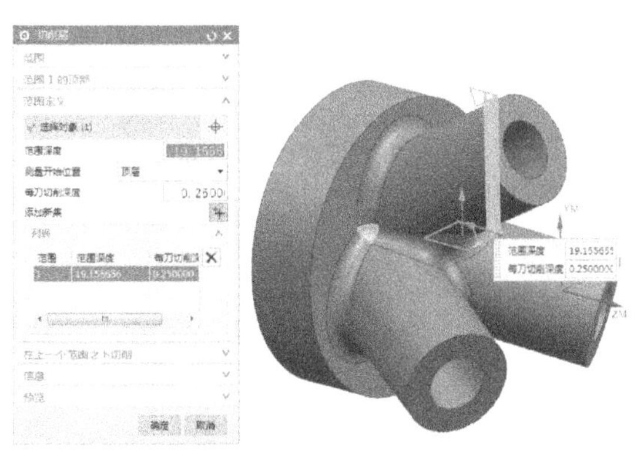

图 8-33　切削层设置

6）单击【型腔铣】对话框中的【切削参数】按钮，在弹出的对话框中选择【策略】选项卡，设置【切削顺序】为【深度优先】，其余参数保持默认，如图 8-34 所示，单击【确定】按钮。

7）单击【型腔铣】对话框中的【进给率和速度】按钮，在弹出的对话框中设置切削进给率为 1500mm/min、【主轴速度（rpm）】为【6500】，单击“基于此值计算进给和速度”按钮，自动计算出【表面速度】和【每齿进给量】，如图 8-35 所示，单击【确定】按钮。

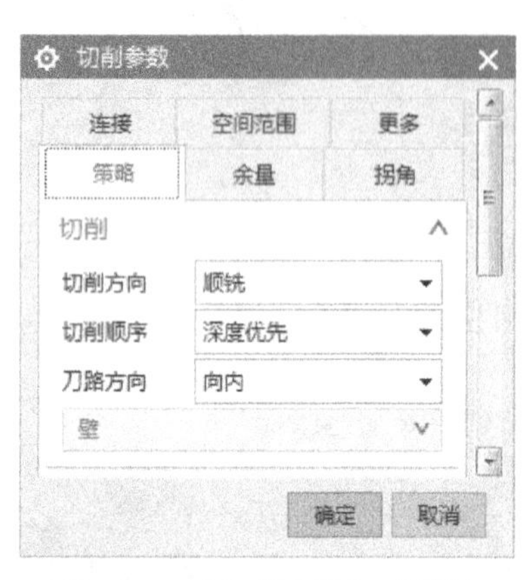

图 8-34 【切削参数】对话框

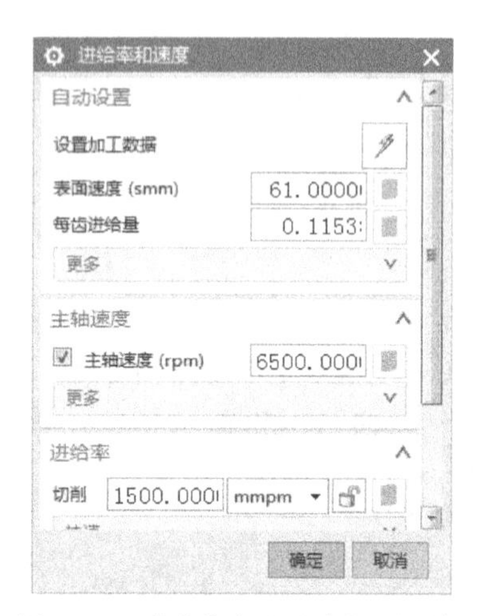

图 8-35 【进给率和速度】对话框

8）由于需采用过程工件毛坯，所以要新建一个 WORKPIECE。打开【创建几何体】对话框，如图 8-36a 所示，单击【确定】按钮，进入【工件】对话框，设置三叉异形件为【指定部件】，单击【指定毛坯】按钮，指定之前创建的 IPW 作为毛坯，如图 8-36 所示。

a)

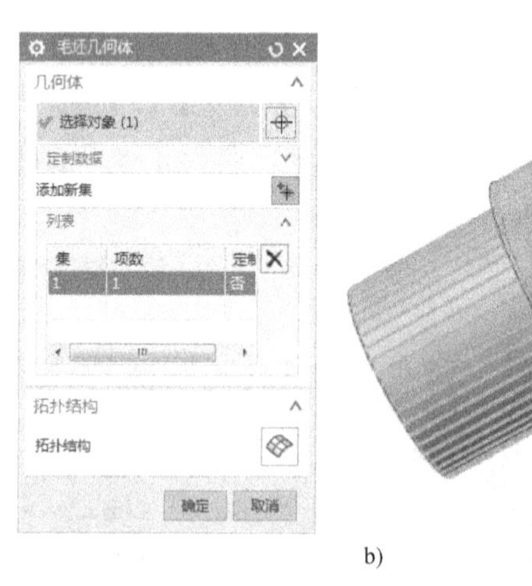

b)

图 8-36 指定毛坯

9）单击【型腔铣】对话框中【操作】选项组中的“生成”按钮，生成刀轨，如图 8-37a 所示。单击“确认”按钮，弹出【刀轨可视化】对话框，选择【2D 动态】选项卡，单击【碰撞设置】按钮，并在弹出的对话框中勾选【碰撞时暂停】，单击【确定】按钮，回到【刀轨可视化】对话框；单击“播放”按钮▶，开始切削加工仿真，仿真结果如图 8-37b 所示。

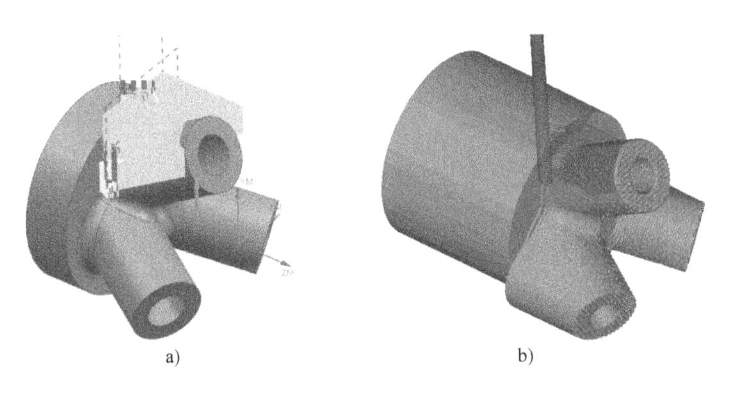

a)　　b)

图 8-37　生成刀轨和动态仿真

10）选择新创建的刀轨程序，单击鼠标右键，在弹出的菜单中单击【对象】→【变换】命令，在【变换】对话框中设置【类型】为【绕直线旋转】，即绕 *Z* 轴旋转，设置【角度】为 120°，在【结果】选项组中点选【实例】，设置【实例数】为【2】，如图 8-38 所示，单击【确定】按钮。

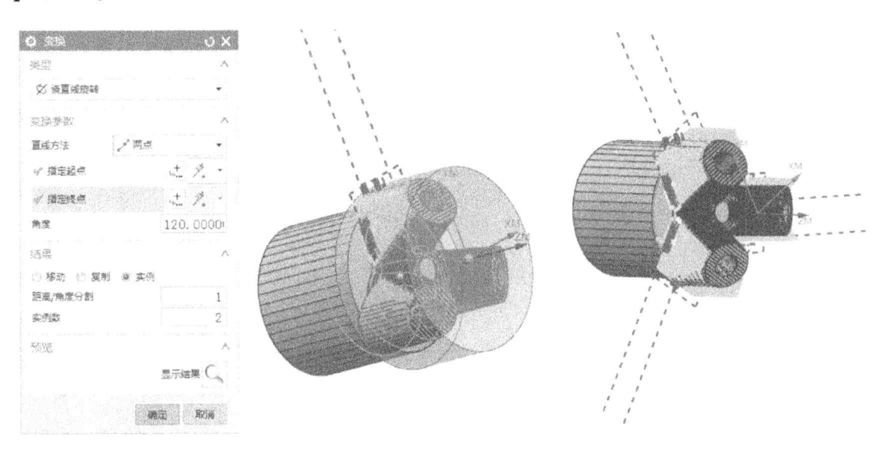

图 8-38　复制刀轨

提示：通过实例进行复制后，修改任意一个刀轨参数，另外两个刀轨参数将会同步修改。

4. 三叉异形零件根部开粗

1）在【工序导航器-程序顺序】中，复制并粘贴第一个定轴二次开粗程序，如图 8-39 所示。

2）双击复制的程序，打开【型腔铣】对话框，单击【指定切削区域】按钮，进入【切削区域】对话框，在【列表】中删除原来的选择对象；设置【刀具】为【D3】，【刀轴】选择【+ZM 轴】，【切削模式】为【跟随部件】，如图 8-40 所示。

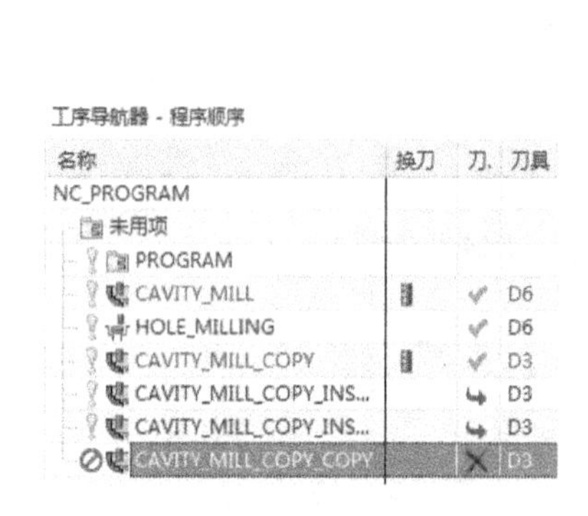

图 8-39　复制程序

图 8-40　【型腔铣】对话框

3）单击【型腔铣】对话框中的【切削参数】按钮，在【切削参数】对话框中选择【空间范围】选项卡，设置【参考刀具】为【D6】、【重叠距离】为【1】、【最小除料量】为【0.2】，选择【连接】选项卡，设置【开放刀路】为【变换切削方向】，其余参数保持默认，如图 8-41 所示，单击【确定】按钮。

4）单击【型腔铣】对话框中【操作】选项组中的“生成”按钮，生成图 8-42 所示刀轨。观察刀轨，叉柱内的刀轨需要删除。

图 8-41　【切削参数】对话框

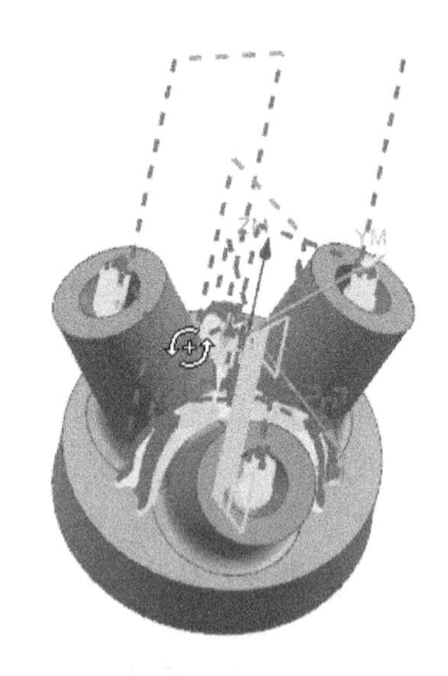

图 8-42　生成刀轨

5）单击【型腔铣】对话框中的【指定修剪边界】按钮，弹出【修剪边界】对话框，分别选择叉柱端面的三个外圆，设置【指定平面】为圆台上端面，如图 8-43 所示，单击【确定】按钮。

6）再次单击【型腔铣】对话框中的“生成”按钮，生成图 8-44 所示刀轨。

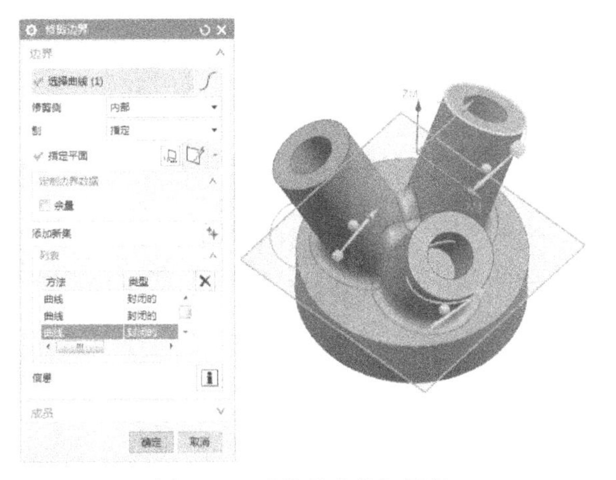

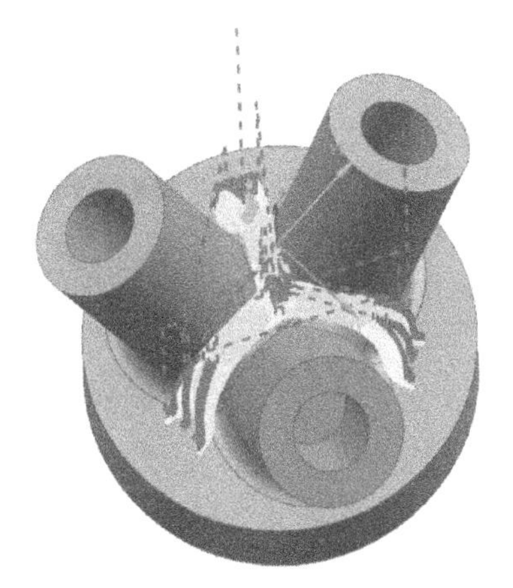

图 8-43　【修剪边界】设置　　　　图 8-44　再次生成刀轨

5. 三叉异形零件叉柱上表面半精加工

1）为了方便程序读取及刀轨检查，创建【开粗】、【半精】和【精光】三个程序组，如图 8-45 所示。

2）单击“创建工序”按钮，在弹出的对话框中设置【类型】为【mill_planar】、【工序子类型】为【平面铣】，其余参数设置如图 8-46 所示，单击【确定】按钮。

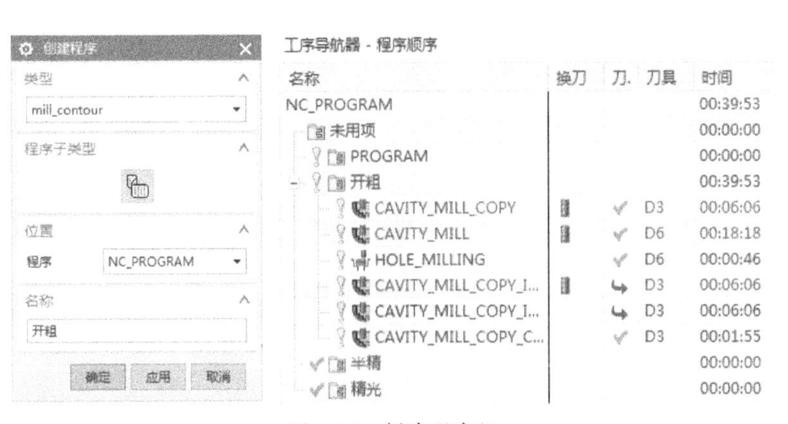

图 8-45　创建程序组　　　　图 8-46　创建平面铣工序

3）单击【平面铣】对话框中的【指定部件边界】按钮，弹出【边界几何体】对话框，设置【模式】为【曲线/边】，弹出【创建边界】对话框，默认参数设置，选择叉柱内孔面后单击【确定】按钮，退出当前对话框，如图 8-47 所示。

4）单击【平面铣】对话框中的【指定底面】按钮，指定叉柱顶面为底面，如图 8-48 所示，单击【确定】按钮。

5）在【平面铣】对话框中设置【刀轴】为【垂直于底面】、【切削模式】为【轮廓】，如图 8-49 所示。完成此步后，可以先单击“生成”按钮生成刀轨并进行观察。观察发现，

图 8-47　指定部件边界

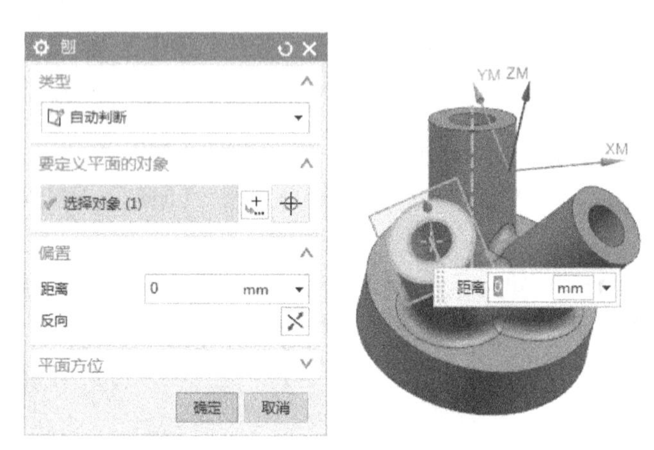

图 8-48　指定底面

图 8-49　刀轴及切削模式设置

此时生成的刀轨将沿内孔边进行切削，容易产生毛刺。

6）单击【平面铣】对话框中的【切削参数】按钮，在【切削参数】对话框中选择【余量】选项卡，设置【部件余量】为【-1】、【最终底面余量】为【0.1】，其余参数保持默认，如图 8-50 所示，单击【确定】按钮。

7）单击【平面铣】对话框中的【进给率和速度】按钮，在弹出的对话框中设置切削进给率为 1000mm/min，【主轴速度（rpm）】为【5000】，单击“基于此值计算进给和速度”按钮，自动计算出【表面速度】和【每齿进给量】，如图 8-51 所示，单击【确定】按钮。

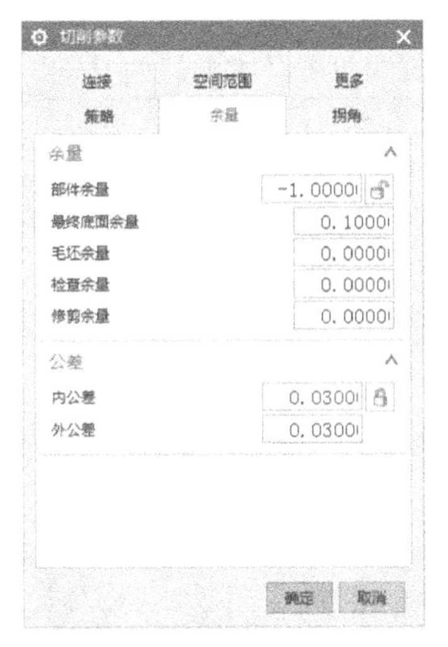

图 8-50　【切削参数】对话框

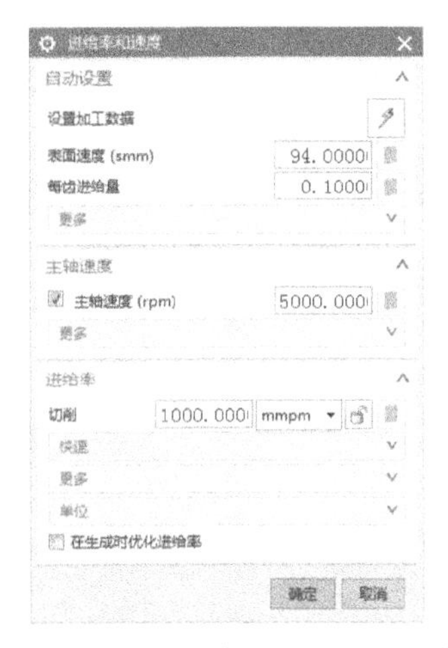

图 8-51　【进给率和速度】对话框

8）单击【平面铣】对话框中的“生成”按钮，重新生成刀轨，如图 8-52 所示。

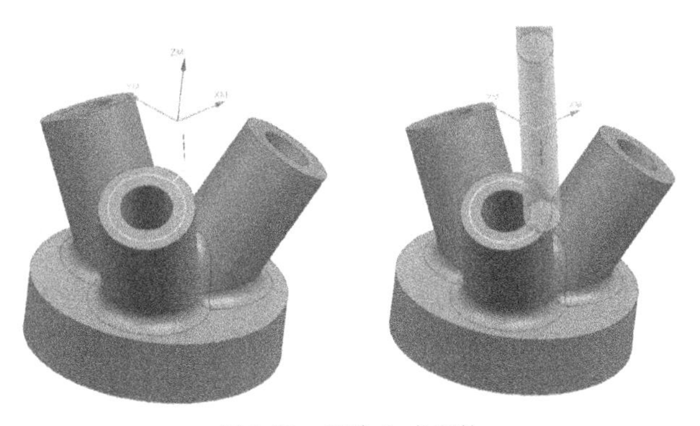

图 8-52　再次生成刀轨

9）选中新创建的刀轨程序，在右键菜单中单击【对象】→【变换】命令，进入【变换】对话框，对话框设置如图 8-53 所示，单击【确定】按钮。

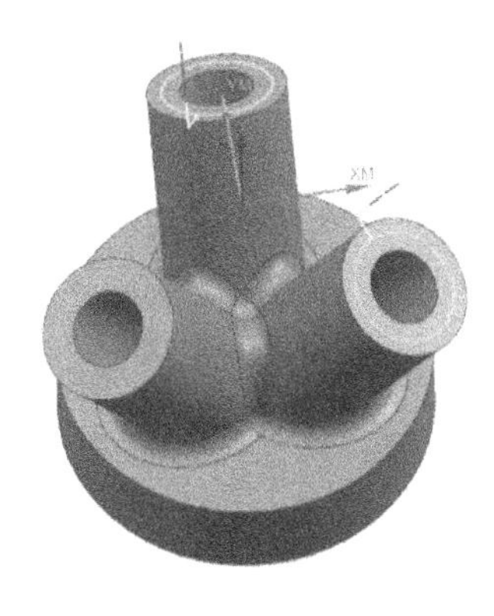

图 8-53　复制刀轨

6. 三叉异形零件圆台外表面半精加工

1）单击“创建工序”按钮，弹出【创建工序】对话框，设置【类型】为【mill_multi-axis】、【工序子类型】为【可变轮廓铣】，其余参数设置如图 8-54 所示，单击【确定】按钮。

2）在【可变轮廓铣】对话框中，设置【驱动方法】为【曲面】，在弹出的【曲面区域驱动方法】对话框中设置【指定驱动几何体】为圆台外表面，指定【切削方向】，设置【切削模式】为【螺旋】、【切削步长】为【公差】，其余参数设置如图 8-55 所示，单击【确定】按钮。

图 8-54　创建可变轮廓铣工序

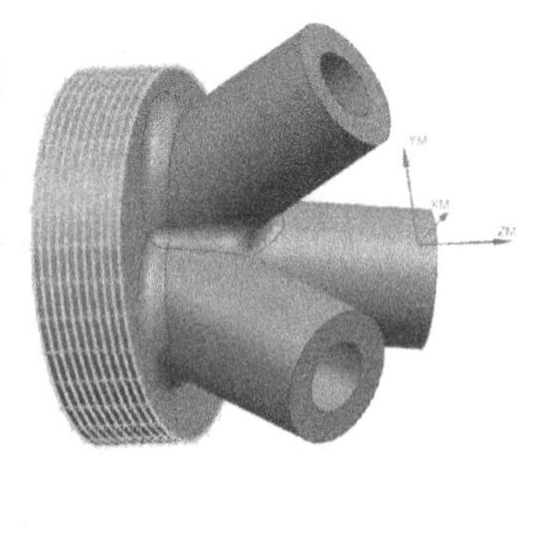

图 8-55　驱动方法设置

3）在【可变轮廓铣】对话框中，设置【投影矢量】为【垂直于驱动体】、【刀轴】为【4 轴，相对于驱动体】，在【4 轴，相对于驱动体】对话框中设置【旋转轴】为 Z 轴、【前倾角】为 2°，如图 8-56 所示，单击【确定】按钮。

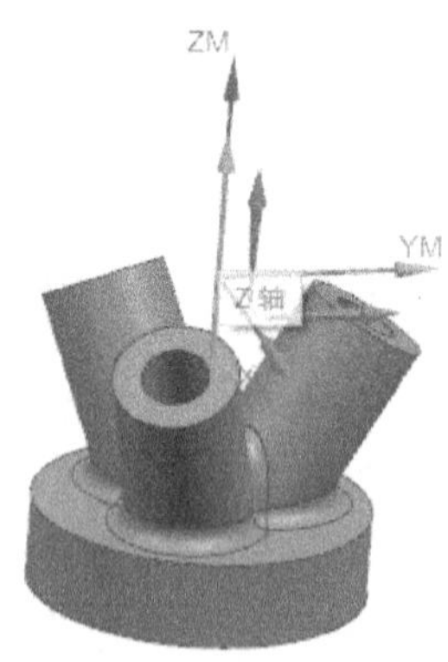

图 8-56　刀轴设置

注意：添加前倾角，使刀具边缘进行切削，可提升切削效果。图 8-57 所示为添加前倾角的前后对比。

4）单击【可变轮廓铣】对话框中的【切削参数】按钮，在【切削参数】对话框中设置【部件余量】为【0.1】，其余参数保持默认，如图 8-58 所示，单击【确定】按钮。

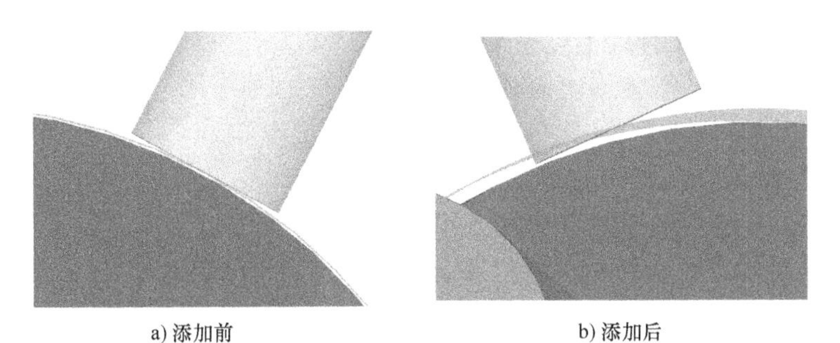

a) 添加前　　　　b) 添加后

图 8-57　添加前倾角前后对比

5）单击【可变轮廓铣】对话框中的【进给率和速度】按钮，在【进给率和速度】对话框中设置切削进给率为 1500mm/min、【主轴速度（rpm）】为【5000】，单击“基于此值计算进给和速度”按钮，自动计算出【表面速度】和【每齿进给量】，如图 8-59 所示，单击【确定】按钮。

图 8-58　【切削参数】对话框

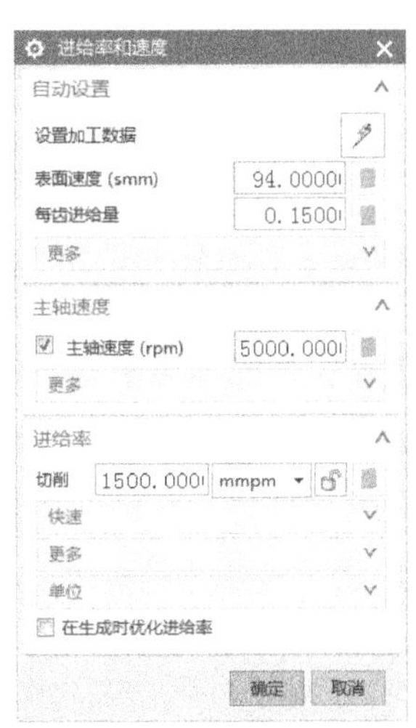

图 8-59　【进给率和速度】对话框

6）单击【操作】选项组中的“生成”按钮，生成图 8-60a 所示刀轨。单击“确认”按钮，可以使用“单步向前”播放按钮观察切削效果，如图 8-60b 所示。

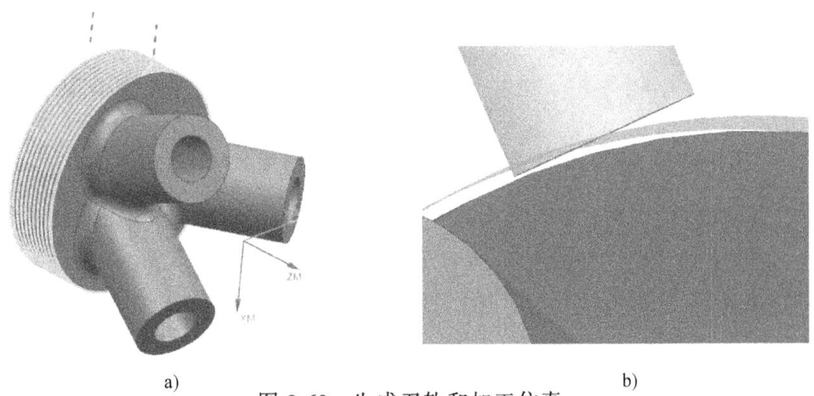

a)　　　　b)

图 8-60　生成刀轨和加工仿真

7）观察刀轨，由于工件最后需从毛坯上切下，为保证工件的切削效果，需将刀轨向外延伸，如图 8-61 所示。

8）双击程序文件，在【可变轮廓铣】对话框中单击【驱动方法】选项组中的“编辑”按钮，弹出【曲面区域驱动方法】对话框，在【切削区域】下拉列表中再次选择【曲面】，弹出【曲面百分比方法】对话框，设置【结束步长】为【180】，如图 8-62 所示，单击【确定】按钮。

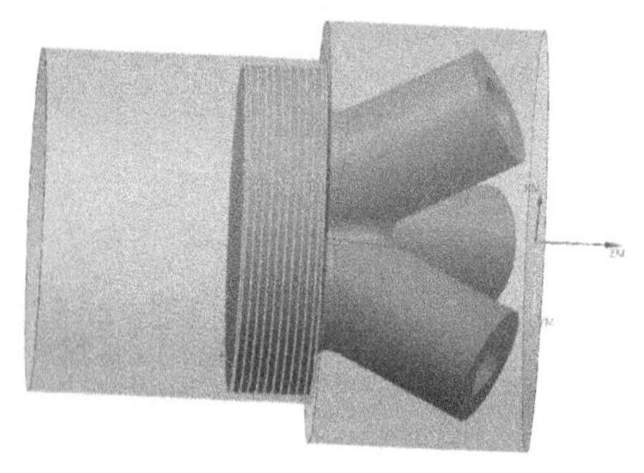

图 8-61　观察刀轨

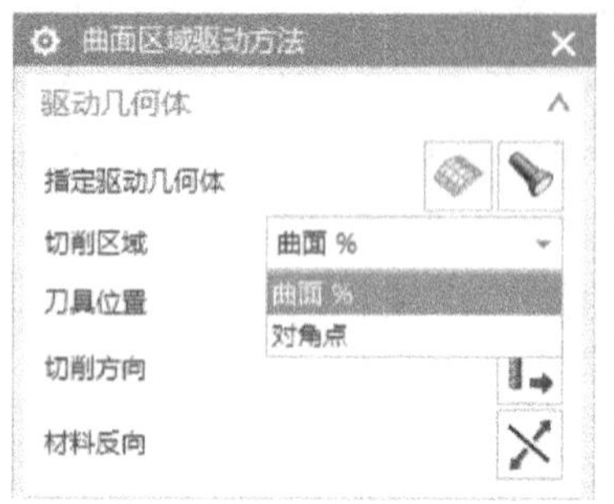

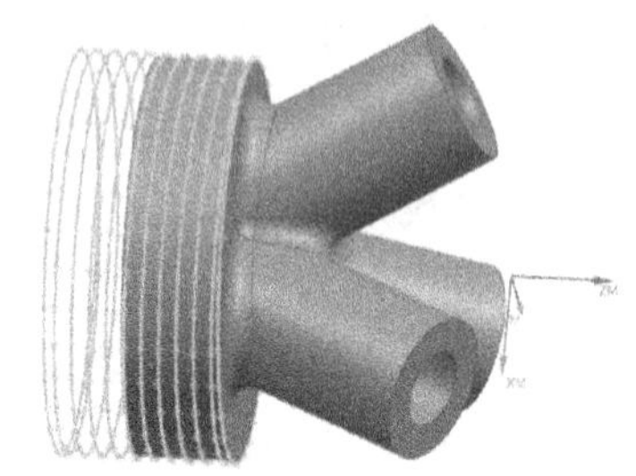

图 8-62　结束步长设置

9）单击【操作】选项组中的“生成”按钮，生成图 8-63 所示刀轨。

7. 三叉异形零件圆台上表面半精加工

1）在【工序导航器-程序顺序】中复制并粘贴外表面半精加工刀轨程序，如图 8-64 所示。

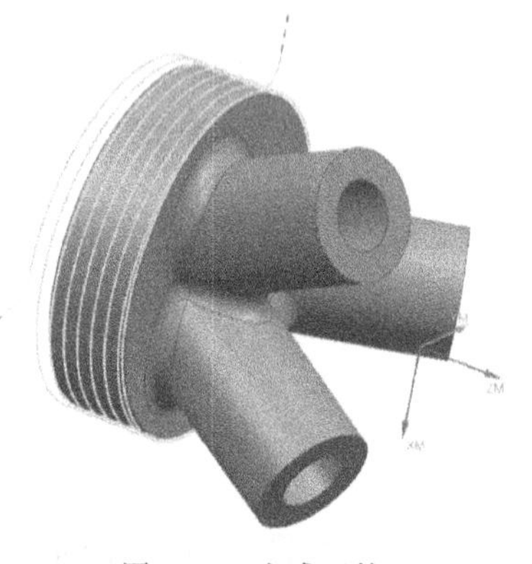

图 8-63　生成刀轨

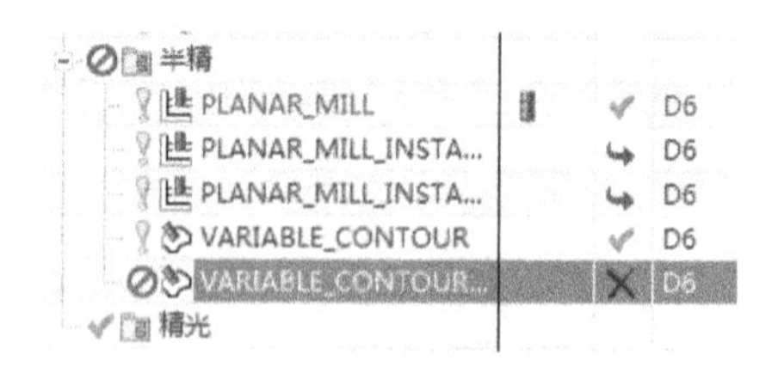

图 8-64　复制程序

2）双击复制的程序，打开【可变轮廓铣】对话框，设置【几何体】为【MCS_MILL】，设置【驱动方法】为【流线】，如图 8-65 所示。在打开的【流线驱动方法】对话框中指定圆台上表面外轮廓曲线为流曲线 1，内部三条曲线为流曲线 2，设置【指定切削方向】为由外向内、【步距】为【数量】、【步距数】为【25】（具体数量可根据实际刀轨的稀疏情况进行修改）、【切削步长】为【公差】，其余参数设置如图 8-66 所示，单击【确定】按钮。

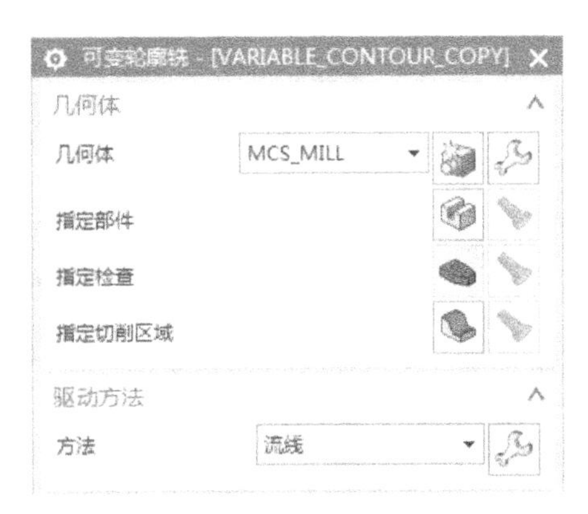

图 8-65　驱动方法选择

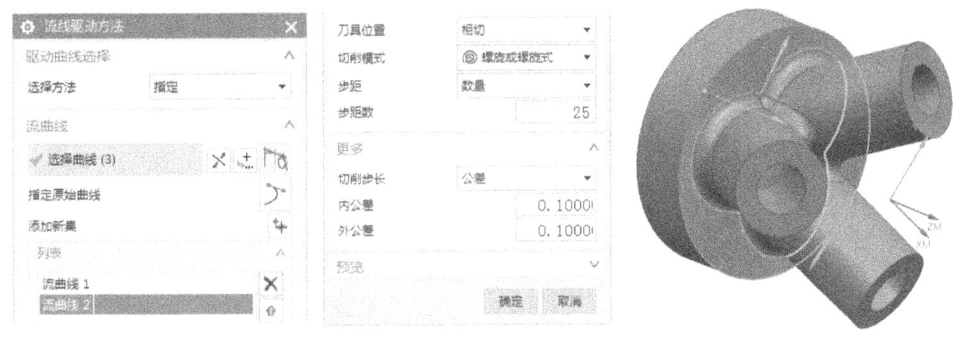

图 8-66　【流线驱动方法】设置

注意：在指定流线时，需注意箭头方向需一致，且【材料侧】需注意方向，否则可能会产生图 8-67、图 8-68 所示的错误。

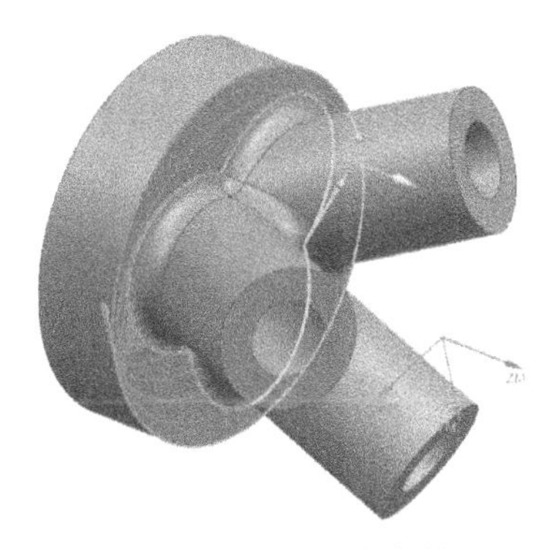

图 8-67　指定流线方向错误

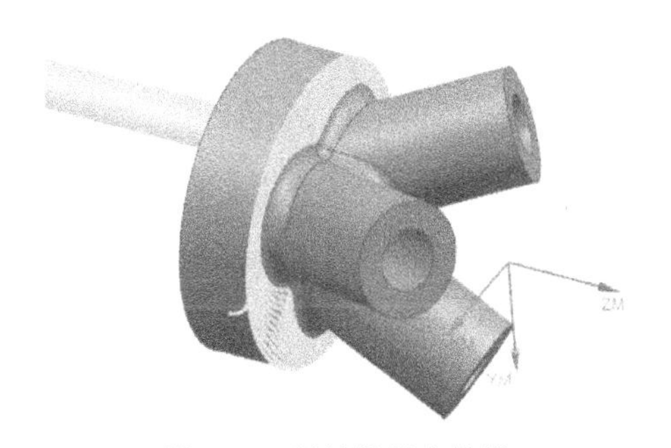

图 8-68　材料侧指定错误

3）单击【可变轮廓铣】对话框中【操作】选项组中的“生成”按钮，生成刀轨。观察后发现刀轨不合理，需进行修改，如图 8-69 所示。

4）重新进行编辑，设置刀轴的侧倾角。可通过多次角度设置进行观察。侧倾角为 90°时，切削不合理，如图 8-70a 所示；侧倾角为-90°时，切削刃可能会对底面进行切削，切削不合理，如图 8-70b 所示；调整侧倾角至-85°时，刀具会与底面产生一定夹角，切削合理，如图 8-70c 所示。同时，观察发现采用【D6】刀具无法达到切削效果，需换用【R1.5】球刀，对话框设置如图 8-71 所示。

5）单击【可变轮廓铣】对话框中的【非切削移动】按钮，弹出【非切削移动】对话框，在【转移/快速】选项卡中设置【安全设置选项】为【圆柱】、【指定点】为圆台圆心、【指定矢量】为 Z 轴、【半径】为【50】，如图 8-72 所示，单击【确定】按钮。

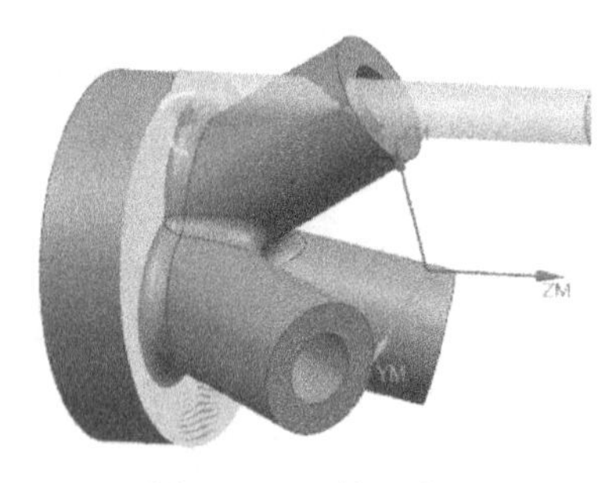

图 8-69　刀轨不合理

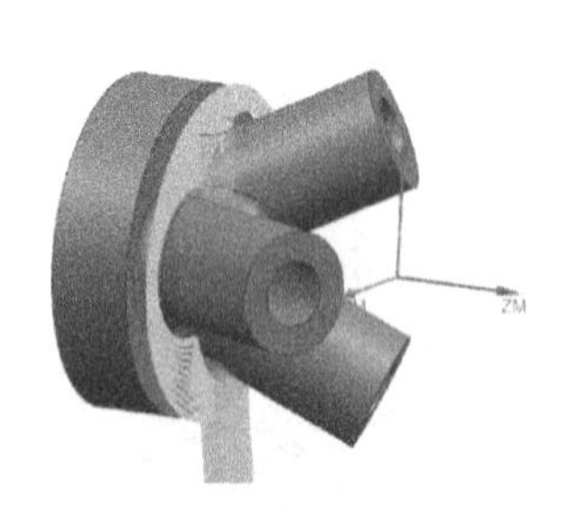

a) 90°

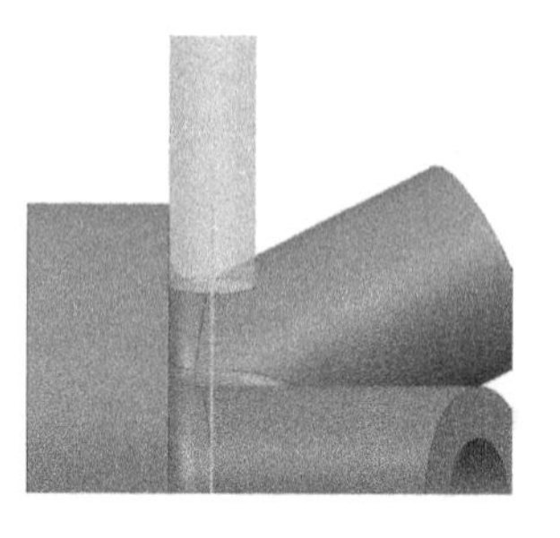

b) −90°

c) −85°(偏3°~5°)

图 8-70　侧倾角设置

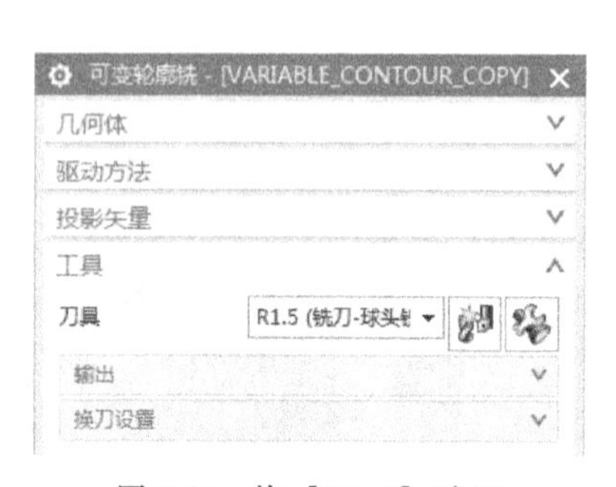

图 8-71　换【R1.5】球刀

图 8-72　【非切削移动】对话框

6）单击【操作】选项组中的“生成”按钮，生成图 8-73a 所示刀轨。单击“确认”按钮，进行仿真加工，结果如图 8-73b 所示。

8. 三叉异形零件叉柱外圆柱面半精加工

1）三叉异形零件叉柱外圆柱面半精加工的加工面如图 8-74 所示。

2）在【工序导航器-程序顺序】中复制并粘贴上一个刀轨程序，如图 8-75 所示。

3）双击新的刀轨程序后打开【可变轮廓铣】对话框，设置【几何体】为【WORKPIECE】、【驱动方法】为【曲面】，弹出【曲面区域驱动方法】对话框。选择其中的一个叉

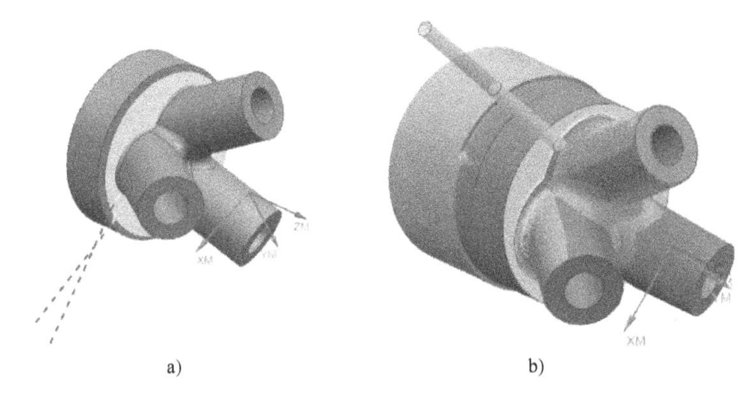

图 8-73　生成的刀轨与仿真加工结果

柱外圆柱面作为【指定驱动几何体】，设置【切削方向】为从上至下、【切削步长】为【公差】，单击【显示】按钮进行预览，如图 8-76 所示，单击【确定】按钮。

图 8-74　叉柱外圆柱面

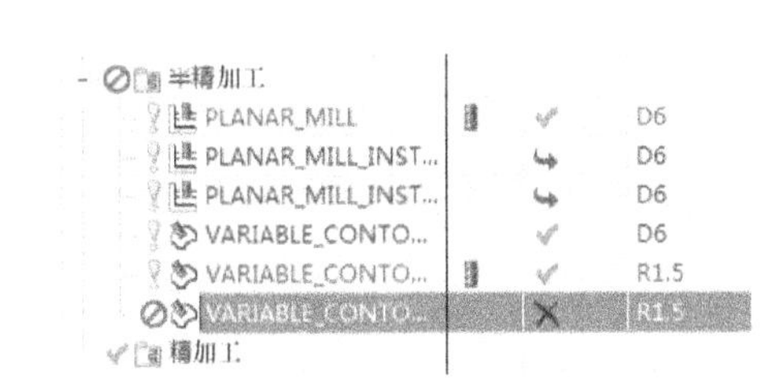

图 8-75　复制刀轨

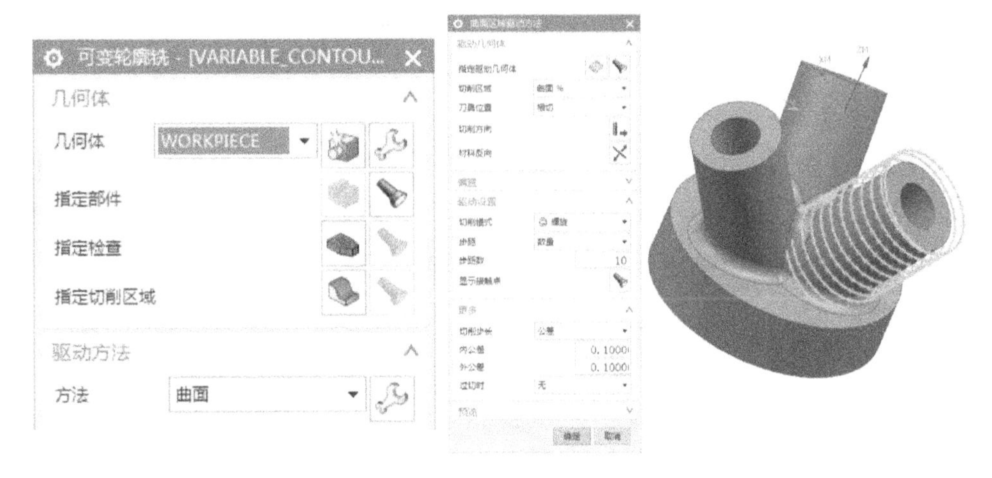

图 8-76　设置【几何体】和【驱动方法】

注意：如果不指定几何体，生成的刀轨可能会产生干涉，如图 8-77 所示。

4）将刀轴的【侧倾角】改为 0°，单击“生成”按钮，生成图 8-78 所示刀轨。对刀轨进行初步观察与分析，产生该情况的原因是投影矢量选择不合适。

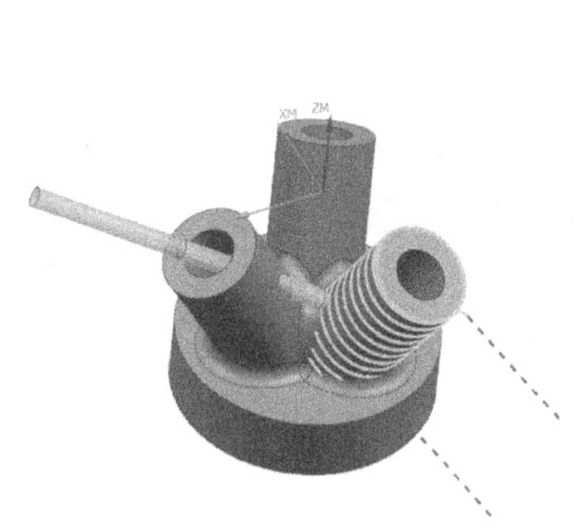

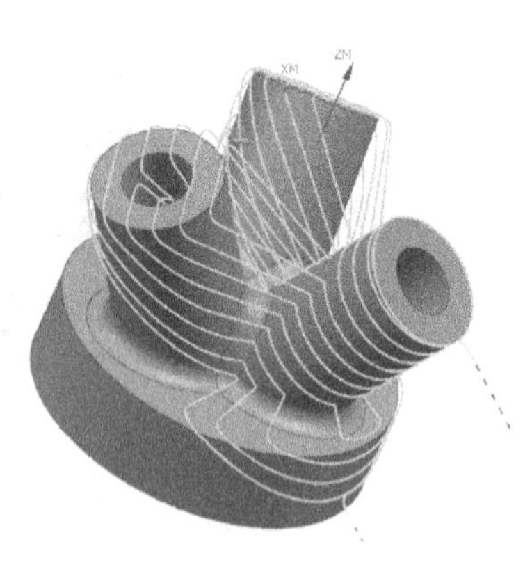

图 8-77　不指定几何体可能会产生干涉

图 8-78　初步生成刀轨

5）在【投影矢量】选项组中设置【矢量】为【刀轴】，设置【侧倾角】为 85°。单击“生成”按钮，生成图 8-79 所示刀轨。

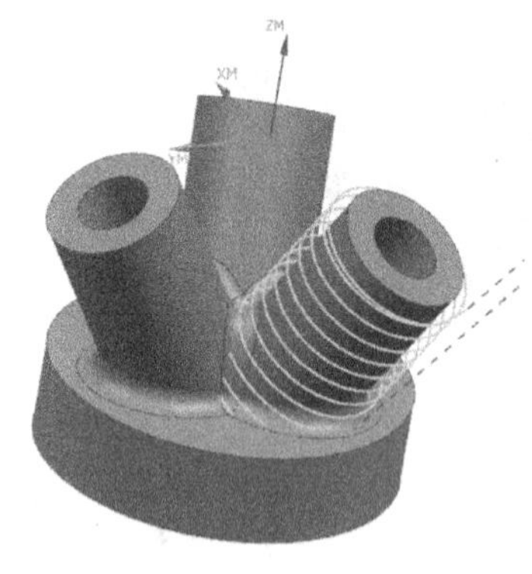

图 8-79　再次生成刀轨

6）经观察，此时刀轨已经合理，单击【驱动方法】中的“编辑”按钮，进行细化设置。设置【步距】为【残余高度】、【最大残余高度】为【0.1】，如图 8-80 所示，单击【确定】按钮。

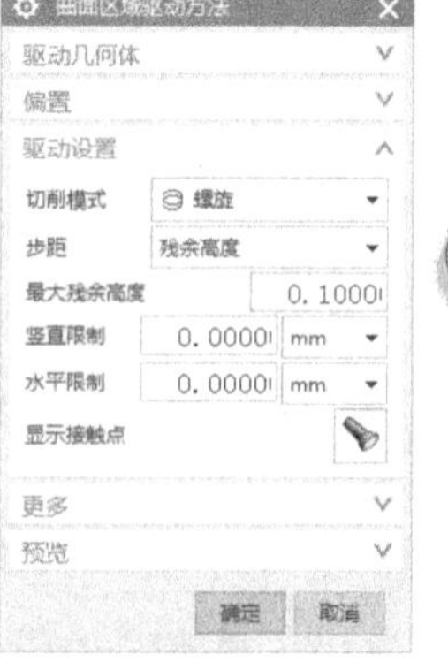

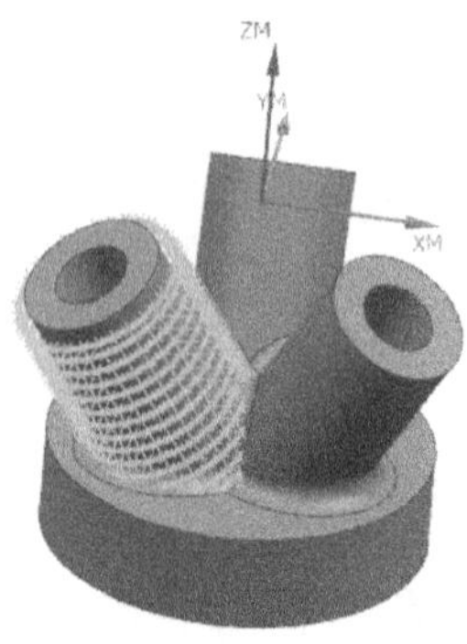

图 8-80　再次设置驱动方法

7）选择新创建的刀轨程序，在右键菜单中单击【对象】→【变换】命令，在【变换】对话框中设置【类型】为【绕直线旋转】，即绕圆台中心轴旋转，【角度】为 120°，其余参数设置如图 8-81 所示，单击【确定】按钮。

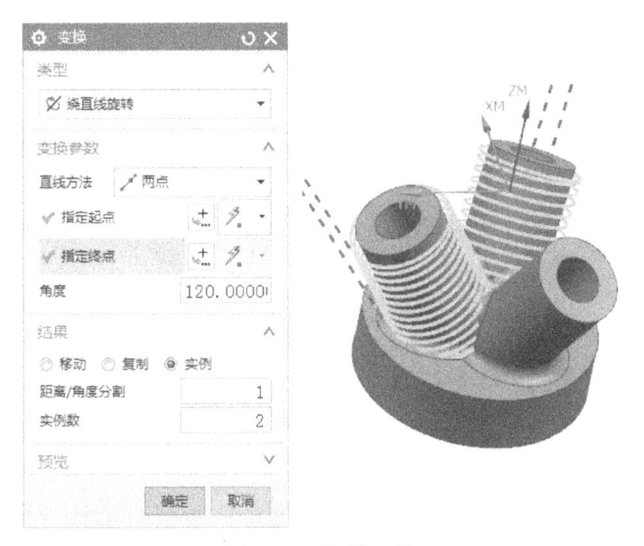

图 8-81　复制刀轨

9. 三叉异形零件叉柱盲孔半精加工

1）复制之前盲孔开粗的加工刀轨程序。考虑换刀等因素，将盲孔加工工序粘贴至顶部加工后，如图 8-82 所示。

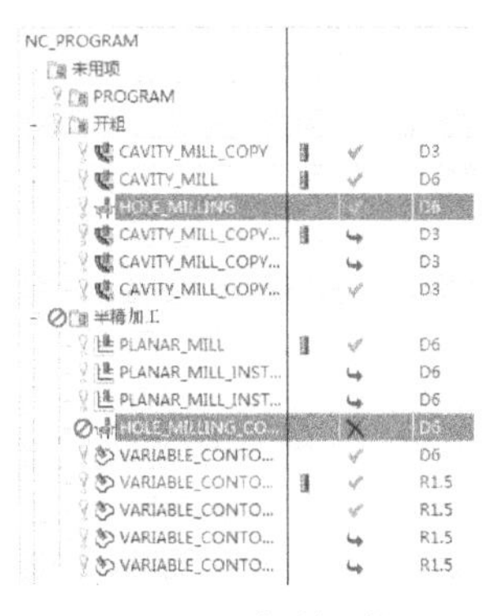

图 8-82　复制刀轨

2）双击新程序进行编辑，出现图 8-83a 所示弹窗。单击【孔铣】对话框中的【切削参数】按钮，在【切削参数】对话框中设置【部件侧面余量】为【0.1】，其余参数保持不变，如图 8-83 所示，单击【确定】按钮。

3）单击【孔铣】对话框中的“生成”按钮，生成图 8-84 所示刀轨。

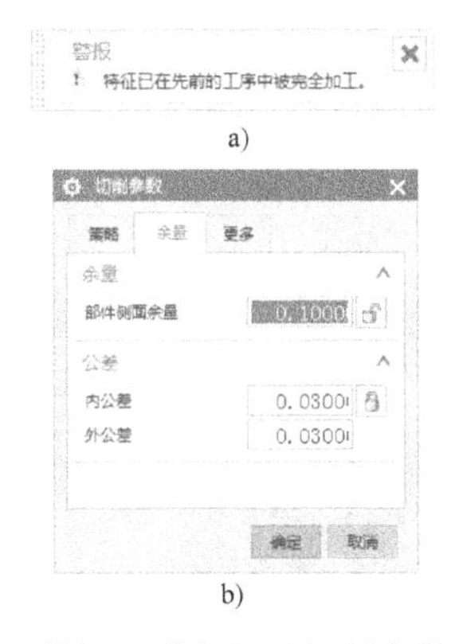

a)

b)

图 8-83　【警报】弹窗与【切削参数】对话框

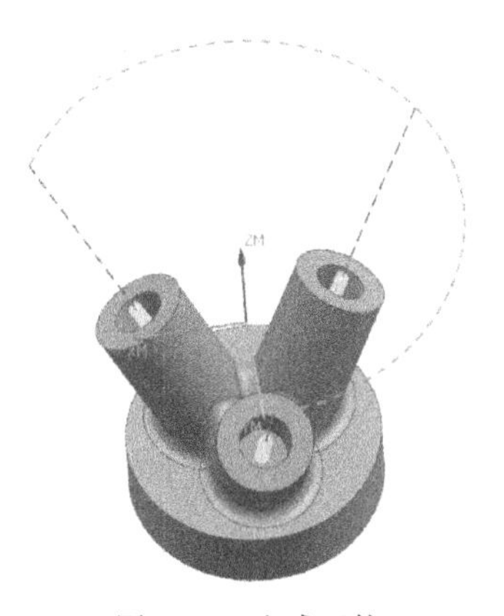

图 8-84　生成刀轨

10. 三叉异形零件根部圆角半精加工

1）三叉异形零件根部圆角半精加工的加工表面如图 8-85 所示。

2）单击“创建工序”按钮，在弹出的对话框中设置【类型】为 mill_multi-axis、【工序子类型】为【可变轮廓铣】、【刀具】为【R1.5】，如图 8-86 所示，单击【确定】按钮。

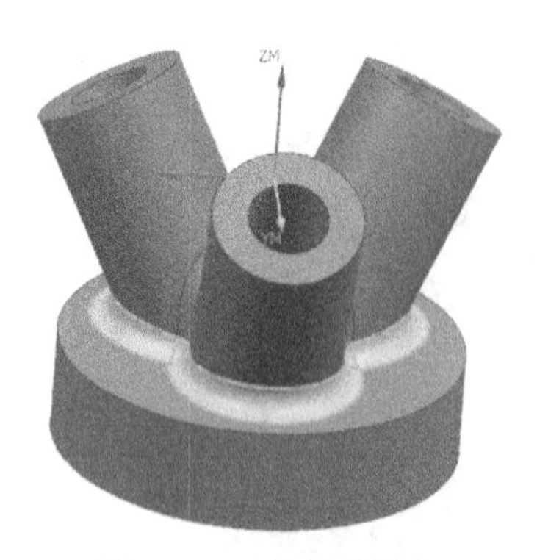

图 8-85 叉柱根部圆角

图 8-86 创建可变轮廓铣工序

3）在【可变轮廓铣】对话框中设置【驱动方法】为【曲面】，在弹出的对话框中单击【指定驱动几何体】按钮，建议先选择小的三角面作为第一个面，以保证刀轨的合理化，再单击【开始下一行】按钮，然后依次选择其余曲面，如图 8-87、图 8-88 所示。因未指定部件，在【曲面偏置】文本框中输入【0.1】，作为余量。指定切削方向，如图 8-89 所示。设置【切削模式】为【螺旋】、【切削步长】为【公差】。其余参数保持默认，如图 8-90 所示，单击【确定】按钮。

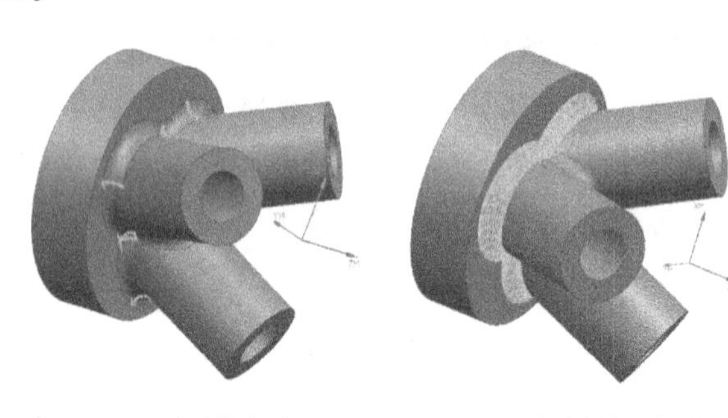

a) 先选择大面　　b) 先选择小三角面

图 8-87 注意首个面的选择

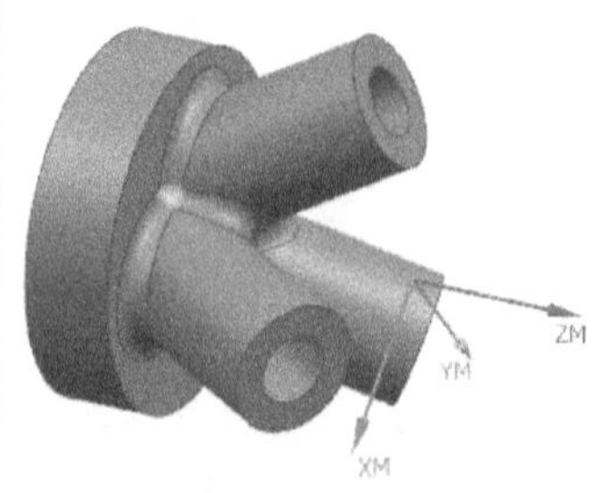

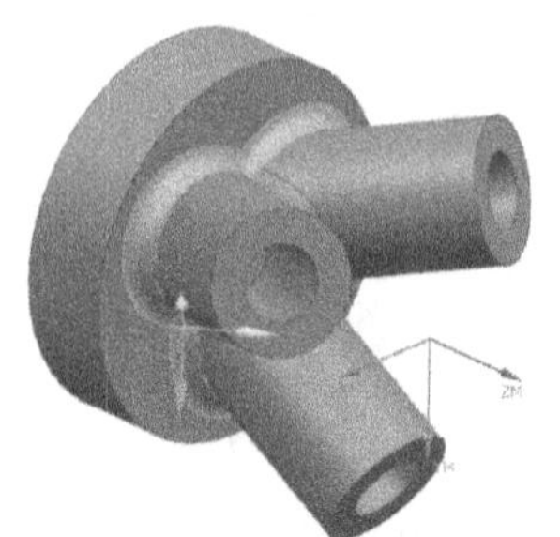

图 8-88 指定驱动几何体

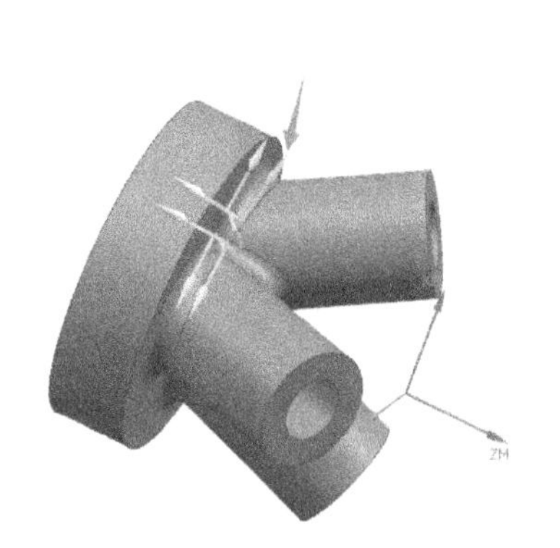

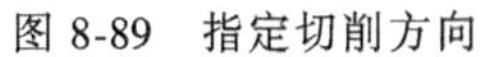

图 8-89　指定切削方向

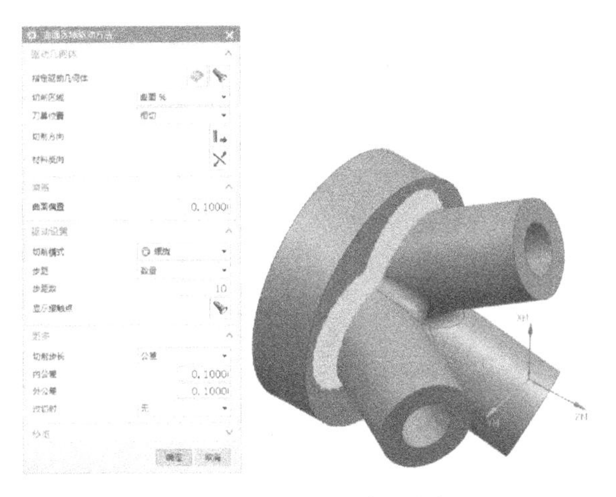

图 8-90　设置曲面区域驱动方法

注意：如果在选择第二个曲面时弹出【不能构建栅格线】弹窗，如图 8-91 所示，则根据提示，单击【首选项】→【选择】命令，在【选择首选项】对话框中将【成链】选项组中的【公差】设置为【0.0254】，则可顺利选择曲面，如图 8-92 所示。

图 8-91　无法选择多个曲面

图 8-92　修改成链公差

4）在【可变轮廓铣】对话框中，设置【刀轴】选项组中的【轴】为【4 轴，相对于驱动体】，并指定工件 Z 轴为【旋转轴】，如图 8-93 所示。

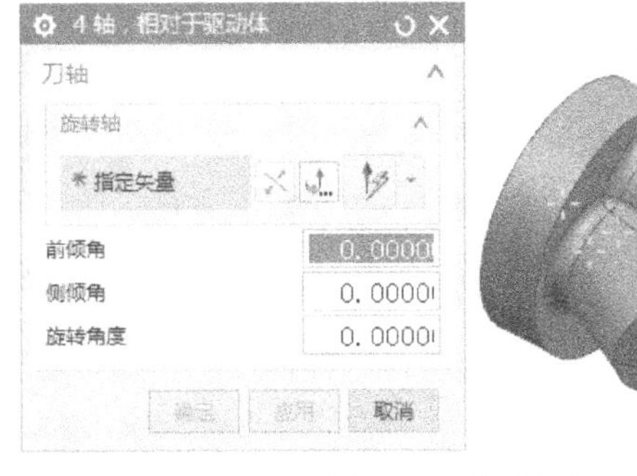

图 8-93　指定刀轴

5）单击【可变轮廓铣】对话框中的【非切削移动】按钮，弹出【非切削移动】对话框，选择【进刀】选项卡，设置【旋转角度】为【5】，其余参数保持默认，如图 8-94a 所示，单击【确定】按钮。图 8-94b、c 分别为设置旋转角度前后对比图。

a)【非切削移动】对话框

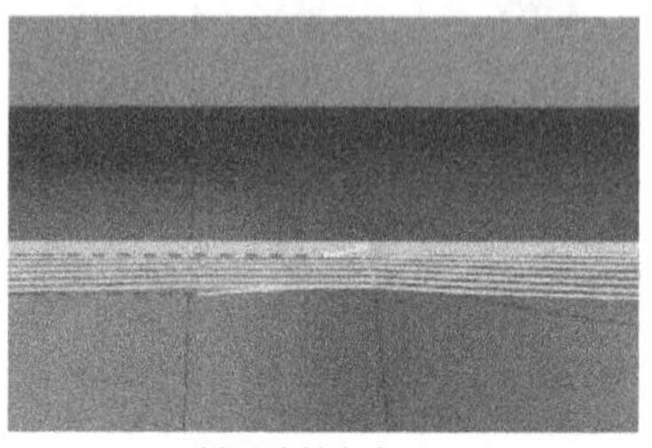

b) 设置旋转角度前

c) 设置旋转角度后

图 8-94　设置【旋转角度】

6）单击【可变轮廓铣】对话框中的【进给率和速度】按钮，在弹出的对话框中设置切削进给率为 1500mm/min、【主轴速度（rpm）】为【10000】，单击“基于此值计算进给和速度”按钮，自动计算出【表面速度】和【每齿进给量】，如图 8-95 所示，单击【确定】按钮。

7）单击“生成”按钮，生成刀轨，初步观察和分析结果。对于图 8-96a 所示刀轨情况，需单击【曲面区域驱动方法】对话框中的【材料反向】按钮进行修改；对于图 8-96b 所示的刀轨情况，发现其最外侧刀轨出现问题。

图 8-95　【进给率和速度】对话框

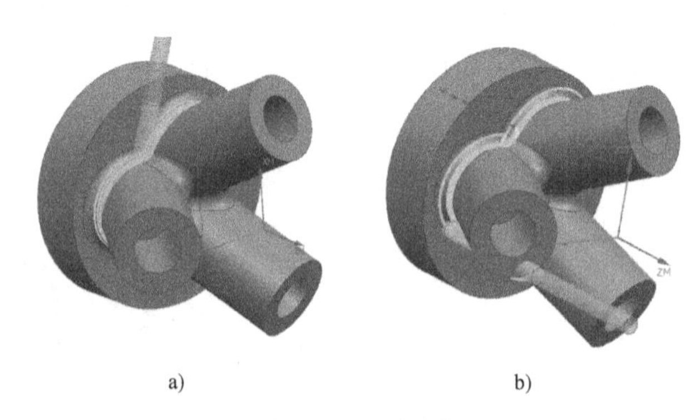

a)　　b)

图 8-96　生成刀轨

8）在【可变轮廓铣】对话框中，将【轴】设置为【4 轴，垂直于驱动体】，并指定工

件 Z 轴为【旋转轴】。再次单击“生成”按钮，生成图 8-97 所示刀轨。

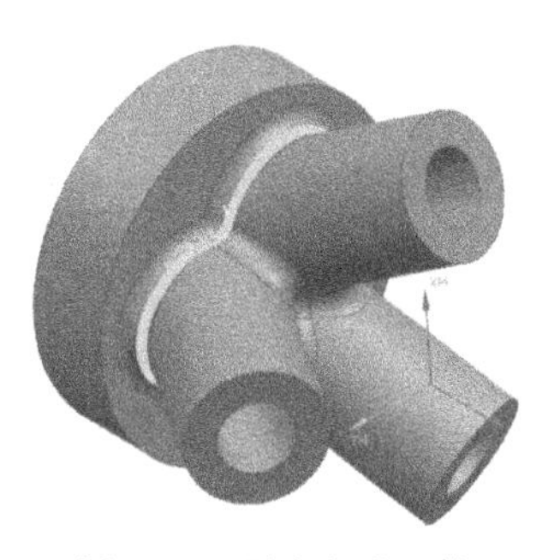

图 8-97　再次生成刀轨

11. 三叉异形零件精加工

1）复制所有半精加工刀轨程序，选择【精光】文件夹，在右键菜单中单击【内部粘贴】命令，结果如图 8-98 所示。

2）双击叉柱上表面加工工序进行编辑，单击【平面铣】对话框中的【切削参数】按钮，在弹出的对话框中选择【余量】选项卡，设置【最终底面余量】为【0】、【内公差】与【外公差】均为【0.003】，单击【确定】按钮。单击【平面铣】对话框中的“生成”按钮，生成图 8-99 所示刀轨。其余两个上表面加工工序可使用相同方法进行修改，或者通过【变换】命令获得。

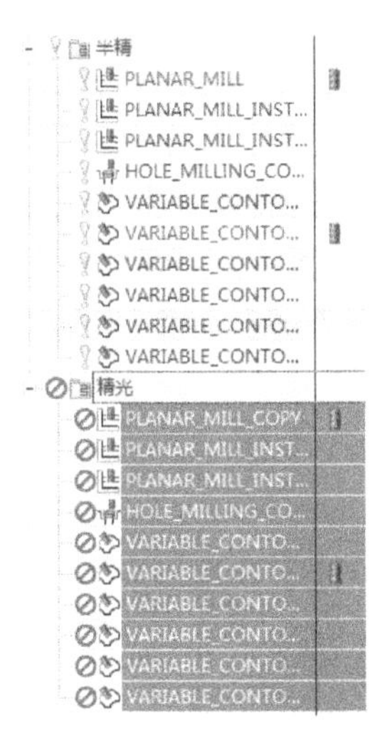

图 8-98　复制刀轨

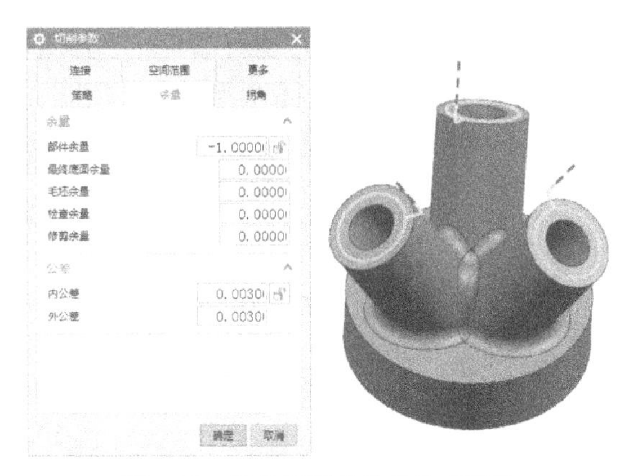

图 8-99　设置切削参数并生成刀轨

3）双击叉柱盲孔加工工序进行编辑，单击【孔铣】对话框中的【切削参数】按钮，在弹出的对话框中选择【余量】选项卡，将【部件侧面余量】设置为【0】，【内公差】和【外公差】均设置为【0.003】，单击【确定】按钮。单击【孔铣】对话框中的“生成”按钮，生成图 8-100 所示刀轨。

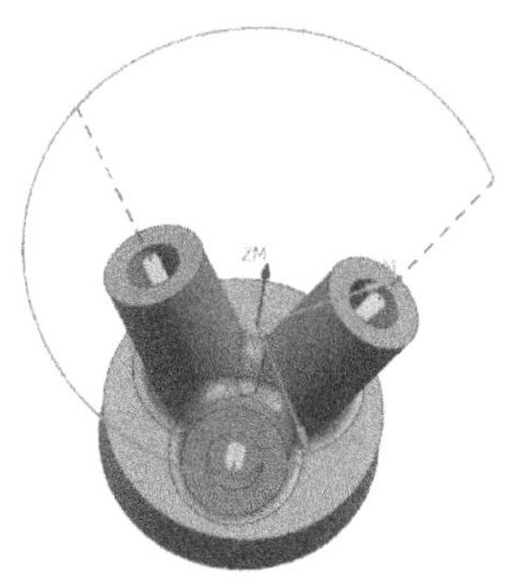

图 8-100　设置切削参数并生成刀轨

4）双击圆台外表面加工工序进行编辑，单击【可变轮廓铣】对话框中的【切削参数】按钮，在弹出的对话框中选择【余量】选项卡，将【余量】选项组中的参数均设置为【0】，将【公差】选项组中的参数均设置为【0.003】，单击【确定】按钮。单击【可变轮廓铣】对话框中的“生成”按钮，生成图 8-101 所示刀轨。

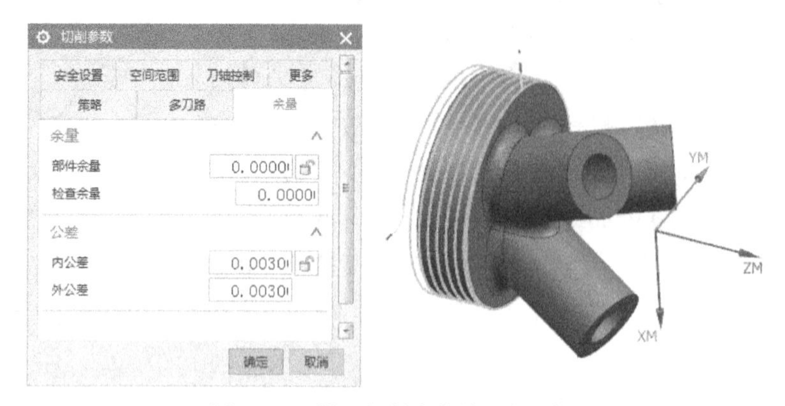

图 8-101　设置切削参数并生成刀轨

5）双击圆台上表面加工工序进行编辑，单击【可变轮廓铣】对话框中的【切削参数】按钮，在弹出的对话框中选择【余量】选项卡，将【余量】选项组中的参数均设置为【0】，将【公差】选项组中的参数均设置为【0.003】，单击【确定】按钮。单击【可变轮廓铣】对话框中的“生成”按钮，生成图 8-102 所示刀轨。

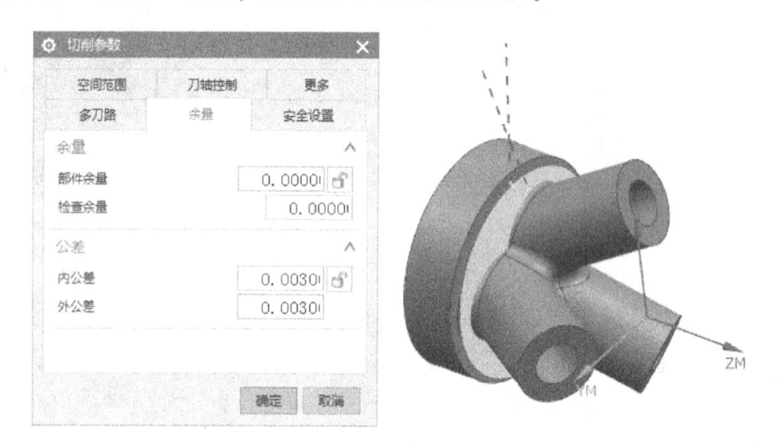

图 8-102　设置切削参数并生成刀轨

6）双击叉柱外圆柱表面加工工序进行编辑，单击【可变轮廓铣】对话框中的【切削参数】按钮，在弹出的对话框中选择【余量】选项卡，将【余量】选项组中的参数均设置为【0】，将【公差】选项组中的参数均设置为【0.003】，单击【确定】按钮。打开【曲面区域驱动方法】对话框，设置【最大残余高度】为【0.05】。单击“生成”按钮，生成图 8-103 所示刀轨。以相同的方法对其余两个叉柱外圆柱表面的加工工序进行修改，或者通过【变换】命令获得。

7）双击根部圆角加工工序进行编辑，单击【可变轮廓铣】对话框中的【切削参数】按钮，在弹出的对话框中选择【余量】选项卡，将【内公差】与【外公差】均设置为

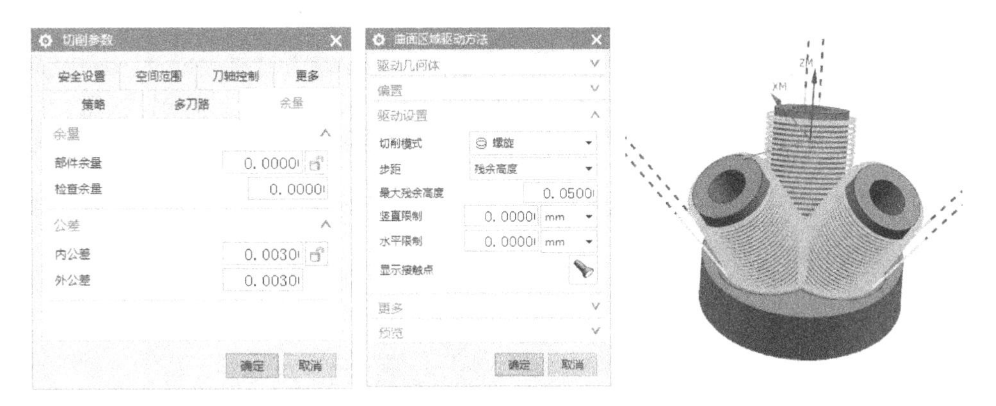

图 8-103　设置切削参数并生成刀轨

【0.003】，单击【确定】按钮。打开【曲面区域驱动方法】对话框，设置【曲面偏置】为【0】、【步距数】为【15】、【内公差】与【外公差】均为【0.05】。单击“生成”按钮，生成图 8-104 所示刀轨。

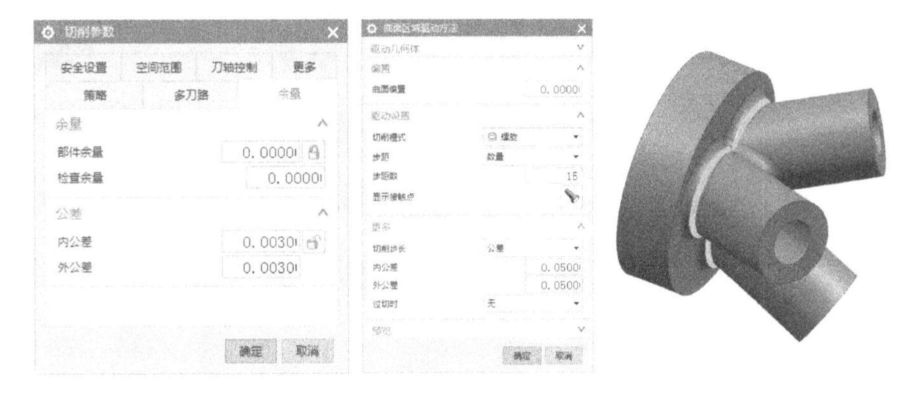

图 8-104　设置切削参数并生成刀轨

8）在【工序导航器-程序顺序】中，再次检查余量是否已经全部修改为 0，如图 8-105 所示。

工序导航器 - 程序顺序

名称	换刀	刀轨	刀具	刀具...	时间	余量	底面余量
NC_PROGRAM					00:58:32		
未用项					00:00:00		
PROGRAM					00:00:00		
开粗					00:39:53		
半精加工					00:10:23		
精加工					00:08:16		
PLANAR_MILL_COPY			D6	1	00:00:03	-1.0000	0.0000
PLANAR_MILL_COP...			D6	1	00:00:03	-1.0000	0.0000
PLANAR_MILL_COP...			D6	1	00:00:03	-1.0000	0.0000
HOLE_MILLING_CO...			D6	1	00:00:58	0.0000	
VARIABLE_CONTO...			D6	1	00:00:42	0.0000	0.0000
VARIABLE_CONTO...			R1.5	3	00:01:53	0.0000	0.0000
VARIABLE_CONTO...			R1.5	3	00:01:02	0.0000	0.0000
VARIABLE_CONTO...			R1.5	3	00:01:02	0.0000	0.0000
VARIABLE_CONTO...			R1.5	3	00:01:02	0.0000	0.0000
VARIABLE_CONTO...			R1.5	3	00:01:04	0.0000	0.0000

图 8-105　检查余量

12. 三叉异形零件孔口倒角去毛刺

1）单击“创建工序”按钮，在【创建工序】对话框中设置【类型】为【mill_planar】、【工序子类型】为【平面铣】，其余参数设置如图 8-106 所示，单击【确定】按钮。

2）单击【平面铣】对话框中的【指定部件边界】按钮，指定叉柱端面外圆为边界，对话框设置如图 8-107 所示，单击【确定】按钮。

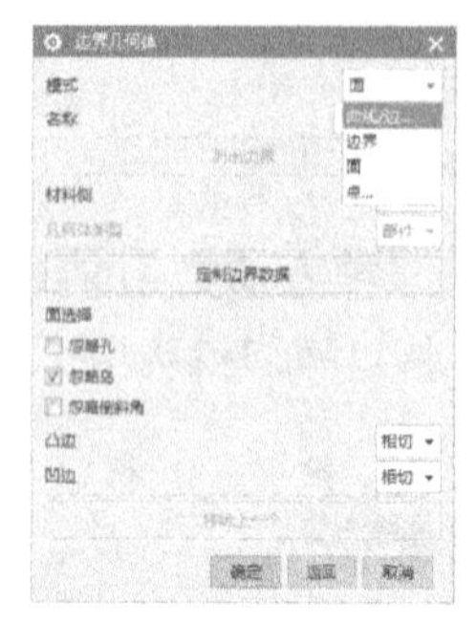

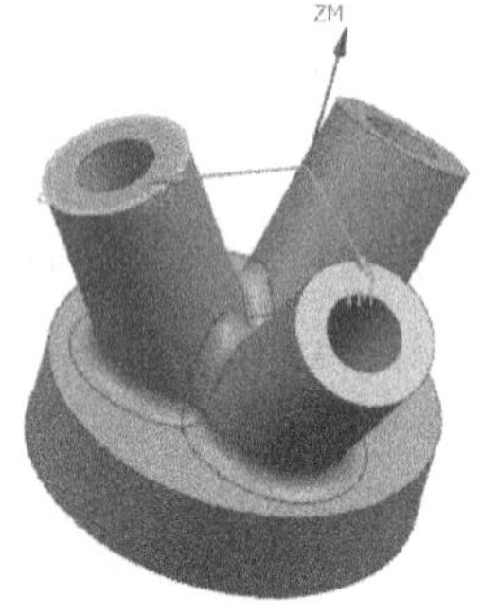

图 8-106　创建平面铣工序　　　　图 8-107　指定部件边界

3）单击【平面铣】对话框中的【指定底面】按钮，指定叉柱端面为底面，在【偏置】选项组中设置【距离】为 2mm，如图 8-108 所示，单击【确定】按钮。

4）在【平面铣】对话框中，设置【刀轴】为【垂直于底面】，设置【切削模式】为【轮廓】，如图 8-109 所示。

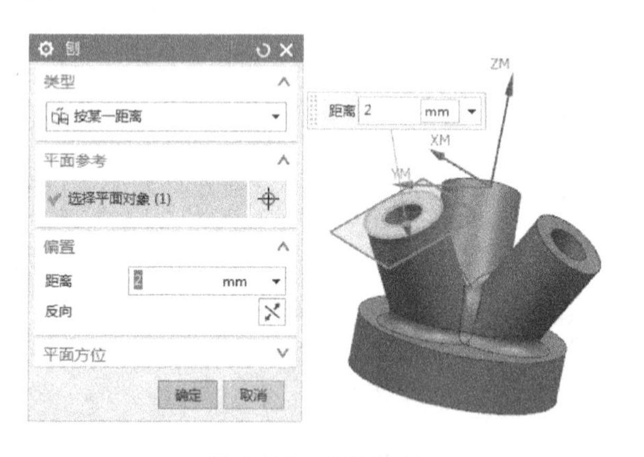

图 8-108　指定底面　　　　图 8-109　刀轴及切削模式设置

5）单击【平面铣】对话框中的【切削参数】按钮，在弹出的对话框中选择【余量】选项卡，设置【部件余量】为【-0.2】，其余参数保持默认，如图 8-110 所示，单击【确定】按钮。

6）单击【平面铣】对话框中的【非切削移动】按钮，弹出【非切削移动】对话框，参数设置如图 8-111 所示，单击【确定】按钮。

7）单击【平面铣】对话框中的【进给率和速度】按钮，在弹出的对话框中设置切削进给率为 1000mm/min、【主轴速度（rpm）】为【2000】，单击“基于此值计算进给和速度”按钮，自动计算出【表面速度】和【每齿进给量】，如图 8-112 所示，单击【确定】按钮。

8）单击“生成”按钮，生成图 8-113 所示刀轨。然后通过【变换】命令复制得到其他两个叉柱孔口倒角的刀轨程序。

图 8-110　【切削参数】对话框

13. 三叉异形零件切离

1）单击“创建工序”按钮，在【创建工序】对话框中设置【类型】为【mill_multi-axis】、【工序子类型】为【可变轮廓铣】，其余参数设置如图 8-114 所示，单击【确定】确定。

图 8-111　【非切削移动】对话框

图 8-112　【进给率和速度】对话框

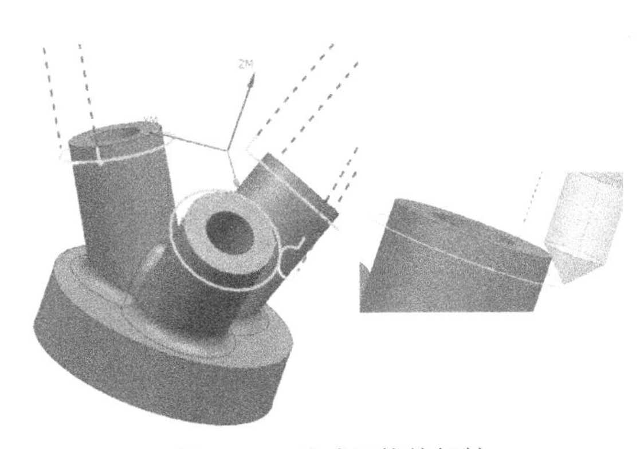

图 8-113　生成刀轨并复制

2）在【可变轮廓铣】对话框中，设置【驱动方法】为【曲面】，在弹出的对话框中单击【指定驱动几何体】按钮，选择工件底面作为驱动几何体，如图 8-115 所示，单击【确定】按钮。其余参数设置如图 8-116 所示，单击【确定】按钮。

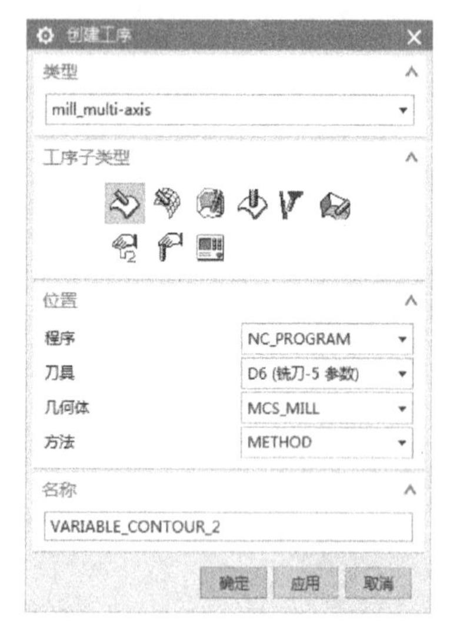

图 8-114　创建可变轮廓铣工序

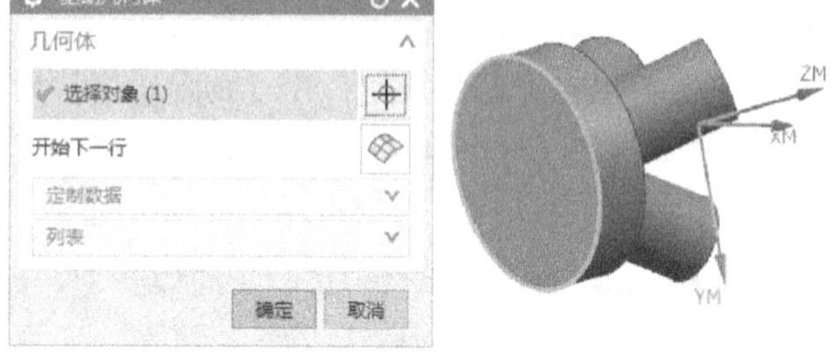

图 8-115　指定驱动几何体

3）在【可变轮廓铣】对话框中，设置【投影矢量】为【垂直于驱动体】、【刀轴】为【相对于驱动体】、【侧倾角】为 90°，如图 8-117 所示。

4）单击【可变轮廓铣】对话框中的【进给率和速度】按钮，在弹出的对话框中设置切削进给率为 1500mm/min、【主轴速度（rpm）】为【5000】，单击“基于此值计算进给和速度”按钮，自动计算出【表面速度】和【每齿进给量】，如图 8-118 所示，单击【确定】按钮。

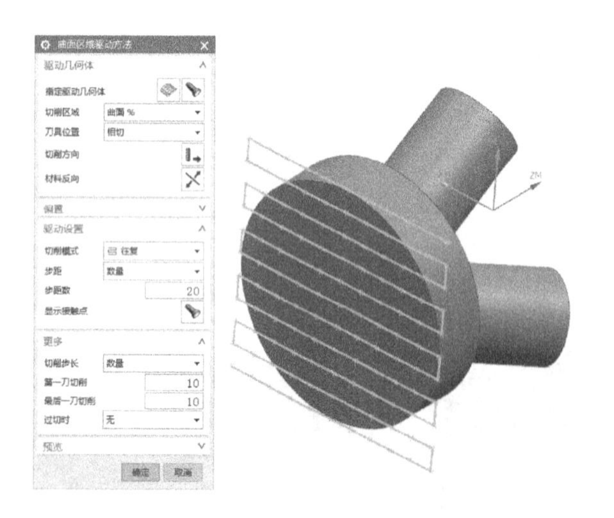

图 8-116　曲面区域驱动方法设置

图 8-117　投影矢量及刀轴设置

5）单击“生成”按钮，生成图 8-119 所示刀轨。

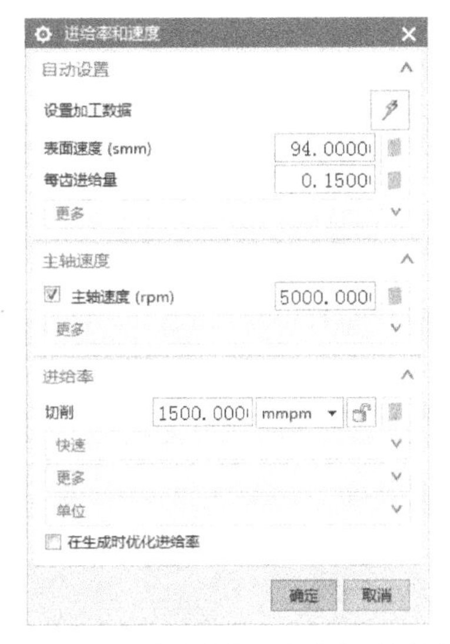

图 8-118　【进给率和速度】对话框

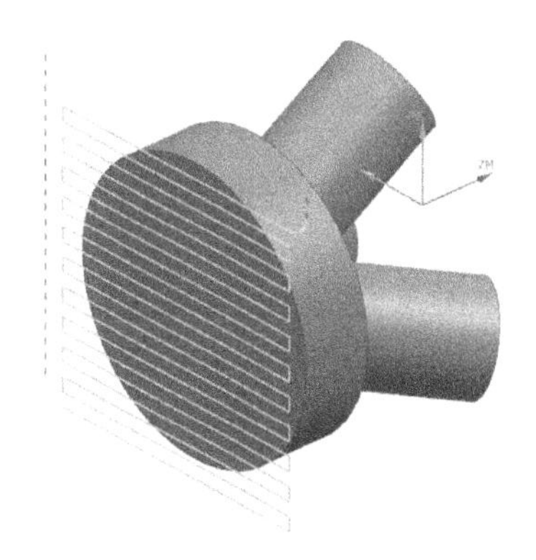

图 8-119　生成刀轨

任务 2　斜齿轴加工

8.2.1　斜齿轴加工工艺分析

1. 斜齿轴零件分析

零件形状比较复杂，因此采用多轴加工。

该零件在加工时，应尽量避免出现倒扣位，可在设置刀轨前通过旋转工件的方式进行改善，如图 8-120 所示。

2. 毛坯选用

为了减少铣削的加工量，采用台阶轴作为毛坯，如图 8-121 所示。

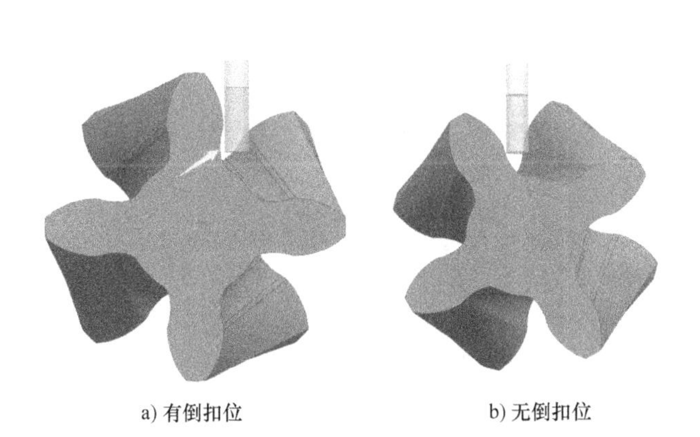

a) 有倒扣位　　b) 无倒扣位

图 8-120　工件放置方式

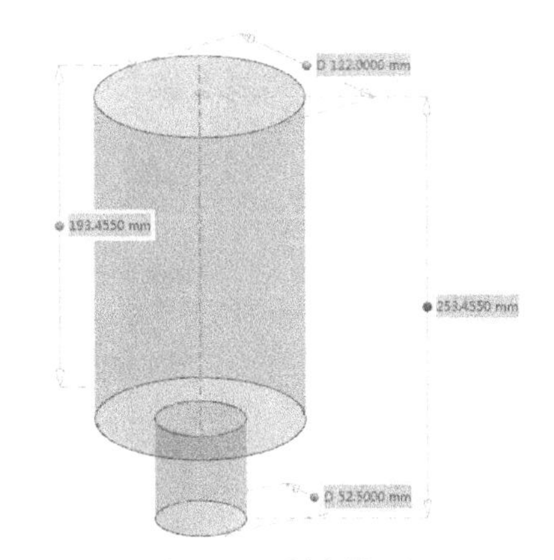

图 8-121　斜齿轴毛坯

3. 斜齿轴零件加工工序

斜齿轴加工的工序见表 8-2。

表 8-2　斜齿轴加工工序

工序	类型	工序子类型		刀具	部件余量/mm
开粗	mill_contour	型腔铣	CAVITY_MILL	D16R0.5	0.1
	mill_contour	型腔铣	CAVITY_MILL	D16R0.5	0.15
	mill_contour	型腔铣	CAVITY_MILL	R5	0.15
精加工	mill_planar	底壁加工	FLOOR_WALL	D10	0
	mill_contour	深度轮廓加工	ZLEVEL_PROFILE	D16R0.5	0
	mill_contour	深度轮廓加工	ZLEVEL_PROFILE	D10	0
	mill_multi-axis	可变轮廓铣	VARIABLE_CONTOUR	R5	0

8.2.2　斜齿轴加工编程准备

1. 产品零件数据分析

启动 UG NX10.0，单击【文件】→【导入】→【Parasolid】命令，选择文件“斜齿轴.x-t”，导入模型。单击【分析】→【几何属性】命令，在【几何属性】对话框中设置【分析类型】为【动态】，对斜齿轴的几何属性进行分析，如图 8-122 所示。通过【测量距离】命令分析零件的高度，如图 8-123 所示。

图 8-122　几何属性分析

图 8-123　通过【测量距离】命令分析高度

2. 创建毛坯

1）使用【创建方块】命令（或者通过创建草图及拉伸的方式）创建圆柱体，如图 8-124 所示，并将上顶面与侧面偏置 1mm，如图 8-125 所示。

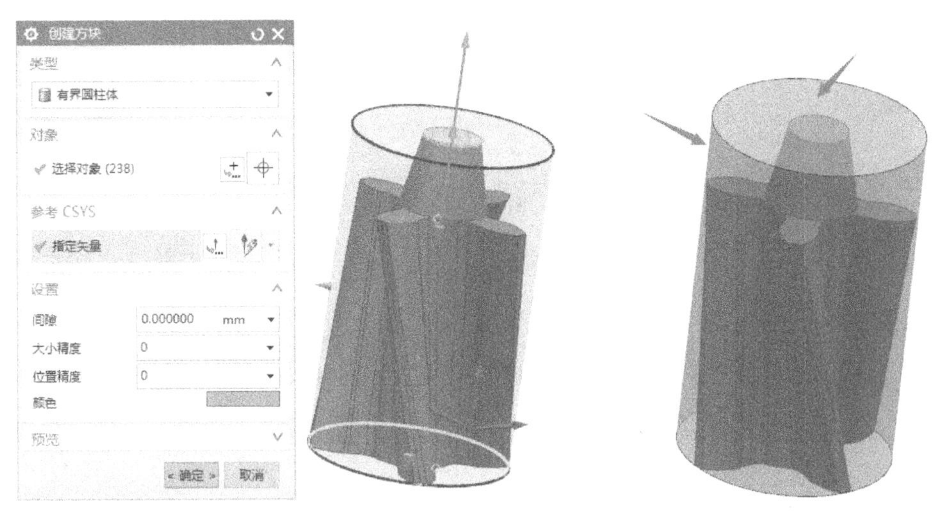

图 8-124　创建圆柱体　　　图 8-125　偏置面

2）通过绘制草图并进行拉伸（或直接根据分析测量的数据）创建与工件内圆直径相同的圆柱体，将其作为夹持部分，然后与工件包容体求和，如图 8-126 所示。

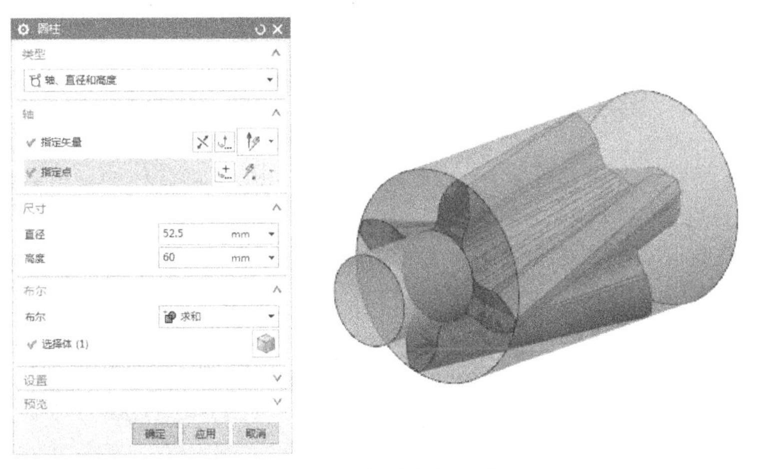

图 8-126　创建夹持部分

3. 设置机床坐标系

双击【工序导航器-几何】中的【MCS_MILL】，弹出【MCS 铣削】对话框，指定毛坯顶面圆心为机床坐标系原点，如图 8-127 所示。

4. 设置工件

1）双击【工序导航器-几何】中的【WORKPIECE】，弹出【工件】对话框，如

图 8-127　机床坐标系设置

图 8-128 所示。

2）单击【指定部件】按钮，选择斜齿轴实体，如图 8-129a 所示。

3）单击【指定毛坯】按钮，选择创建的毛坯，如图 8-129b 所示。

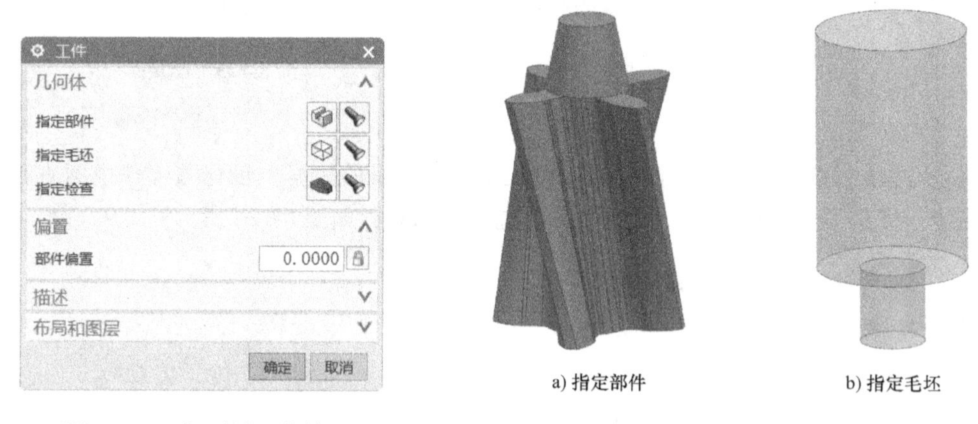

a) 指定部件　　b) 指定毛坯

图 8-128　【工件】对话框　　图 8-129　设置工件几何体

4）单击【确定】按钮，完成工件几何体的创建。

5. 创建程序组

单击“创建程序”按钮，创建程序组【开粗】和【精光】，如图 8-130 所示。

6. 创建刀具

1）单击“创建刀具”按钮，弹出【创建刀具】对话框，创建刀具【D16R0.5】，参数设置如图 8-131 所示。

2）根据分析所得数据显示，零件的最小圆角半径大于 6mm，如图 8-132 所示。因此需要创建刀具【R5】，参数设置如图 8-133 所示。

3）创建刀具【D10】，用于顶部圆台清根加工，参数设置如图 8-134 所示。

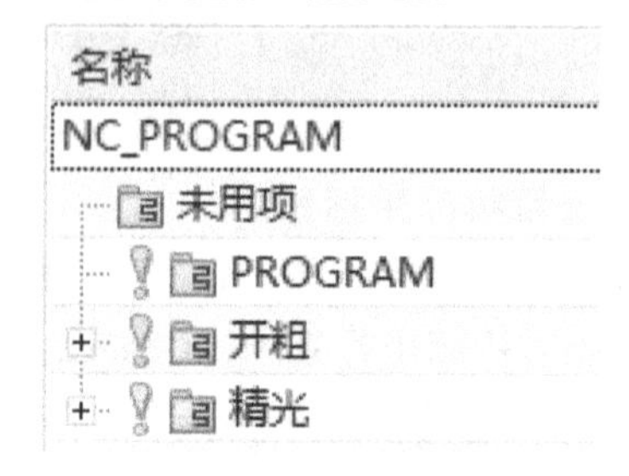

图 8-130　创建程序组

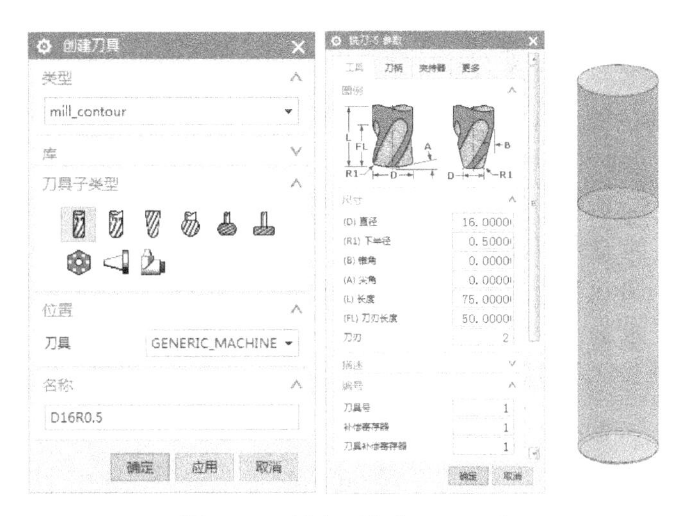

图 8-131　创建刀具【D16R0.5】

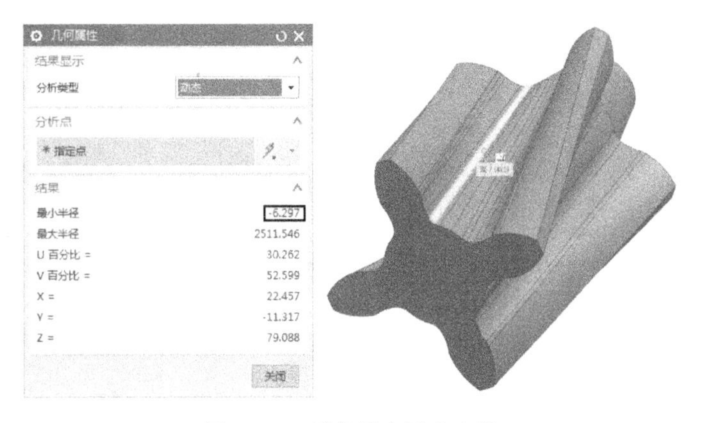

图 8-132　零件最小圆角半径

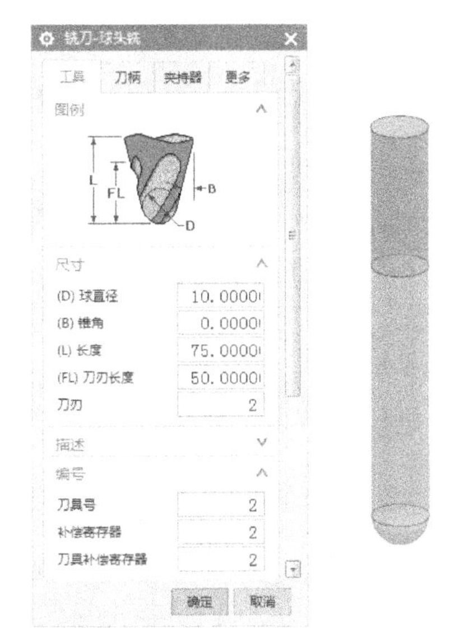

图 8-133　创建刀具【R5】

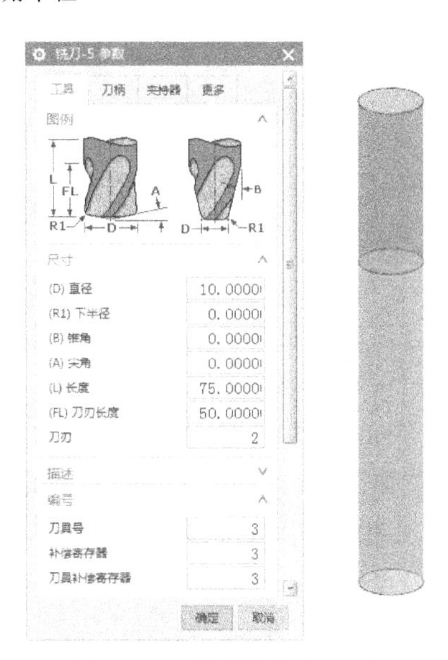

图 8-134　创建刀具【D10】

8.2.3 斜齿轴加工编程实现

1. 斜齿轴锥台开粗

1）单击“创建工序”按钮，弹出【创建工序】对话框，设置【类型】为【mill_contour】、【工序子类型】为【型腔铣】，其余参数设置如图 8-135a 所示，单击【确定】按钮。在弹出的【型腔铣】对话框中设置【切削模式】为【跟随周边】、【步距】为【刀具平直百分比】、【平面直径百分比】为【65】、【公共每刀切削深度】为【恒定】、【最大距离】为【1】，如图 8-135b 所示。

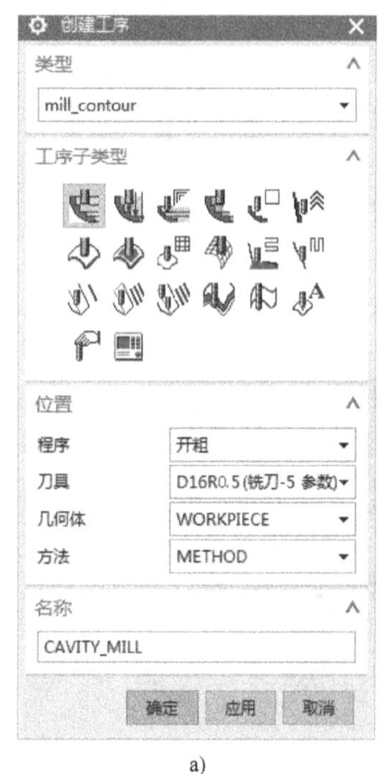

a)

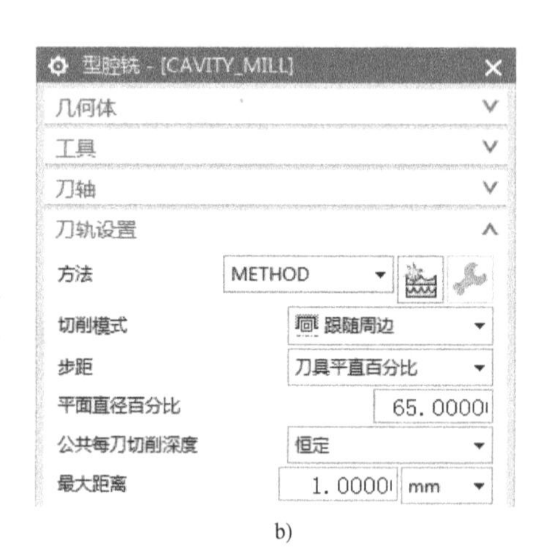

b)

图 8-135 创建型腔铣工序

2）单击【型腔铣】对话框中的【切削层】按钮，弹出【切削层】对话框，在【列表】中删除下半部分的切削范围，如图 8-136 所示，单击【确定】按钮。

3）单击【型腔铣】对话框中的【切削参数】按钮，弹出【切削参数】对话框，在【策略】选项卡中设置【刀路方向】为【向内】，勾选【岛清根】；在【余量】选项卡中取消勾选【使底面余量与侧面余量一致】，设置【部件侧面余量】为【0.1】、【部件底面余量】为【0.2】，其余参数保持默认，如图 8-137 所示，单击【确定】按钮。

4）单击【型腔铣】对话框中的【非切削移动】按钮，弹出【非切削移动】对话框，参数设置如图 8-138 所示，单击【确定】按钮。

5）单击【型腔铣】对话框中的【进给率和速度】按钮，弹出【进给率和速度】对话框，设置切削进给率为 2500mm/min、【主轴速度（rpm）】为【2500】，单击“基于此值计算进给和速度”按钮，自动计算出【表面速度】和【每齿进给量】，如图 8-139 所示，单击【确定】按钮。

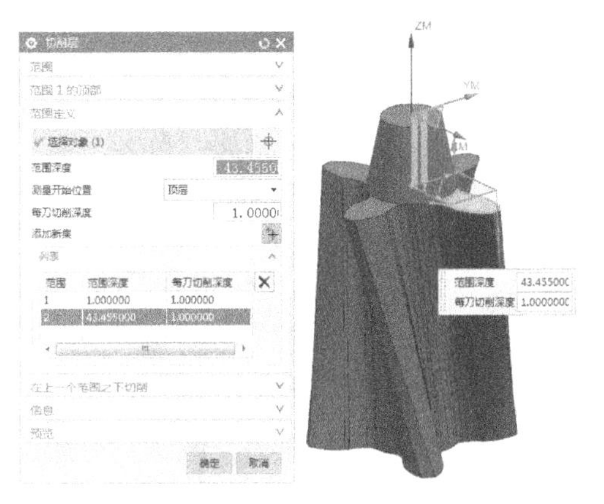

图 8-136　定义切削层

图 8-137　【切削参数】对话框

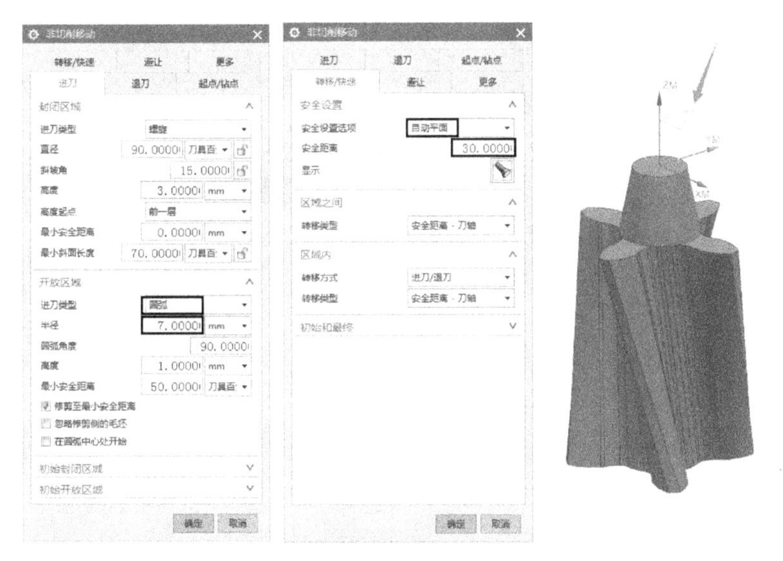

图 8-138　【非切削移动】对话框

6）单击【型腔铣】对话框中的“生成”按钮，生成图 8-140a 所示刀轨。单击“确认”按钮，弹出【刀轨可视化】对话框，选择【3D 动态】选项卡，单击【碰撞设置】按钮，在其对话框中勾选【碰撞时暂停】，单击【确定】按钮，退出当前对话框。单击“播放”按钮，开始切削加工仿真，仿真结果如图 8-140b 所示。

2. 斜齿轴锥台底面精加工

1）单击“创建工序”按钮，弹出【创建工序】对话框，设置【类型】为【mill_planar】、【工序子类型】为【底壁加工】，其余参数设置如图 8-141a 所示，单击【确定】按钮。在【底壁加工】对话框中设置【刀轴】为 Z 轴、【切削模式】为【跟随部件】、【步距】为【刀具平直百分比】、【平面直径百分比】为【50】、【底面毛坯厚度】为【3】，如图 8-141b 所示。

2）单击【底壁加工】对话框中的【指定切削区底面】按钮，选择斜齿端部 4 个面，单击【确定】按钮；勾选【自动壁】，如图 8-142 所示。

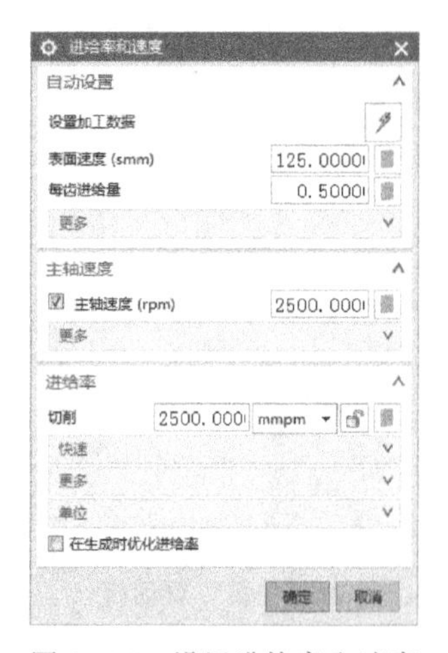

图 8-139　设置进给率和速度

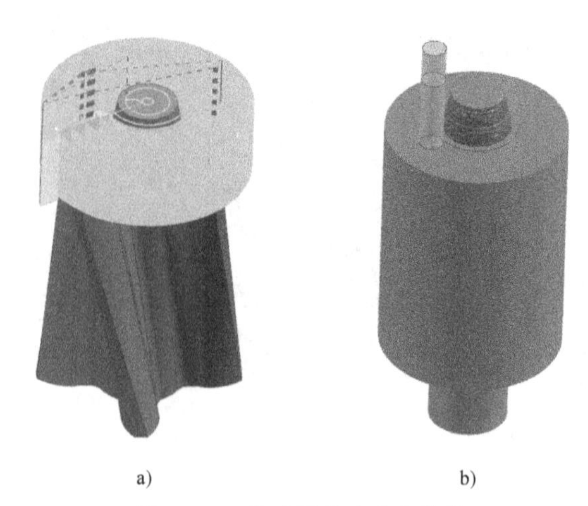

图 8-140　生成刀轨和动态仿真

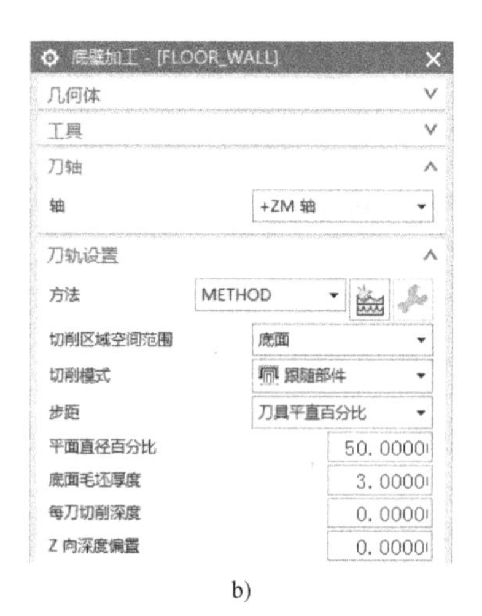

a)　　b)

图 8-141　创建工序

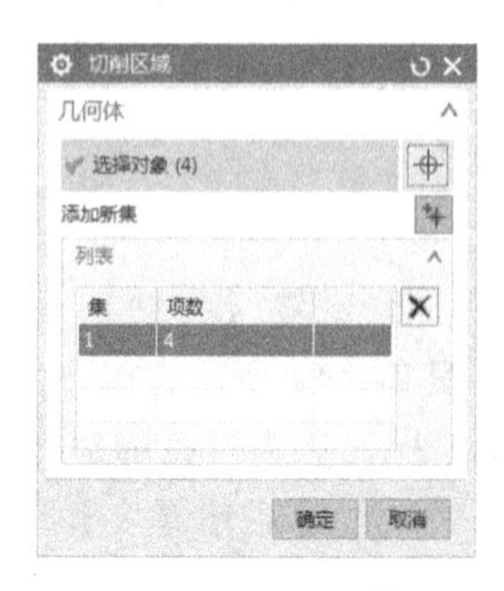

图 8-142　指定切削区底面并勾选自动壁

3）单击【底壁加工】对话框中的【切削参数】按钮，弹出【切削参数】对话框，在【空间范围】选项卡中设置【将底面延伸至】为【部件轮廓】、【简化形状】为【凸包】；在【连接】选项卡中设置【开放刀路】为【变换切削方向】；在【策略】选项卡中取消勾选【添加精加工刀路】，其余参数保持默认，如图 8-143 所示，单击【确定】按钮。

图 8-143　【切削参数】对话框

4）单击【底壁加工】对话框中的【非切削移动】按钮，弹出【非切削移动】对话框，由于是锥面，在【退刀】选项卡中设置【退刀类型】为【抬刀】；在【起点/终点】选项卡中设置【默认区域起点】为【拐角】，选择合适处作为切入点，避免从齿轮上下刀，参数设置如图 8-144 所示，单击【确定】按钮。

图 8-144　【非切削移动】对话框

5）单击【底壁加工】对话框中的【进给率和速度】按钮，弹出【进给率和速度】对话框，设置切削进给率为 800mm/min、【主轴速度（rpm）】为【4000】，单击“基于此值计算进给和速度”按钮，自动计算出【表面速度】和【每齿进给量】，如图 8-145 所示，单击【确定】按钮。

6）单击【底壁加工】对话框中的“生成”按钮，生成图 8-146a 所示刀轨。单击

“确认”按钮，弹出【刀轨可视化】对话框，选择【3D 动态】选项卡，单击【碰撞设置】按钮，在其对话框中勾选【碰撞时暂停】，单击【确定】按钮，退出当前对话框；单击“播放”按钮，开始切削加工仿真，仿真结果如图 8-146b 所示。

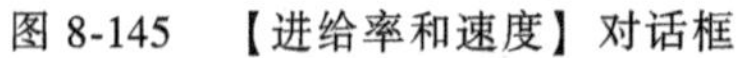
图 8-145 【进给率和速度】对话框

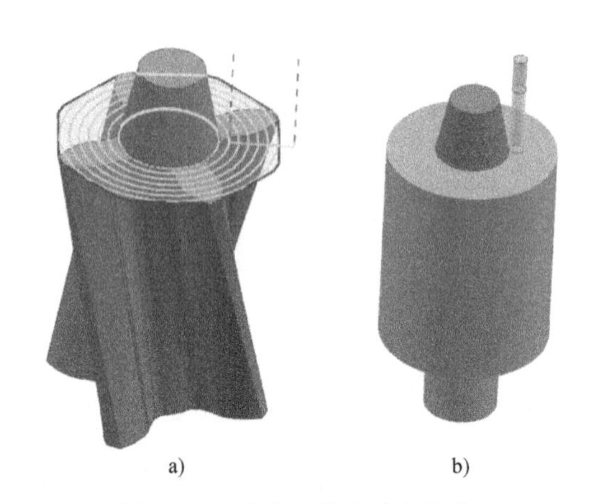

图 8-146 生成刀轨和动态仿真

3. 斜齿轴锥台侧壁精加工

1）单击“创建工序”按钮，弹出【创建工序】对话框，设置【类型】为【mill_contour】、【工序子类型】为【深度轮廓加工】，其余参数设置如图 8-147a 所示，单击【确定】按钮。在弹出的【深度轮廓加工】对话框中进行刀轨设置，如图 8-147b 所示。

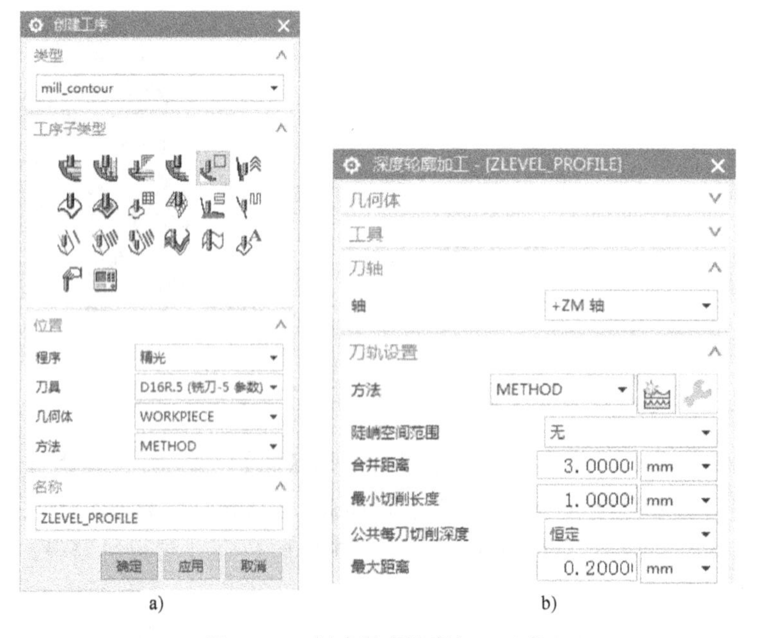

图 8-147 创建深度轮廓加工工序

2）单击【深度轮廓加工】对话框中的【指定切削区域】按钮，选择锥台的侧壁和顶面，如图 8-148 所示，单击【确定】按钮。

3）单击【深度轮廓加工】对话框中的【切削参数】按钮，弹出【切削参数】对话框，选择【余量】选项卡，将【余量】选项组中的参数设置为【0】，将【公差】选项组中的参数设置为【0.003】；选择【连接】选项卡，设置【层到层】为【沿部件交叉斜进刀】、【斜坡角】为 3°。为保证顶面加工质量，勾选【层间切削】，设置【步距】为【刀具平直百分比】，其余参数保持默认，如图 8-149 所示，单击【确定】按钮。

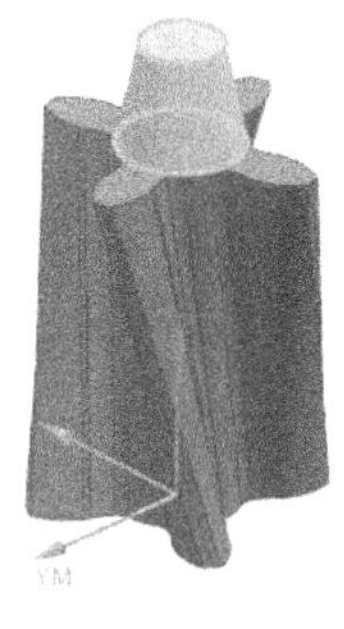

图 8-148　指定切削区域

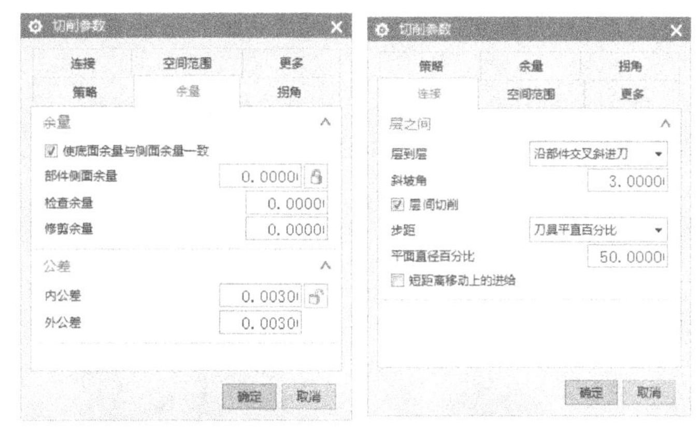

图 8-149　【切削参数】对话框

4）单击【深度轮廓加工】对话框中的【非切削移动】按钮，弹出【非切削移动】对话框，参数设置如图 8-150 所示，设置完成后，单击【确定】按钮。

图 8-150　【非切削移动】对话框

5）单击【深度轮廓加工】对话框中的【进给率和速度】按钮，弹出【进给率和速度】对话框，设置切削进给率为 1000mm/min、【主轴速度（rpm）】为【4000】，单击“基于此值计算进给和速度”按钮，自动计算出【表面速度】和【每齿进给量】，如图 8-151 所示，单击【确定】按钮。

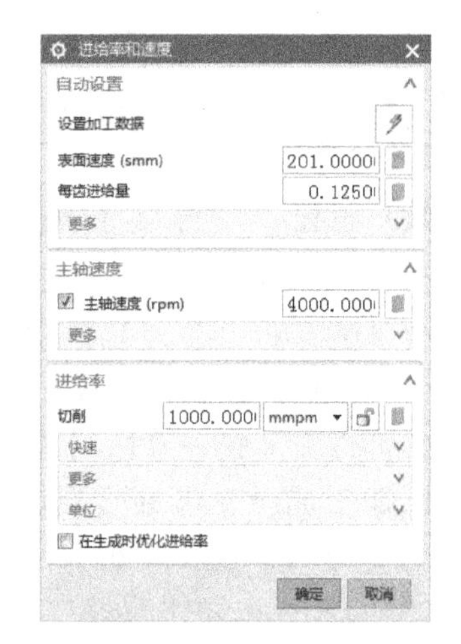

图 8-151 【进给率和速度】对话框

6）单击【深度轮廓加工】对话框中的“生成”按钮，生成刀轨，如图 8-152a 所示。单击“确认”按钮，弹出【刀轨可视化】对话框，选择【3D 动态】选项卡，单击【碰撞设置】按钮，在其对话框中勾选【碰撞时暂停】，单击确定按钮，退出当前对话框；单击“播放”按钮，开始切削加工仿真，仿真结果如图 8-152b 所示。

7）由于侧壁精加工采用【D16R0.5】刀具，铣削后侧壁底部还有 0.5mm 左右的余量无法加工，如图 8-153 所示。

8）复制并粘贴之前创建的刀轨程序。双击复制的程序进行编辑，在指定切削区域时删除顶面，设置【刀具】为【D10】，如图 8-154 所示。

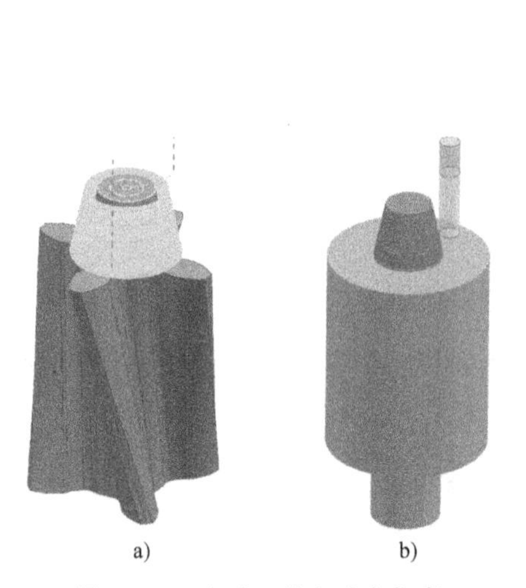

图 8-152 生成刀轨和动态仿真

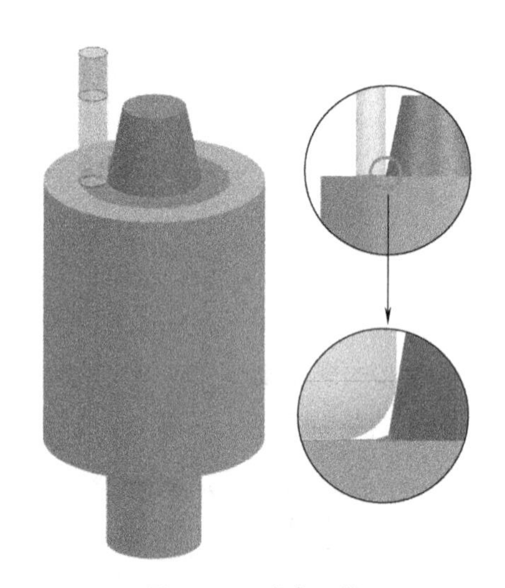

图 8-153 观察刀轨

图 8-154 修改切削区域及刀具

9）单击【深度轮廓加工】对话框中的【切削层】按钮，弹出【切削层】对话框，设置【范围深度】为【0.8】、【测量开始位置】为【顶层】（齿顶面向上0.8mm）、【每刀切削深度】为【0.1】，如图8-155所示。

10）单击“生成”按钮，生成刀轨，如图8-156所示。

图8-155　【切削层】对话框

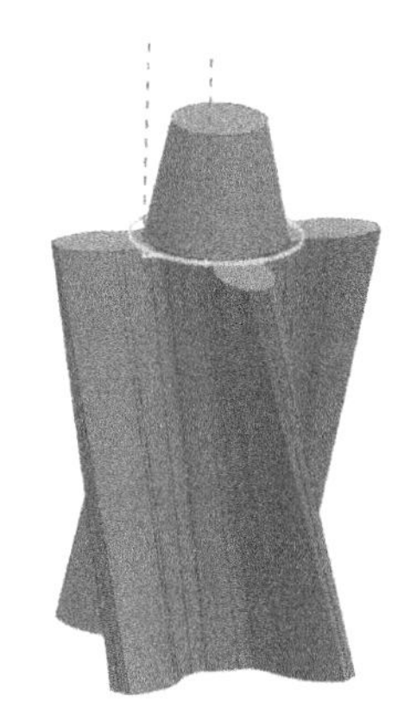

图8-156　生成刀轨

4. 斜齿轴第一斜齿槽开粗

1）单击“创建工序”按钮，弹出【创建工序】对话框，设置【类型】为【mill_contour】、【工序子类型】为【型腔铣】，其余参数设置如图8-157a所示，单击【确定】按钮。在弹出的【型腔铣】对话框中设置【切削模式】为【跟随周边】、【步距】为【刀具平直百分比】、【平面直径百分比】为【65】、【公共每刀切削深度】为【恒定】、【最大距离】为【1mm】，设置【刀轴】为Y轴，如图8-157b所示。

a)

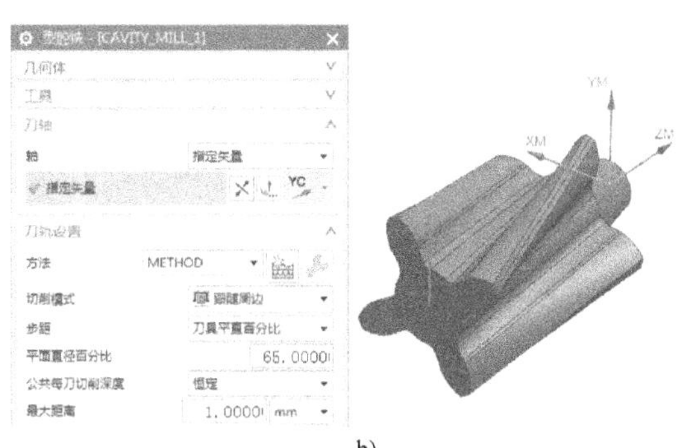

b)

图8-157　创建型腔铣工序

2）单击【型腔铣】对话框中的【指定切削区域】按钮，弹出【切削区域】对话框，选择其中一个斜齿的面作为切削区域，如图8-158所示，单击【确定】按钮。

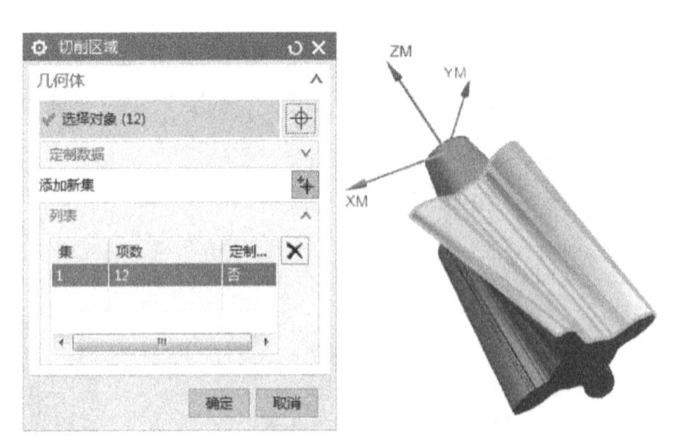

图 8-158　指定切削区域

3）单击【型腔铣】对话框中的【切削参数】按钮，弹出【切削参数】对话框，在【策略】选项卡中设置【切削顺序】为【深度优先】、【刀路方向】为【向外】，勾选【岛清根】，在【边上延伸】文本框中输入【2】；在【余量】选项卡中勾选【使底面余量与侧面余量一致】，设置【部件侧面余量】为【0.15】，其余参数保持默认，如图 8-159 所示，单击【确定】按钮。

图 8-159　【切削参数】对话框

4）单击【型腔铣】对话框中的【非切削移动】按钮，弹出【非切削移动】对话框，参数设置如图 8-160 所示，单击【确定】按钮。

5）单击【进给率和速度】按钮，弹出【进给率和速度】对话框，设置切削进给率为 2000mm/min、【主轴速度（rpm）】为【3500】，单击“基于此值计算进给和速度”按钮，自动计算出【表面速度】和【每齿进给量】，如图 8-161 所示，单击【确定】按钮。

6）单击【型腔铣】对话框中的“生成”按钮，生成图 8-162a 所示刀轨。单击“确认”按钮，弹出【刀轨可视化】对话框，选择【3D 动态】选项卡，单击【碰撞设置】按钮，在其对话框中勾选【碰撞时暂停】，单击【确定】按钮，退出当前对话框；单击“播放”按钮，开始切削加工仿真，仿真结果如图 8-162b 所示。

图 8-160　【非切削移动】对话框

图 8-161　【进给率和速度】对话框

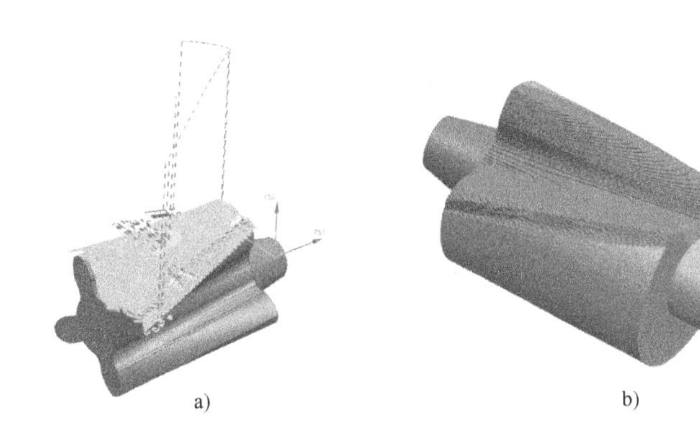

图 8-162　生成刀轨和动态仿真

5. 斜齿轴其他斜齿槽开粗

1）在【工序导航器-程序顺序】中选择【CAVITY_MILL_1】（第一个斜齿槽开粗刀轨），单击鼠标右键，在弹出的菜单中单击【对象】→【变换】命令。在【变换】对话框中设置【类型】为【绕直线旋转】、【直线方法】为【两点】，通过两点指定 Z 轴，其余参数设置如图 8-163 所示，单击【确定】按钮。

2）选中所有斜齿槽开粗刀轨程序，单击“确认刀轨”按钮，弹出【刀轨可视化】对话框，选择【3D 动态】选项卡，单击“播放”按钮▶，开始切削加工仿真，仿真结果如图 8-164 所示。

6. 斜齿轴斜齿槽二次补开粗

1）复制并粘贴斜齿轴第一个斜齿槽开粗的刀轨程序。双击新刀轨程序，弹出【型腔铣】对话框，设置【刀具】为【R5】、【步距】为【恒定】、【最大距离】为【0.3mm】，如图 8-165 所示。

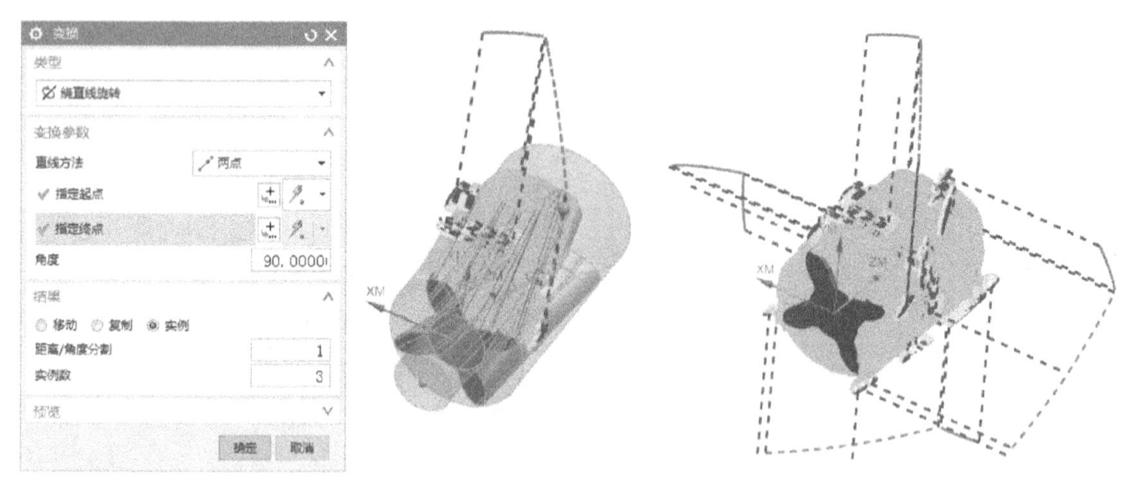

图 8-163　复制刀轨

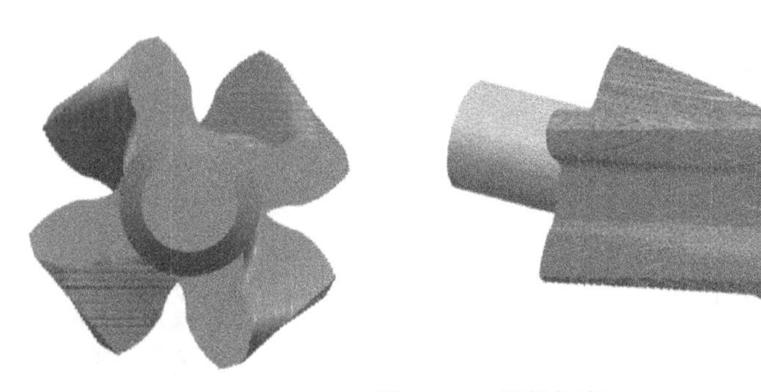

图 8-164　切削仿真

2）单击【型腔铣】对话框中的【切削参数】按钮，弹出【切削参数】对话框，在【空间范围】选项卡中设置【参考刀具】为【D16R0.5】、【重叠距离】为【2】，为减少细碎的刀轨，设置【最小除料量】为【0.2】（即余量小于0.2mm处不加工）；在【拐角】选项卡中设置【光顺】为【所有刀路】，其余参数保持默认，如图 8-166 所示，单击【确定】按钮。

3）单击【型腔铣】对话框中的【非切削移动】按钮，弹出【非切削移动】对话框，参数设置如图 8-167 所示，单击【确定】按钮。

4）单击【型腔铣】对话框中的“生成”按钮，生成图 8-168 所示刀轨。

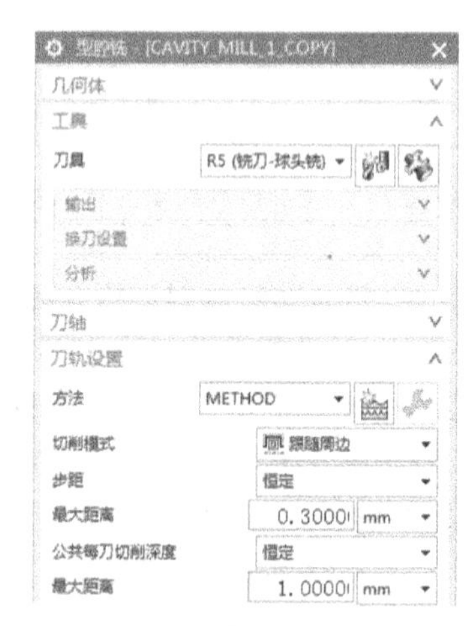

图 8-165　修改刀具

5）在【工序导航器-程序顺序】中选择【CAVITY_MILL_1_COPY】（第一个斜齿槽二次补开粗刀轨），单击鼠标右键，在弹出的菜单中单击【对象】→【变换】命令。在【变换】对话框中设置【类型】为【绕直线旋转】、【直线方法】为【两点法】，通过两点指定 Z 轴，其余参数设置如图 8-169 所示，单击【确定】按钮。

图 8-166　【切削参数】对话框

图 8-167　【非切削移动】对话框

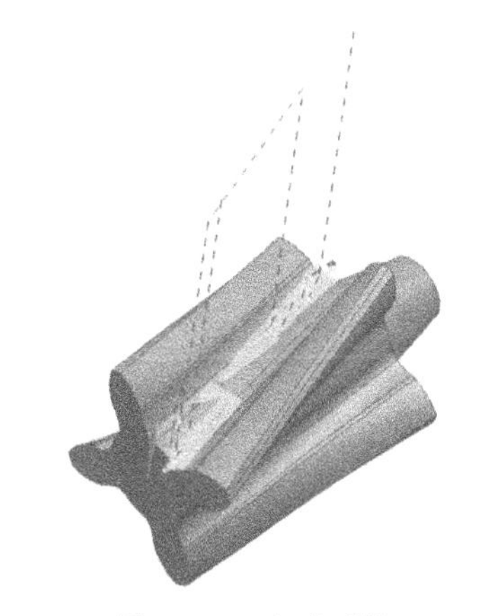
图 8-168　生成刀轨

6）选中最后一个开粗刀轨，单击鼠标右键，在弹出的菜单中单击【工件】→【按颜色显示厚度】命令，可以根据颜色直观地观察开粗后的余量，如图 8-170 所示。

7. 斜齿轴第一个斜齿槽精加工

1）单击“创建工序”按钮，弹出【创建工序】对话框，设置【类型】为【mill_multi-

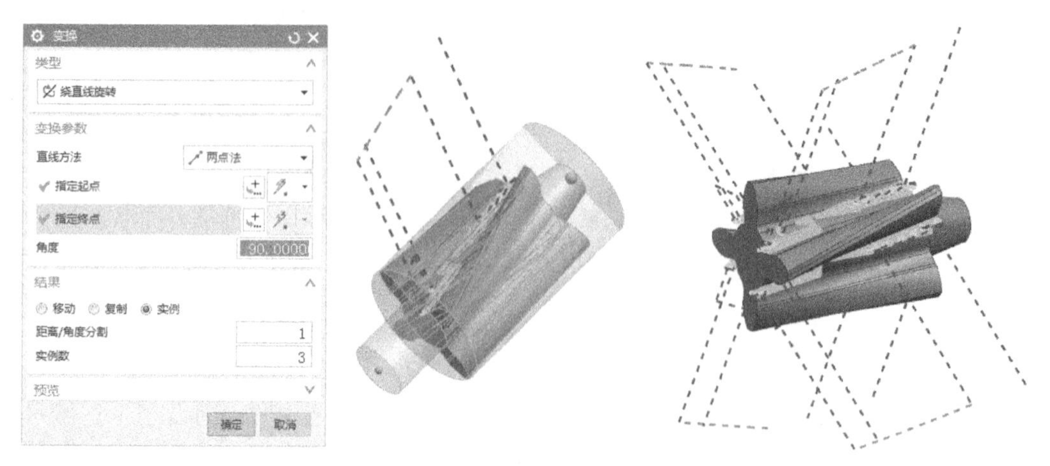

图 8-169　复制刀轨

axis】、【工序子类型】为【可变轮廓铣】，其余参数设置如图 8-171 所示，单击【确定】按钮。

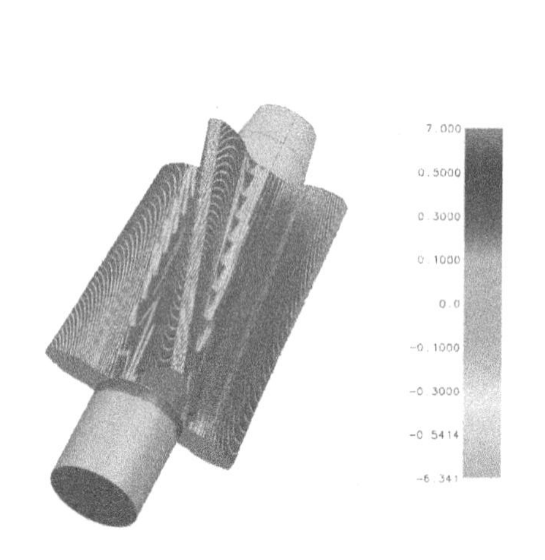

图 8-170　按颜色显示厚度

图 8-171　创建可变轮廓铣工序

2）在【可变轮廓铣】对话框中，设置【驱动方法】为【曲面】，弹出【曲面区域驱动方法】对话框。单击【指定驱动几何体】按钮，弹出【驱动几何体】对话框，选择齿槽面后单击【确定】按钮；指定切削方向为从端部向内切；调整材料侧，使箭头朝向外侧；设置【切削模式】为【单向】、【步距】为【残余高度】、【最大残余高度】为【0.01】（可先采用默认数值，进行多次刀轨生成并观察，确认无误后再修改此处参数，以加快计算速度）；设置【切削步长】为【公差】，如图 8-172 所示，单击【确定】按钮。

3）在【可变轮廓铣】对话框中设置【投影矢量】为【刀轴】。

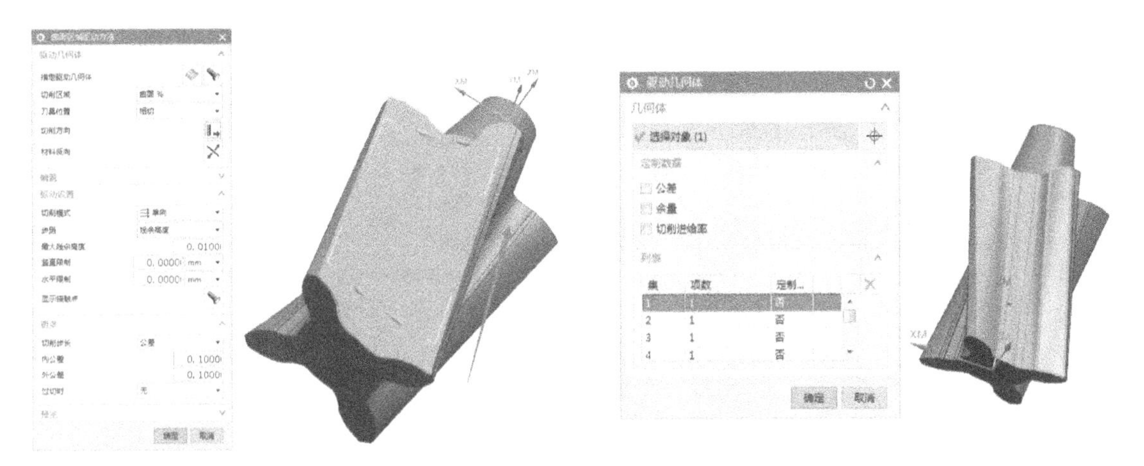

图 8-172　驱动方法设置

4）在【可变轮廓铣】对话框中设置【刀轴】为【4 轴，相对于驱动体】，弹出【4 轴，相对于驱动体】对话框，设置【前倾角】为【10】（使刀具向前倾斜进行切削，避免采用刀具顶点处进行切削，以优化切削效果），如图 8-173 所示，单击【确定】按钮。

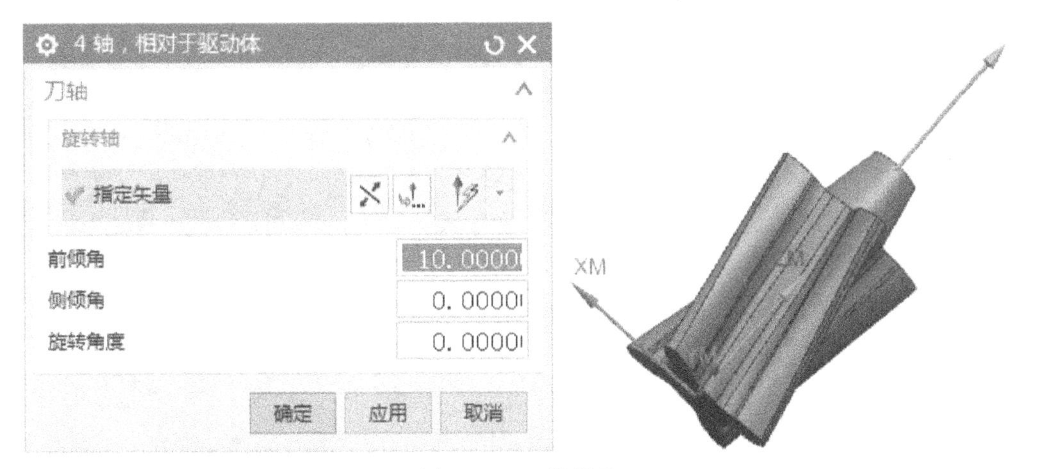

图 8-173　刀轴设置

5）单击【可变轮廓铣】对话框中的【切削参数】按钮，弹出【切削参数】对话框，在【多刀路】选项卡中设置【部件余量偏置】为【0.2】，勾选【多重深度切削】，设置【步进方法】为【刀路】、【刀路数】为【2】（分两次进行切削），其余参数保持默认，如图 8-174 所示，单击【确定】按钮。

6）单击【可变轮廓铣】对话框中的【进给率和速度】按钮，弹出【进给率和速度】对话框，设置切削进给率为 1000mm/min、【主轴速度（rpm）】为【6000】，单击“基于此值计算进给和速度”按钮，自动计算出【表面速度】和【每齿进给量】，如图 8-175 所示，单击【确定】按钮。

7）单击【可变轮廓铣】对话框中的“生成”按钮，生成图 8-176 所示刀轨。单击“确认”按钮，可以单步向前观察切削效果。

图 8-174 【切削参数】对话框

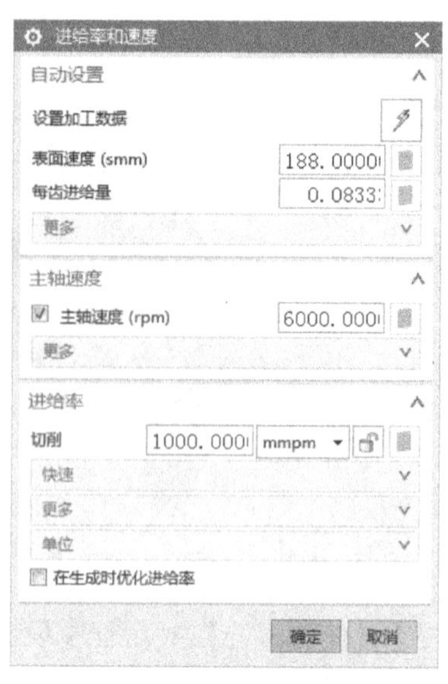

图 8-175 【进给率和速度】对话框

8. 斜齿轴其他斜齿槽精加工

在【工序导航器-程序顺序】中选择【VARIABLE_CONTOUR】(第一个斜齿槽精加工刀轨)，单击鼠标右键，在弹出的菜单中单击【对象】→【变换】命令。在【变换】对话框中设置【类型】为【绕直线旋转】、【直线方法】为【两点法】，通过两点指定 Z 轴，其余参数设置如图 8-177 所示，单击【确定】按钮。

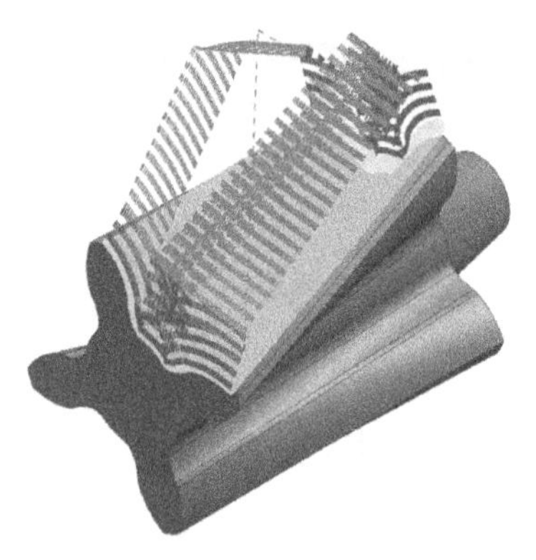

图 8-176 生成刀轨

9. 斜齿轴齿顶面精加工

1) 复制并粘贴斜齿槽精加工刀轨程序，如图 8-178 所示，双击新刀轨程序进行编辑。

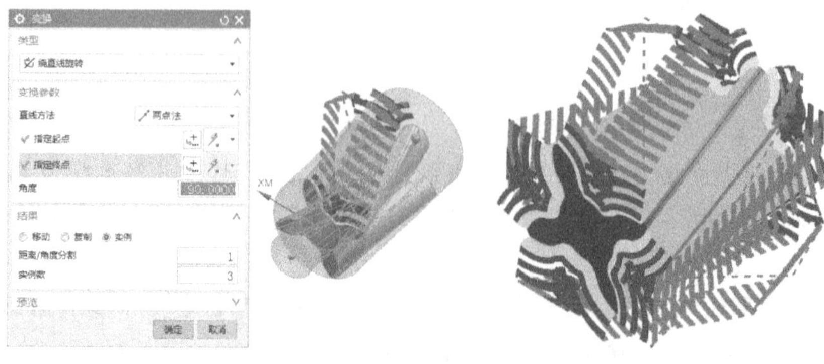

图 8-177 复制刀轨

2) 在【可变轮廓铣】对话框中，单击【驱动方法】中的“编辑”按钮，弹出【曲面区域驱动方法】对话框。单击【指定驱动几何体】按钮，弹出【驱动几何体】对话框，在【列表】中删除之前的驱动几何体，选择一个齿顶面作为驱动几何体，如图 8-179 所示，单击【确定】按钮，退出当前对话框。指定切削方向，调整材料侧，使箭头朝向外侧，设置

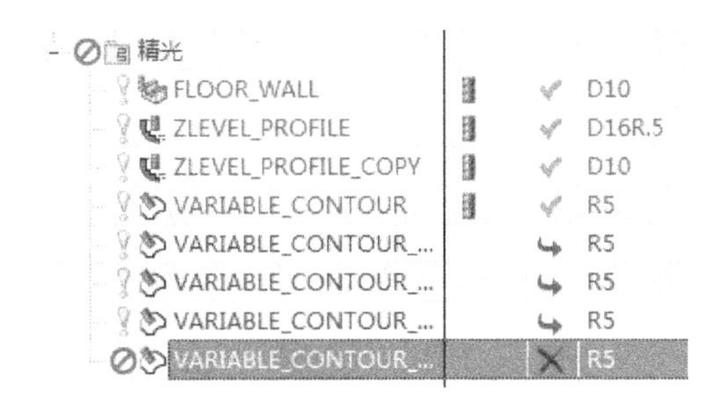

图 8-178　复制刀轨程序

【切削模式】为【往复】。其余参数保持不变，如图 8-180 所示，单击【确定】按钮。

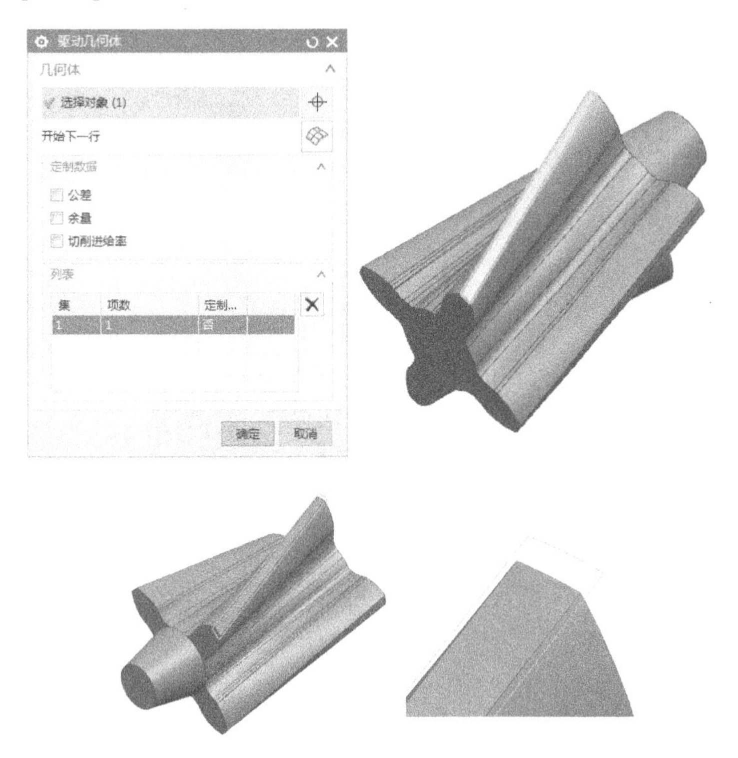

图 8-179　指定驱动几何体

3）在【可变轮廓铣】对话框中设置【投影矢量】为【垂直于驱动体】。

4）在【可变轮廓铣】对话框中设置【刀轴】为【插补矢量】，弹出【插补矢量】对话框，可以通过旋转坐标系调整刀轴方向，如图 8-181 所示，完成后单击【确定】按钮。

5）其余参数保持不变，单击【可变轮廓铣】对话框中的“生成”按钮，生成图 8-182 所示刀轨。单击“确认”按钮，可以单步向前观察切削效果。

6）在【工序导航器-程序顺序】中选择【VARIABLE_CONTOUR】（第一个斜齿槽精加工刀轨），单击鼠标右键，在弹出的菜单中单击【对象】→【变换】命令。在【变换】对话框中设置【类型】为【绕直线旋转】、【直线方法】为【两点法】，通过两点指定 Z 轴，其余参数设置如图 8-183 所示，单击【确定】按钮。至此，斜齿轴加工编程完毕。

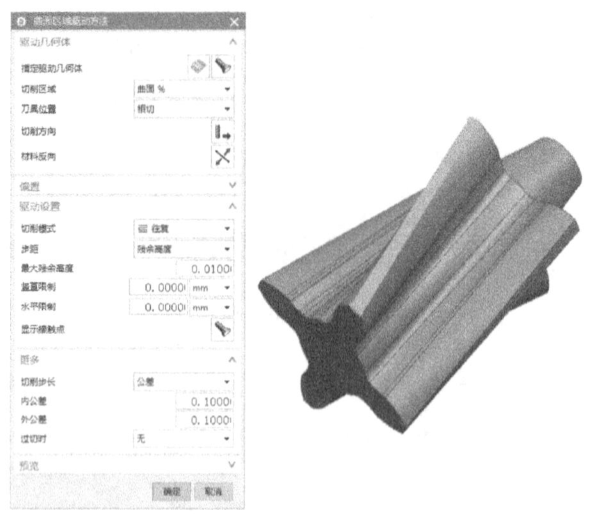

图 8-180　曲面区域驱动方法设置

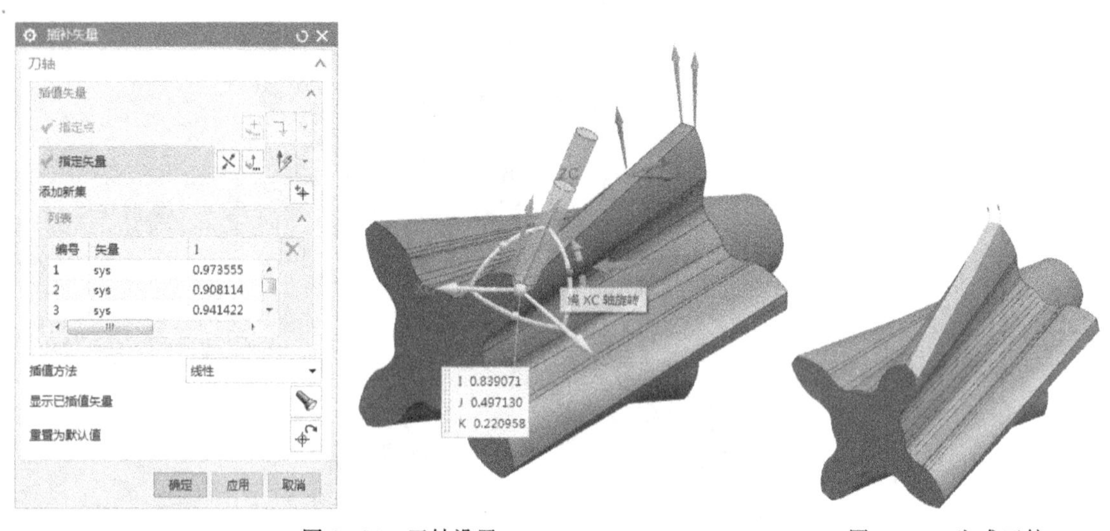

图 8-181　刀轴设置　　　　图 8-182　生成刀轨

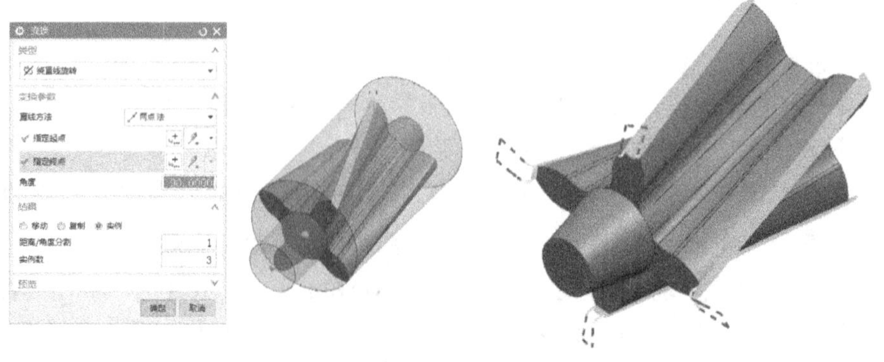

图 8-183　复制刀轨

参 考 文 献

[1] 单岩，吴立军，蔡娥．UG NX 8 三维造型技术基础［M］．2 版．北京：清华大学出版社，2014.
[2] 单岩，郑才国，等．UG NX 8.0 立体词典：产品建模［M］．3 版．杭州：浙江大学出版社，2015.
[3] 王卫兵，林华钊，王志明．UG NX6.0 立体词典：数控编程［M］．杭州：浙江大学出版社，2010.